실전에
강한
PLC

Programmable
Logic
Controller

기본 이론부터
실습까지

한빛아카데미
Hanbit Academy, Inc.

지은이 정완보 jwbrambo@kopo.ac.kr

경남대학교 공과대학 전자공학과에서 학사와 석사학위를 취득했으며, 현재 한국폴리텍Ⅱ대학 인천캠퍼스 메카트로닉스학과 교수로 재직 중이다. 주 관심 분야는 PLC와 마이크로프로세서를 이용한 공장자동화 분야이며, 주요 강의 과목은 PLC, 공유압, 마이크로프로세서 등이다. 주요 저서로『위치결정(모션)제어』(한국폴리텍대학, 2007), 『멜섹Q PLC 이론과 실습』(복두출판사, 2010), 『멜섹Q PLC IN/OUT 프로그래밍 방법』(복두출판사, 2012), 『멜섹Q PLC 인버터, A/D, D/A, CC-Link 프로그래밍 방법』(복두출판사, 2013), 『지멘스 S7-300 PLC 이론과 실습』(복두출판사, 2013)이 있다.

실전에 강한 PLC : 기본 이론부터 실습까지

초판발행 2015년 1월 1일
8쇄 발행 2022년 6월 27일

지은이 정완보 / **펴낸이** 전태호
펴낸곳 한빛아카데미(주) / **주소** 서울시 서대문구 연희로2길 62 한빛아카데미(주) 2층
전화 02-336-7112 / **팩스** 02-336-7199
등록 2013년 1월 14일 제2017-000063호 / **ISBN** 979-11-5664-145-2 93560

책임편집 박현진 / **기획** 김은정 / **편집** 김은정, 김희진 / **진행** 임여울
디자인 표지 여동일 / **전산편집** 라미경 / **제작** 박성우, 김정우
영업 김태진, 김성삼, 이정훈, 임현기, 이성훈, 김주성 / **마케팅** 길진철, 김호철, 주희

이 책에 대한 의견이나 오탈자 및 잘못된 내용에 대한 수정 정보는 아래 이메일로 알려주십시오.
잘못된 책은 구입하신 서점에서 교환해 드립니다. 책값은 뒤표지에 표시되어 있습니다.
홈페이지 www.hanbit.co.kr / **이메일** question@hanbit.co.kr

지금 하지 않으면 할 수 없는 일이 있습니다.
책으로 펴내고 싶은 아이디어나 원고를 메일(writer@hanbit.co.kr)로 보내주세요.
한빛아카데미(주)는 여러분의 소중한 경험과 지식을 기다리고 있습니다.

지은이 머리말

PLC 제어를 위한 릴레이 시퀀스부터 위치제어까지

노동력 절감과 제품 품질 향상, 대량 생산을 위해 공장자동화 기술이 도입되면서, 점차 사람의 단순 노동력만으로는 만들 수 없는 반도체와 LCD 패널, 스마트폰과 같은 초정밀 첨단 제품을 만드는 기술이 발전하였다. 그 결과 제조업 분야는 더 이상 인간의 단순 노동력이 크게 필요치 않는 분야로 변화되었다. 제품을 사람이 아닌 로봇이 만드는 시대가 되면서 경제는 성장하지만 고용창출은 이루어지지 않는 시대가 도래한 것이다.

그러나 공장자동화 분야에 사용되는 기계장치들은 전기 신호선을 통해 연결되며, 전기 배선을 포함해 설계부터 제작까지의 모든 공정이 사람의 수작업으로 이루어진다. 다시 말해 현대 산업사회의 공장자동화는 선택이 아닌 필수이기 때문에 단순한 제조업 분야의 노동시장은 축소되고 있지만, 1990년대부터 본격적으로 도입된 국내 공장자동화 분야의 장비 유지보수 및 장비의 설계부터 제작에 필요한 노동시장은 계속해서 성장하고 있다. 이러한 공장자동화의 중심에는 PLC 제어가 있다.

생산성 향상과 원가 절감을 위해 도입된 자동화 제어기술은 1900년대의 전기 릴레이 시퀀스부터 시작되었다. 1970년대 공장자동화 제어기술에 디지털 제어가 도입되면서 PLC가 개발되어 오늘날에는 PLC가 공장자동화의 핵심 제어기술이 되었다.

이러한 까닭에 자동화 분야에 종사하는 많은 사람들이 PLC를 배우기 위해 노력하지만, 공장자동화 기술을 완전히 익히려면 PLC만 배워서는 안 된다. PLC를 제대로 사용하기 위해서는 기본적인 전기회로에 대한 이해가 필요하고, 디지털 제어회로, 트랜지스터 OP-Amp와 같은 반도체 부품의 사용법, 마이크로프로세서, 프로그래밍 언어와 같은 과목을 공부해야 한다. 또한 센서와 기계장치를 구동하는 모터, 공유압 실린더와 같은 액추에이터를 사용하는 방법도 익혀야 한다.

하지만 PLC 제어기술을 익히기 위해 이 내용들을 모두 학습하기에는 그 양이 너무나 방대하다. 그렇기에 필요에 맞게 핵심 내용만 골라서 체계적으로 정리한 책이 있다면 누구나 쉽게 PLC를 이해할 수 있을 것이다. 이 책은 이러한 마음을 담아, 단기간 안에 PLC를 익히고 싶은 초보자나 PLC의 이론과 실무에 대한 기초가 부족한 독자를 위해 집필하게 되었다.

이 책의 특징

이 책은 PLC 제어에 필요한 전기회로 기초, 릴레이와 타이머, 카운터를 이용한 시퀀스 회로 설계방법과 센서, 공압실린더 사용을 위한 방법까지, 간략하지만 공장자동화 현장에서 사용할 수 있는 핵심적인 내용을 다룬다. 더 나아가 PLC의 중심인 자기유지회로와 시퀀스 제어회로 설계방법, 반복동작 구현방법, 그리고 공장자동화의 핵심 제어기술에 해당되는 위치제어까지 배울 수 있도록 하였다. 실습에서 사용하는 PLC 기종으로 국내 LS산전에서 시판하는 가성비가 뛰어난 XGB(XBC) PLC를 선택하여 사용했기 때문에 큰 경제적 부담 없이 PLC를 배울 수 있도록 했으며, 기존의 Master-K 사용자나 멜섹 PLC 사용자들도 쉽게 이해할 수 있도록 구성하였다. 각 장별로 다양한 그림과 타임차트를 활용하여 이해에 도움을 주고자 했으며, 가능한 한 산업현장에서 직접 사용할 수 있는 실무중심의 사례를 선별하여 설명하였다. 또한 각 장별로 실생활과 실무와 연계되는 다양한 실습과제를 진행함으로써 PLC의 원리를 이해하고 실무에 직접 적용해볼 수 있도록 구성하였다.

이 책의 구성

이 책은 주제별로 총 3개의 PART와 8개의 장으로 구성된다.

PART 1_자동제어를 위한 시퀀스 회로 기초

PLC를 사용하기 위한 전기회로 기초와 릴레이, 타이머, 카운터의 사용법과 공압실린더 제어를 위한 시퀀스 회로를 설계하는 방법을 알아본다.

1장 : 자동화에 필요한 전기회로의 기초 이론과 실습, 그리고 릴레이와 타이머, 카운터의 사용법에 대해 살펴보고, 실습과제를 통해 다양한 실무 적용 사례를 학습한다.

2장 : 전기 릴레이를 이용한 시퀀스 제어회로의 설계방법에 대해 살펴본다.

3장 : 자동화 장치의 필수 액추에이터인 공압실린더의 제어방법과 공압기술, 전기공압 시퀀스 제어회로의 설계방법에 대해 살펴본다.

PART 2_PLC 이론과 실습

PLC에 관련한 이론과 명령어 사용법에 대해 살펴보고, 공압실린더를 이용한 반복제어 동작, 다중 반복동작 제어를 위한 프로그램 작성법을 알아본다.

4장 : PLC의 개요와 실습에 사용하는 XGB/XBC PLC의 입출력 및 메모리의 구성과 PLC에서 사용하는 수의 표현법에 대해 알아본다.

5장 : PLC 프로그램 작성에 필요한 타이머 및 카운터 등을 학습하고, 실습과제를 통해 다양한 PLC 프로그램 작성법에 대해 살펴본다.

6장 : PLC를 이용한 공압실린더의 시퀀스 제어방법에 대해 살펴본다.

PART 3_PLC 응용 제어

스테핑 모터를 이용한 정밀한 위치제어 프로그램의 동작원리와 고속펄스 출력 기능을 이용한 위치제어 프로그램 작성법을 알아본다.

7장 : 단순한 입출력으로 스테핑 모터를 제어하는 방법과 위치제어에 필요한 원점복귀 방법, JOG 운전, 위치결정 제어와 같은 다양한 제어방법의 프로그램 작성법에 대해 살펴본다.

8장 : XBC PLC에 내장된 고속펄스 출력 기능을 이용해서 산업현장에 적용할 수 있는 다양한 스테핑 모터를 이용한 위치제어 방법에 대해 살펴본다.

감사의 글

그동안의 학교 및 산업체 강의, 그리고 현장 기술지원을 통해 축적된 경험을 바탕으로, PLC 제어기술에 대하여 가능한 한 쉽고 정확하게 설명하고자 최선을 다했다. 그러나 이 모든 노력은 한국폴리텍대학에 근무하는 많은 교수 동료와, 첨단 교육환경을 위해 많은 투자를 해 준 학교법인 한국폴리텍, 그리고 이 책이 세상에 나올 수 있도록 도움을 주신 한빛아카데미(주) 편집자들의 도움과 독려가 없었더라면 불가능했을 것이다. 이 책을 만드는 데 도움을 주신 주위의 모든 분들과 부족한 원고를 가다듬어 완성도를 한층 높여준 한빛아카데미(주) 관계자 여러분께 감사의 마음을 전한다.

아무쪼록 이 책이 PLC를 배워서 자동화 분야에 입문하려는 여러분에게 많은 도움이 되었으면 한다.

지은이 **정완보**

미리보기

PART 1

자동제어를 위한
시퀀스 회로 기초

최첨단 자동화 장치의 제어에는 복잡한 전기회로와 고성능의 PLC가 필요하다. 현장에서 사용되는 복잡한 전기회로를 기능 동작으로 구분해보면, 누구나 쉽게 이해하고 사용할 수 있는 간단한 전기회로가 여러 개 모여 복잡한 전기회로가 된다는 사실을 확인할 수 있다. PLC 제어를 본격적으로 학습하기에 앞서 이러한 전기회로 기초에 대해 확실하게 이해하는 것이 무엇보다 중요하다.

PART 1에서는 먼저 전기회로의 구성에 필요한 전기부품의 종류와 사용법을 살펴보고, 스위치와 릴레이를 이용한 시퀀스 제어회로의 구성방법에 대해 학습한 후, 다양한 실습과제를 통해 간단한 회로를 직접 설계해본다. 이렇게 학습한 내용을 토대로

◆ PLC 선수 개념 및 실습

PLC 제어를 이해하기 위한
자동제어 기초 개념을 살펴보고,
전기회로 설계방법을 익힌다.

PART 2

PLC 이론과 실습

자동화 산업현장에서 사용하는 PLC에는 멜섹Q, 지멘스, AB, LS산전의 XGI, XGK, Master-K, GLOFA 시리즈 등 수많은 종류가 있다. 그 모양과 사용법은 조금씩 다르지만, PLC의 근본원리는 동일하다. 따라서 한 종류의 PLC 사용법을 제대로 배우면, 다른 기종의 PLC도 어렵지 않게 익힐 수 있다. 자동차의 운전법을 터득하면 자동차 종류에 관계없이 운전을 할 수 있듯이 PLC의 사용법을 제대로 배우면 기종에 관계없이 사용할 수 있다는 사실을 기억하자.

이 책에서는 LS산전의 소형 PLC인 XBC-DN32H를 기본 기종으로 한다. PART 2에

◆ PLC 기본 개념 및 실습

PLC의 개요 및 사용법을 다루고,
PLC 프로그래밍 예제를 통해
PLC 제어의 기본을 다진다.

PART 3

PLC 응용 제어

산업현장에서 사용하는 수많은 자동화 장치의 동작을 제어하는 액추에이터는 크게 구분하여 공압실린더 모터 등 가지로 나눌 수 있다. 모터의 종류는 여러 가지가 이

◆ PLC 응용 개념 및 실습

자동제어 분야의 핵심 제어기술인
다양한 위치제어 방법을 학습하고,
산업현장에 직접 적용할 수 있는
여러 가지 실습을 진행한다.

❖ 이 책은 독자들을 위해 추가 실습과제와 XG5000 설치방법이 포함된 [추가 학습자료]를
제공합니다. [추가 학습자료]는 다음 경로에서 다운로드할 수 있습니다.
http://www.hanbit.co.kr/exam/4145

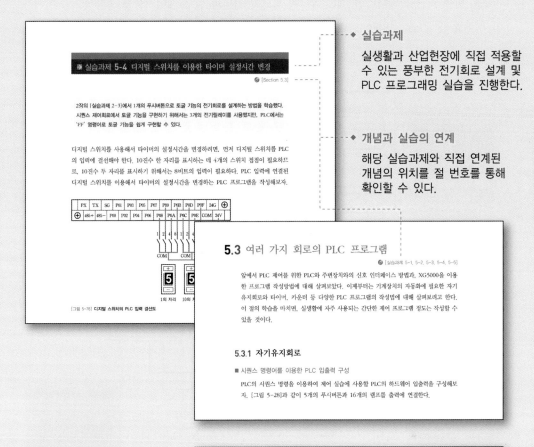

◆ **실습과제**

실생활과 산업현장에 직접 적용할
수 있는 풍부한 전기회로 설계 및
PLC 프로그래밍 실습을 진행한다.

◆ **개념과 실습의 연계**

해당 실습과제와 직접 연계된
개념의 위치를 절 번호를 통해
확인할 수 있다.

부록 ◆

전기기능장 실기 문제의
유형을 분석한
다양한 실습과제를 통해
전기기능장 실기에 대비한다.

학습 로드맵

이 책은 PLC 제어에 필요한 전기스위치부터 위치제어까지의 이론과 실무 제어기술을 다룬다. 특히 PLC의 기초부터 최신 응용기술까지를 체계적으로 다루려고 시도하였다. 학습 로드맵을 참고로 하여 학습을 해나가면 PLC 제어에 필요한 이론과 실무 제어기술을 종합적으로 이해하고 정리할 수 있을 것이다.

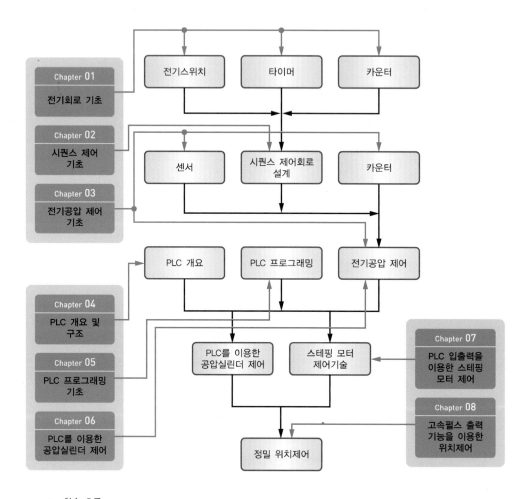

목차

PART 1 자동제어를 위한 시퀀스 회로 기초

Chapter 01 전기회로 기초 • 15

Chapter 02 시퀀스 제어 기초 • 49

PART 3 PLC 응용 제어

자동제어를 위한
시퀀스 회로 기초

최첨단 자동화 장치의 제어에는 복잡한 전기회로와 고성능의 PLC가 필요하다. 현장에서 사용되는 복잡한 전기회로를 기능 동작으로 구분해보면, 누구나 쉽게 이해하고 사용할 수 있는 간단한 전기회로가 여러 개 모여 복잡한 전기회로가 된다는 사실을 확인할 수 있다. PLC 제어를 본격적으로 학습하기에 앞서 이러한 전기회로 기초에 대해 확실하게 이해하는 것이 무엇보다 중요하다.

PART 1에서는 먼저 전기회로의 구성에 필요한 전기부품의 종류와 사용법을 살펴보고, 스위치와 릴레이를 이용한 시퀀스 제어회로의 구성방법에 대해 학습한 후, 다양한 실습과제를 통해 간단한 회로를 직접 설계해본다. 이렇게 학습한 내용을 토대로 공압실린더를 사용한 시퀀스 제어회로의 구성방법 및 설계방법에 대해 학습한다. 이러한 기본 개념과 다양한 실습과제를 통해 PLC의 기본 구성과 원리, 시퀀스 제어와 PLC 제어와의 연계성 등을 충분히 이해할 수 있으며, 복잡한 전기회로와 고성능 PLC를 잘 사용하기 위한 기초를 튼튼히 할 수 있다.

전기회로 기초

자동화 장치를 제어하기 위해 다양한 제어장치가 사용되는데, 이러한 제어장치를 제어하는 기본적인 전기회로는 YES, NOT, OR, AND와 같은 간단한 회로로 구성된다. 기본회로를 조합하여 자기유지회로를 만들어, 필요에 따라 출력의 ON/OFF 동작을 제어한다. 1장에서는 기본 전기회로의 구성과 동작원리를 살펴보고, 자기유지회로와 타이머, 카운터 등을 조합하여 전기회로를 설계하는 방법에 대해 학습한다. 1장을 학습한 후에는 일상생활에 응용될 전기회로를 설계하고 구성할 수 있다.

1.1 전기스위치와 전기회로

전기스위치는 전기회로 속에서 전류의 흐름을 연결하거나 차단함으로써 전기제품의 동작을 제어하는 전기부품이다. 모든 전기제품은 반드시 '전기스위치'를 거쳐야만 사용할 수 있는 만큼 전기스위치는 전기회로에서 매우 중요한 부품이다. 이 책에서 학습하는 PLC 제어에도 전기스위치가 필수로 사용된다. PLC 입력모듈에 연결된 전기스위치를 통해 전기신호가 입력되면, 미리 작성된 PLC 프로그램의 처리 결과에 의해 출력모듈 내부에 설치된 전기스위치의 ON/OFF 제어가 이루어진다. 이를 통해 램프, 솔레노이드 밸브, 모터 등을 제어하는 것이다.

1.1.1 전기스위치의 종류

전기회로에 사용되는 전기스위치에는 몇 종류가 있을까? 분류 방식에 따라 그 종류가 달라질 수 있지만, 여기서는 전기스위치를 작동시키는 물리적인 힘에 따라 두 가지로 구분하고자 한다. 첫 번째는 사람이 직접 가하는 물리적인 힘에 의해 동작하는 수동조작 전기스위치이고, 두 번째는 전기에너지의 흐름인 전류에 의해 조작되는 전기조작 전기스위치이다.

(a) 수동조작 전기스위치

(b) 전기조작 전기스위치

[그림 1-1] **전기스위치의 종류**

수동조작 전기스위치는 일상생활에서 널리 사용되는 스위치로, 동작하는 방식에 따라 다시 푸시버튼, 토글버튼, 셀렉터 스위치로 분류할 수 있다. **푸시버튼**^{push button}은 누르고 있는 동안에만 ON되는 스위치이고, **토글버튼**^{toggle button}은 한 번 누르면 ON이, 또 다시 누르면 OFF가 되는 스위치이다. **셀렉터 스위치**^{selector switch}는 선택된 상태를 유지하는 스위치이다.

전기조작 전기스위치는 다시 **전기릴레이**^{electric relay}와 **트랜지스터**^{transistor}로 구분된다. 전기릴레이는 전류에 의한 자기작용에 의해, 트랜지스터는 전류의 정공과 전자의 흐름에 의해 ON/OFF 동작이 제어된다. 전기조작 스위치에 대한 자세한 설명은 1.2절에서 하겠다.

PLC에서 가장 핵심적인 역할을 하는 CPU 모듈은 미리 작성된 PLC 프로그램에 따라 입출력 신호를 처리한다. [그림 1-2]와 같이 CPU 모듈에 전기신호를 입력하기 위해서는 수동조작 전기스위치가 필요하고, CPU 모듈에서 출력된 전기신호로 램프나 모터 등을 제어할 때는 전기조작 전기스위치가 필요하다.

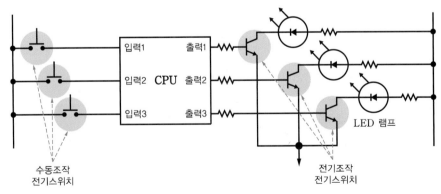

[그림 1-2] **PLC 입출력에서 사용되는 수동조작 및 전기조작 전기스위치**

1.1.2 전기스위치 접점의 종류

일상생활에서 우리는 수도꼭지의 밸브를 열거나 닫음으로써 물의 양을 조절한다. 전기스위치 접점은 이 수도꼭지와 같은 역할을 하는 전기부품으로, 전선 중간에 설치되어 전선에 흐르는 전류를 제어한다. 전기스위치의 **접점**contact의 종류에는 a접점, b접점, c접점이 있다.

■ a접점 스위치

a접점 스위치는 누르면 ON되기 때문에 이 접점을 'arbeit contact'라 하며, 이를 줄여서 **a접점**이라 한다. a접점은 외력이 작용하지 않는 평상시에는 항상 열려 있기 때문에 평상시 열림형(N/O형)Normally Open contact 접점이라고도 한다.

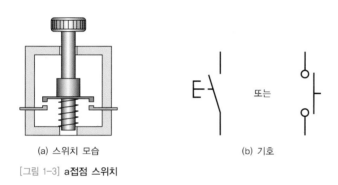

(a) 스위치 모습   (b) 기호

[그림 1-3] **a접점 스위치**

■ b접점 스위치

b접점 스위치는 누르면 접점이 떨어지기 때문에 'break contact'라 하며, 이를 줄여서 **b접점**이라 한다. b접점은 외력이 작용하지 않는 평상시에는 항상 닫혀 있기 때문에 평상시 닫힘형(N/C형)Normally Closed contact 접점이라고도 한다.

(a) 스위치 모습   (b) 기호

[그림 1-4] **b접점 스위치**

■ c접점 스위치

c접점 스위치는 하나의 스위치로 a접점이나 b접점을 선택하여 사용할 수 있는 스위치이
다. 이 스위치를 작동시키면 접점의 전환^{change-over}이 일어나기 때문에, 이 스위치를 **c접
점**이라 한다. 일상생활에서 사용하는 수동조작 전기스위치는 대개 c접점 형태로 제작되
기 때문에, 전기회로에서 a접점 또는 b접점을 선택해서 사용할 수 있다. 하지만 제어용
으로 사용되는 스위치는 a접점과 b접점을 명확하게 구분하여 사용해야 한다.

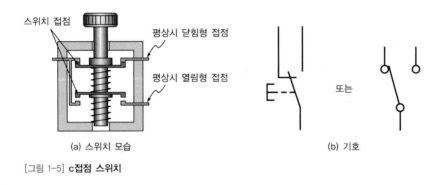

[그림 1-5] **c접점 스위치**

1.1.3 전기스위치로 구성되는 기본 전기회로

전기회로는 AC 전원을 이용하는 AC 전기회로와 DC 전원을 이용하는 DC 전기회로로
구분된다. AC 전기는 (+)와 (−)의 극성이 없기 때문에 전기회로 구성에서 극성에 따른
구분이 없지만, **DC 전기**는 극성이 분명하기 때문에 전기극성의 연결방법에 따라 싱크
전기회로와 소스 전기회로로 구분된다.

싱크^{sink} **전기회로**(줄여서 '싱크 회로')는 [그림 1-6(a)]처럼 (+)극에서 출발한 전류가 부
하를 거쳐서 전기스위치에 의해 (−)극으로 흡수되는 전기회로를 의미한다. 반대로 **소스**
^{source} **전기회로**(줄여서 '소스 회로')는 (+)극에서 출발한 전류가 전기스위치를 거쳐서 부
하로 공급되는 회로이다. DC 전원을 이용한 전기회로를 구성할 때에는 제일 먼저 싱크
타입의 전기회로를 구성할 것인지, 아니면 소스 타입의 전기회로를 구성할 것인지를 결
정해야 한다.

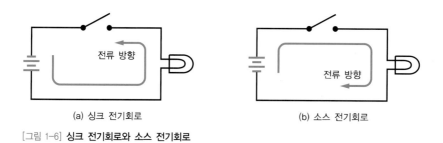

(a) 싱크 전기회로

(b) 소스 전기회로

[그림 1-6] **싱크 전기회로와 소스 전기회로**

1.2 전기조작 전기스위치

[실습과제 1-1, 1-2]

앞에서 전기스위치는 수동조작 전기스위치와 전기조작 전기스위치로 구분되며, 전기조작 전기스위치는 다시 전기릴레이와 트랜지스터로 구분된다고 배웠다. 이 절에서는 전기릴레이와 트랜지스터에 대해 자세히 살펴보자.

1.2.1 전기릴레이

전기계전기라고도 하는 전기릴레이$^{electric\ relay}$는 전자석에 의한 철판의 흡인력을 이용해 전기스위치의 접점을 ON/OFF하는 전기조작 전기스위치이다. 즉 전기릴레이는 '전자석으로 작동되는 여러 개의 접점을 가진 전기스위치'라고 할 수 있다. 이때 각 전기릴레이의 접점은 전기적으로 독립되어 있다.

전기릴레이의 접점은 [그림 1-7(a)]와 같이 접점의 용도에 따라 1(공통), 2(b접점), 4(a접점)의 번호가 할당되어 있고, 한 개의 코일에 2개 또는 4개의 C접점이 동시에 작동하도록 되어 있다. [그림 1-7(b)]의 12, 22 등의 수에서 십의 자릿수는 접점의 개수를, 일의 자릿수는 접점의 용도에 대한 번호를 의미한다. 전기릴레이는 자장을 형성시키는 코일과 전자석에 의해 작동되는 접점 및 복귀스프링으로 구성된다. A1과 A2의 릴레이 코일에 전류가 흐르면, 복귀스프링에 연결된 가동철편이 전자석의 흡인력에 의해 코일 코어 방향으로 끌려오면서 전기 접점이 ON/OFF 동작을 하게 된다.

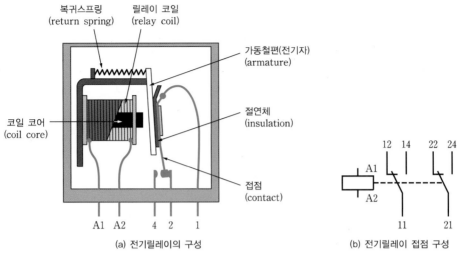

[그림 1-7] 전기릴레이

전기릴레이의 주요 특징을 정리하면 다음과 같다.

전기릴레이의 장점

- 다양한 동작전압으로 릴레이 코일이 제작되어 판매되기 때문에, 여러 전압에서 사용할 수 있는 릴레이를 쉽게 구입할 수 있다.
- 주위 온도의 영향을 많이 받지 않는다.
- 80°C ~ −40°C에서 원활하게 작동하므로, 실온에서 확실한 작동이 보장된다.
- 개방상태에서 접점의 거리가 트랜지스터와 달리 물리적으로 수 mm 이상 떨어져 있기 때문에, 높은 전압의 전류도 접점을 이용해 ON/OFF할 수 있다.
- 한 개의 릴레이 코일에 독립적인 여러 개의 접점이 있기 때문에 여러 종류의 부하를 개별적으로 ON/OFF할 수 있다.
- 릴레이 코일에 의해 동작되는 접점은 릴레이 코일 전원과 전기적으로 절연된 접점이기 때문에, 릴레이 코일의 동작전압과 접점의 ON/OFF 제어전압이 서로 달라도 된다.

전기릴레이의 단점

- 상시 열림형 접점은 아크^{arc}나 산화에 의해 마모되기 쉽다.
- 트랜지스터에 비해 큰 공간이 필요하다.
- 개폐 시 "딱딱"하는 소음이 발생한다.
- 개폐 시간이 3 ~ 17ms로 제한된다.
- 접점이 오염(먼지)에 영향을 받으면 오작동을 일으키기 쉽다.

■ 전기릴레이의 기능

전기릴레이를 전기회로에 사용할 때에는 전기릴레이의 다음과 같은 기능을 이용한다.

❶ 증폭 기능

전기릴레이의 증폭 기능은 수십 ~ 수백 mA의 작은 전류를 이용해 전기릴레이의 전자석 코일을 동작시킨 후, 전자석에 의해 동작하는 접점을 사용해서 수십 ~ 수백 A의 큰 전류가 필요한 부하를 동작시키는 방법을 의미한다.

자동차의 스타터 모터의 기동이나 자동차 전조등을 ON/OFF할 때 전기릴레이의 증폭 기능을 사용한다. 운전석에 있는 소형 스위치의 ON/OFF에 의해 엔진룸의 릴레이 박스에 장착된 릴레이 코일을 작동시켜, 큰 전류가 필요한 스타터 모터와 전조등에 릴레이 접점을 통해 전류를 공급한다. 이러한 전기릴레이의 증폭 기능은 저렴한 비용으로 손쉽게 구성할 수 있다는 점이 강점이다.

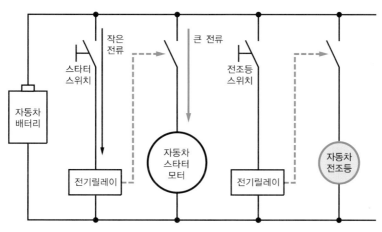

[그림 1-8] **전기릴레이의 증폭 기능**

❷ 교환 기능

전기릴레이의 교환 기능은 서로 다른 전압으로 전기제품을 동작시킬 때 사용하는 기능이다. AC 전기는 높은 전압으로 인해 감전의 위험이 있기 때문에, 사람이 조작하는 전기회로는 감전의 위험이 없는 DC24V로 동작하게 하고, AC220V로 제어해야 하는 전기장치는 교환 기능을 통해 릴레이 접점을 이용한다. [그림 1-9]는 전기릴레이의 교환 기능을 나타낸 것이다. 전기릴레이의 전자석 코일의 동작전원은 DC24V이나, 전자석 코일에 의해 작동하는 전기릴레이 접점을 이용하여 AC220V 전원에서 동작하는 모터를 제어할 수 있다.

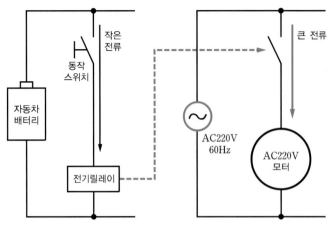

[그림 1-9] **전기릴레이의 교환 기능**

❸ 신호전달 기능

전기릴레이의 신호전달 기능은 릴레이를 이용한 전기시퀀스 회로를 구성할 때, 릴레이 접점을 이용해서 다른 전기회로에 현재 동작 중인 전기릴레이의 ON/OFF 상태를 전달하는 것이다.

■ 전기릴레이를 이용한 자기유지회로

앞에서 전기릴레이의 특징과 기능에 대해서 살펴보았다. 이번에는 전기릴레이를 이용한 전기회로를 살펴보자. 자동화에 필요한 다양한 전기회로 중에 사용 빈도수가 높고 가장 중요하다고 할 수 있는 회로는 무엇일까? 필자는 이 질문에 조금의 망설임도 없이 '**자기 유지회로**'라 말할 수 있다. 자기유지회로만 제대로 이해하고 사용할 수 있어도 자동화 장치에 필요한 전기회로 공부의 절반은 완수했다고 할 만큼 자기유지회로는 중요하고 핵심적인 전기회로이다.

오늘날 컴퓨터가 정보처리를 위해 반드시 메모리를 필요로 하듯이 자동화 제어회로도 메모리 회로를 필요로 한다. 자기유지회로는 컴퓨터에서 사용하는 비트 메모리 회로를 전기스위치와 릴레이로 만든 것이다. 즉 자기유지회로는 1비트의 정보를 기억하는 메모리 회로이다. 셋 버튼을 누르면 릴레이가 ON 상태가 되어 '1'의 정보를 기억하고, 리셋 버튼을 누르면 릴레이가 OFF 상태가 되어 '0'의 정보를 기억한다.

자동제어장치의 핵심회로인 자기유지회로는 기본적으로 YES, NOT, OR, AND 회로의 조합으로 구성된다. 이러한 기본회로의 조합에 필요에 따라 타이머나 카운터 등을 추가하여 출력의 ON/OFF 동작을 제어하는 것이다. 자기유지회로를 구성하는 기본회로에 대해서는 5장의 5.3.1절에서 자세히 살펴보겠다.

자기유지회로는 동작조건에 따라 '리셋(RESET) 우선 자기유지회로'와 '셋(SET) 우선 자기유지회로'로 구분한다. 셋과 리셋 버튼을 동시에 눌렀을 때, 리셋 우선 자기유지회로에서는 전기릴레이 K1이 OFF 상태가 되고, 셋 우선 자기유지회로에서는 K1이 ON 상태가 된다.

여기서는 리셋 우선 자기유지회로가 어떻게 동작하는지 살펴보자. [표 1-1]은 리셋 우선 자기유지회로의 동작 상태를 단계별로 나타낸 것이다. 여기서 SET은 셋 버튼, RST는 리셋 버튼, K1은 전기릴레이, LAMP는 램프를 나타낸다. 셋 버튼과 사각형 박스 모양의 K1은 릴레이 코일을 의미하고, K1의 a접점은 K1 릴레이 코일에 의해서 동작하는 접점을 의미한다.

[표 1-1] 리셋 우선 자기유지회로의 동작 순서

자기유지회로의 동작		자기유지회로의 동작 순서
① 초기상태	초기에 셋과 리셋 버튼은 눌리지 않은 상태이고, 릴레이 K1은 OFF된 상태이다. 셋과 리셋 버튼은 푸시버튼을 이용한다.	
② 셋 버튼 누름	셋 버튼을 누르면, 전기릴레이 코일에 전류가 흐르면서 전기릴레이의 전자석이 작동된다.	
③ 전기릴레이 동작	전기릴레이 코일에 전류가 흘러 전자석이 동작하면, 전기릴레이의 접점이 ON되어 자기유지를 위한 K1 접점과 램프 점등을 위한 K1 접점이 동시에 ON되고, 램프가 점등된다.	

(계속)

자기유지회로의 동작		자기유지회로의 동작 순서
④ 셋 버튼 누름 해제	셋 버튼의 누름을 해제해도 자기유지회로가 구성되어 있기 때문에 리셋 우선 자기유지회로는 ON 상태를 계속 유지한다.	
⑤ 리셋 버튼 누름	자기유지회로가 ON인 상태에서 리셋 버튼을 누르면, 전기릴레이에 공급되는 전류 통로가 차단된다. 그 결과, 자기유지회로를 유지하는 전기릴레이의 작동이 OFF 상태가 되어 K1 접점이 OFF 상태가 된다.	
⑥ 리셋 버튼 누름 해제	리셋 버튼의 누름을 해제하면 자기유지회로는 초기상태로 전환된다.	

1.2.2 트랜지스터

전기릴레이와 70년대 이전에 사용되던 진공관 앰프를 대체하기 위해 개발된 트랜지스터transistor는 트랜스퍼(신호를 전달하다)transfer와 레지스터(저항기)resistor의 합성어이다. 트랜지스터는 증폭작용과 스위칭 기능을 가지는데, 자동화 전기회로에서는 이 중 트랜지스터의 스위칭 기능을 주로 활용한다. 트랜지스터는 구조에 따라 NPN과 PNP로 구분된다.

■ 트랜지스터의 종류

❶ NPN 트랜지스터

[그림 1-10(a)]는 NPN 트랜지스터를 스위치로 형상화하여 나타낸 것이다. 스위칭 기능을 하는 트랜지스터의 동작을 스위치와 비교해보면, 전기스위치에 다이오드(전류를 한쪽 방향으로만 흐르게 하는 전자부품)^{diode}가 직렬로 연결된 형태임을 알 수 있다. NPN은 컬렉터^{collector}에서 이미터^{emitter} 방향으로 전류가 흐르는 전기조작 스위치이다.

❷ PNP 트랜지스터

[그림 1-10(b)]는 PNP 트랜지스터를 스위치로 형상화하여 나타낸 것이다. PNP의 다이오드의 방향은 NPN과 반대이다. 따라서 PNP는 전류의 방향으로 보아 이미터에서 컬렉터 방향으로 전류가 흐르는 전기조작 스위치임을 알 수 있다.

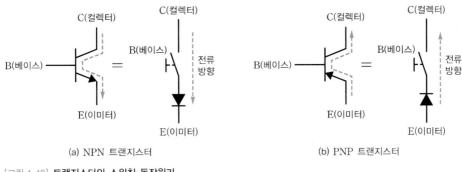

(a) NPN 트랜지스터 　　　　　　　　　　　　(b) PNP 트랜지스터

[그림 1-10] **트랜지스터의 스위칭 동작원리**

■ NPN과 PNP로 구분하는 이유

트랜지스터는 한쪽 방향(컬렉터 → 이미터, 또는 이미터 → 컬렉터)으로만 전류를 흐르게 하는 전기스위치로, DC 전원을 이용한 전기회로에서만 사용할 수 있는 전기조작 전기스위치이다. DC 전원을 이용하여 전기회로를 구성할 때에 싱크 전기회로와 소스 전기회로를 구분하는데, 트랜지스터를 NPN과 PNP로 구분하는 이유는 이러한 싱크 및 소스 전기회로에 사용된 수동조작 스위치를 트랜지스터로 대체하기 위함이다. 트랜지스터는 DC 전원의 직류로만 ON/OFF가 가능하기 때문에, 싱크 및 소스 전기회로에서 트랜지스터를 전기조작 스위치로 사용하기 위해서는 전류의 방향에 따라 NPN과 PNP 타입을 선택하여 사용해야 한다. 간단히 말하면, 싱크 전기회로에는 수동조작 전기스위치 대신 전기조작 전기스위치인 NPN을, 소스 전기회로에는 PNP를 사용한다.

[그림 1-11]은 트랜지스터를 이용하여 구현한 싱크 및 소스 전기회로의 구성을 나타낸 것이다. 트랜지스터의 컬렉터 단자가 부하인 램프에 연결되어 있고, 전류의 방향에 따라 PNP, NPN을 구분해서 사용했음을 알 수 있다. 그 결과, 1.1.3절에서 학습한 전기스위치를 이용한 싱크 및 소스 전기회로가 완벽하게 구현되고 있다.

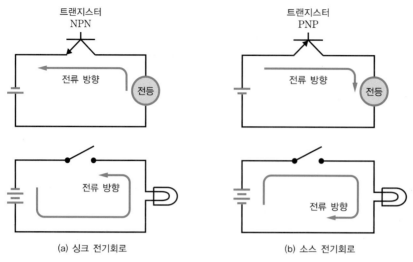

(a) 싱크 전기회로   (b) 소스 전기회로

[그림 1-11] **트랜지스터로 구현한 싱크 및 소스 전기회로**

1.3 타이머

[실습과제 1-3, 1-4, 1-5]

타이머는 시간을 제어할 수 있는 전기부품이다. 자기유지회로는 셋^{set}과 리셋^{reset} 버튼을 조작해서 자동화 장치의 동작을 제어하는데, 이 자기유지회로에 시간 제어가 가능한 '타이머'를 조합하면 일정시간 동안만 동작하는 전기회로를 만들 수 있다. 즉 **타이머**^{timer}는 [그림 1-12]처럼 전자식 스톱워치와 전기릴레이가 결합된 제품으로 생각할 수 있다. 스톱워치에서는 동작시간을 설정한 후 시작버튼을 누르면, 설정된 시간이 끝나는 순간에 알람이 작동한다. 타이머는 이러한 스톱워치의 알람기능 대신에 전기릴레이를 작동시켜서 전기회로를 제어하는 전기부품이다.

스톱워치   전기릴레이   타이머

[그림 1-12] **스톱워치와 전기릴레이가 결합된 타이머**

산업현장에서 사용하는 타이머에는 ON 딜레이, OFF 딜레이, 플리커^{flicker}, 인터벌^{interval}, 적산^{retentive} 타이머가 있으며, 그 중에서 ON 딜레이와 OFF 딜레이 타이머를 가장 많이 사용한다.

1.3.1 ON 딜레이 타이머

ON 딜레이delay 타이머는 자동화 장치 제어에 가장 널리 사용되는 타이머로 [그림 1-13]
처럼 동작한다. 횡단보도에 설치된 보행자 작동 신호기의 작동버튼을 누르면 잠시 후에
녹색 신호등이 점등되듯이, ON 딜레이 타이머도 입력신호(X0)가 ON되고 나서, 타이머에
서 설정된 일정시간만큼 지연delay된 후에 타이머의 출력(T0)이 ON되는 동작을 보인다.

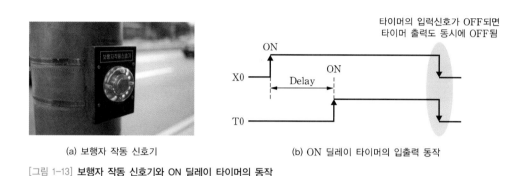

(a) 보행자 작동 신호기   (b) ON 딜레이 타이머의 입출력 동작

[그림 1-13] 보행자 작동 신호기와 ON 딜레이 타이머의 동작

1.3.2 OFF 딜레이 타이머

ON 딜레이 타이머의 경우, 타이머의 입력신호가 ON된 후에 일정한 설정시간이 경과해야지
만 타이머의 출력이 ON이 되었던 반면, OFF 딜레이 타이머는 타이머의 입력신호가 ON되
면 타이머의 출력도 동시에 ON된다. 하지만 타이머의 입력신호가 OFF되면, [그림 1-14]처
럼 타이머의 출력은 ON 상태를 유지한 채로 사전에 설정해 놓은 동작시간 타이머가 작동하
게 된다. 설정된 동작시간이 끝나면, 타이머의 출력을 OFF시키는 동작이 이루어진다.

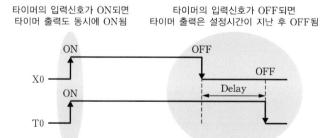

[그림 1-14] OFF 딜레이 타이머의 동작 타임차트

일상에서 사용하는 전기·전자제품 중에서 OFF 딜레이 타이머 기능을 적용한 예로 스마트폰에 있는 카메라 플래시 램프가 있다. 조명 동작 ON 버튼을 누르면 플래시 램프는 사용자가 사전에 설정한 시간만큼 동작한 후에 정지한다. 이러한 기능은 'ON 딜레이 타이머 + 자기유지회로'의 조합으로도 만들 수 있지만, OFF 딜레이 기능을 가진 타이머를 활용하면 별도의 자기유지회로를 사용하지 않고도 간단하게 구현할 수 있다.

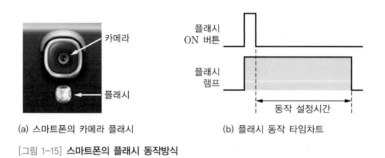

(a) 스마트폰의 카메라 플래시   (b) 플래시 동작 타임차트

[그림 1-15] **스마트폰의 플래시 동작방식**

OFF 딜레이 타이머 동작은 자동차의 전조등에도 적용된다. 자동차의 시동이 꺼진 후에도 전조등은 어두운 길거리를 밝히기 위해 일정시간 점등 상태를 유지하다가 소등되는데, 이러한 기능은 OFF 딜레이 타이머를 적용한 것이다.

1.4 카운터

[실습과제 1-6]

카운터counter는 '수를 세다'는 의미로 이름 붙여졌다. 자동화 전기회로에서 카운터는 전기스위치의 ON/OFF 횟수를 세거나, 센서의 ON/OFF 출력신호를 세는 역할을 한다. 시판되는 카운터는 대부분 현재값(입력되는 전기신호를 카운트한 값)과 설정값(사용자가 설정한 값)을 비교해서 전기출력을 ON/OFF한다.

1.4.1 카운터의 종류

카운터는 **출력 유무에 따라** 프리셋 카운터와 토탈 카운터로 구분한다.

- **프리셋 카운터** : 사전에 설정값을 미리 설정할 수 있는 카운터로, 현재값과 설정값을 비교하여 현재값이 설정값보다 같거나 크면 출력신호를 출력한다.
- **토탈 카운터** : 출력신호를 출력하는 기능 없이, 생산 수량 등의 숫자만을 표시한다.

또한 카운터를 **동작 기능에 따라** 구분하면, **가산(UP) 카운터, 감산(DOWN) 카운터, 가 감산(UP/DOWN 또는 가역) 카운터**로 나눌 수 있다. [그림 1-16]은 가산, 감산, 가감산 동작을 하는 카운터를 나타낸 것이다.

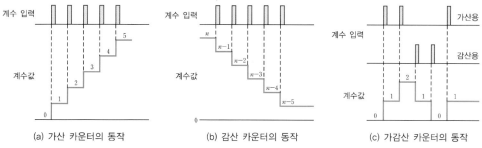

[그림 1-16] **가산, 감산, 가감산 카운터의 동작**

1.4.2 카운터의 응용

생산현장에서 카운터가 어떻게 사용되는지 살펴보기 위해 식품공장에서 떠먹는 요구르트 를 만드는 공정을 예로 들어보자.

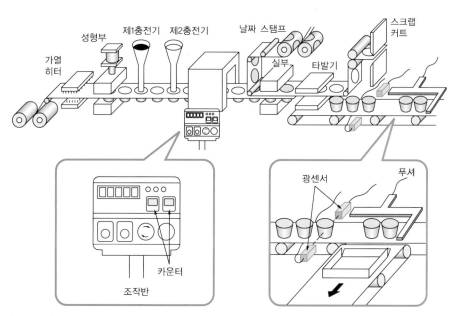

[그림 1-17] **제품 생산공정**

[그림 1-17]은 제품 생산공정을 나타낸 것으로, 다음과 같은 공정 단계를 거친다.

❶ **첫 번째 공정** : 롤roll에 감긴 얇은 플라스틱판을 히터로 가열한 후, 성형부에서 떠
먹는 요구르트 용기 모양을 만든다.

❷ **두 번째 공정** : 제품 충전기로 요구르트 용액과 제품에 들어갈 과일 조각을 넣는다.

❸ **세 번째 공정** : 생산 날짜가 인쇄된 비닐커버를 용기에 덮은 후 밀봉한다.

❹ **네 번째 공정** : 타발기(제품의 형상을 오려내는 장치)를 통해 최종적인 제품을 생산한다.

이렇게 생산된 제품은 컨베이어로 이동시켜 포장 공정을 진행하도록 시스템이 구성되어
있다. 이제 제품 생산공정 과정에서 카운터가 동작하는 경우를 [그림 1-18]을 통해 살펴
보자.

❶ 제품이 컨베이어로 이동할 때마다 광센서를 통해 전기신호를 발생시키면, 카운터
에서는 전기신호가 동작할 때마다 현재값을 1씩 증가시킨다.

❷ 카운터에는 제품 박스 하나에 들어갈 제품 개수에 해당하는 설정값이 등록되어 있
다. 현재값과 설정값을 상시 비교하여 현재값이 설정값과 같거나 크면, 카운터 내
부에 있는 전기릴레이가 ON된다(이때 숫자를 다 세고 신호를 출력하는 일을 **카운터
업**counter up이라고 한다).

❸ 카운터의 출력에 의해 포장박스에 들어갈 3개의 제품을 푸셔pusher를 동작시켜 박
스에 담은 후에, 카운터의 현재값을 다시 리셋시킴으로써 새롭게 제품의 개수를
카운팅할 수 있게 한다.

[그림 1-18] **제품 생산공정에서 사용되는 카운터의 동작**

이처럼 제품을 검출하는 광센서의 신호를 세어 그 값이 미리 설정한 값과 일치하면, 카운
터 출력신호를 ON하여 푸셔와 같은 장치를 동작시킬 수 있는 신호출력 기능을 가진 카
운터를 **프리셋 카운터**preset counter라 한다. [그림 1-19]는 프리셋 카운터의 동작을 나타낸
것이다.

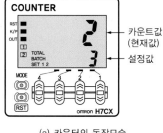

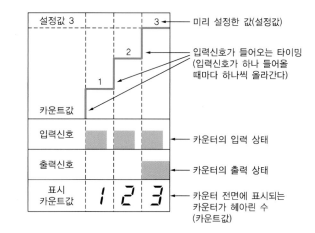

설정값 3			3 ◀── 미리 설정한 값(설정값)
	1	2	◀── 입력신호가 들어오는 타이밍 (입력신호가 하나 들어올 때마다 하나씩 올라간다)
카운트값			
입력신호			◀── 카운터의 입력 상태
출력신호			◀── 카운터의 출력 상태
표시 카운트값	*1*	*2*	*3* ◀── 카운터 전면에 표시되는 카운터가 헤아린 수 (카운트값)

(a) 카운터의 동작모습   (b) 프리셋 카운터의 동작원리

[그림 1-19] **프리셋 카운터**

[그림 1-18]의 카운터 사용 사례를 보았듯이, 산업현장에서는 카운터가 다양하게 응용되고 있다. 이처럼 카운터는 주로 숫자를 세거나 길이를 제어하는 용도로 사용되는데, 이에 대한 각각의 응용 사례를 살펴보자.

■ 수량제어

공정 단계에서 카운터의 수량제어를 통해 물건의 개수를 셀 수 있다. [그림 1-20]은 광전 스위치(광센서)에서 검출한 신호를 이용해 컨베이어로 이동되는 물체를 카운터로 계수함으로써 정해진 수량만큼씩 포장이 가능한 자동화 시스템을 나타낸 것이다.

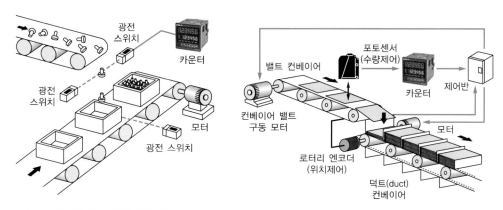

[그림 1-20] **카운터를 이용한 수량제어**

■ 길이(위치)제어

[그림 1-21]은 카운터를 이용하여 길이제어 동작을 하는 시스템의 구성을 나타낸 것이다. 길이제어를 할 때에는 물체의 길이를 측정하기 위해 엔코더encoder도 함께 사용한다. 모터를 이용하여 길이 또는 위치제어를 할 물체를 이송시킬 때, 모터의 회전을 검출하는 엔코더에서 발생한 전기신호를 카운터로 계측하면 물체의 이동거리를 계측할 수 있다. 사용자가 설정한 길이만큼 물체가 이송되면, 카운터의 출력신호로 절단기를 동작시켜 물체를 절단하거나, 솔레노이드 밸브를 동작시켜 이동하는 물체에 표시를 할 수 있다.

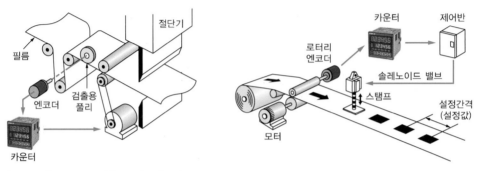

[그림 1-21] **카운터를 이용한 길이(위치)제어**

모터와 엔코더를 일체형으로 만든 것을 서보모터라 하며, 모터 제어 기능과 엔코더의 펄스를 세는 카운터 기능을 조합한 것이 서보앰프이다. 즉 서보모터와 서보앰프는 길이(위치)제어를 할 수 있는 카운터의 기능을 조합한 제품이라고 보면 된다. 그렇다면 카운터를 이용해 어떻게 길이를 제어하는지 [그림 1-22]를 통해 좀 더 자세히 살펴보도록 하겠다.

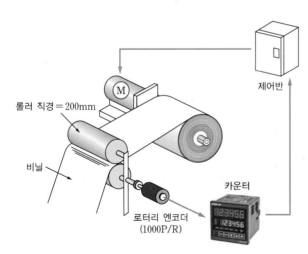

[그림 1-22] **카운터를 이용한 길이제어 동작원리**

직경이 200mm인 롤러에 1000P/R(1회전에 1000개의 펄스를 발생)용 로터리 엔코더를 사용하여 비닐을 300mm 단위로 절단하고자 한다. 이때 중요한 점은 엔코더 1펄스당 얼마만큼의 길이가 이동되는지를 구하는 것인데, 이는 간단한 산술연산으로 구할 수 있다.

$$\text{엔코더 1펄스당 이동거리} = \frac{\pi \times \text{롤러 직경}}{\text{엔코더 1회전당 펄스 발생 수}}$$

$$= \frac{3.1416 \times 200}{1000} = 0.628 \, (\text{mm})$$

계산을 통해 알 수 있듯이 엔코더 1펄스당 0.628mm를 이동하게 되므로, 300mm를 절단하기 위해서는 300mm ÷ 0.628mm = 477.7, 즉 엔코더 펄스를 약 478개 카운팅하면 된다. 이때 엔코더의 회전당 발생되는 펄스의 개수를 높이면 보다 정밀한 길이 제어가 가능하다. 산업현장에는 펄스를 수십에서 수백만 개까지 발생시킬 수 있는 다양한 종류의 엔코더가 있으므로, 사용자가 원하는 길이 정밀도에 따라 엔코더와 카운터를 선택해서 사용하면 된다.

지금까지 전기회로의 제어동작을 구현할 수 있는 전기스위치에 대해 알아보고, 전기스위치와 전기릴레이를 이용한 자기유지회로에 대해 살펴보았다. 1장에서 강조하고 싶은 것은, 자동제어의 핵심회로는 YES, NOT, OR, AND 회로의 조합으로 구성되는 자기유지회로라는 점이다. 자기유지회로에 타이머를 조합하면 시간제어 전기회로를 만들 수 있고, 카운터를 조합하면 횟수를 제한하는 전기회로를 만들 수 있다. 1장을 통해서 자기유지회로의 동작을 이해했다면 PLC를 배우기 위한 첫걸음을 내딛은 것이다.

 [Section 1.2]

모터 또는 대형 조명등과 같은 전기제품을 동작시킬 때, [그림 1-23]과 같은 전기스위치를 사용하는 경우가 많다. 우리가 일상에서 흔히 접하는 ON/OFF가 구분된 전기스위치를 이용해 램프를 점등하는 전기회로를 만들어보자.

[그림 1-23] **ON/OFF가 구분된 전기스위치**

동작조건

램프 점등을 위한 제어회로는 DC24V 전원으로 동작하고, 램프는 AC220V 전원에서 동작한다. ON 버튼(I로 표시된 버튼)을 누르면 램프는 점등되고, OFF 버튼(O로 표시된 버튼)을 누르면 램프는 소등된다. 이때 사용된 전기스위치는 푸시버튼이다.

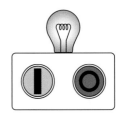

[그림 1-24] **램프 점등**

회로 설계

앞에서 배운 자기유지회로를 이용하여 [그림 1-24]와 같이 램프의 점등을 제어할 수 있는 전기회로를 만들어보려고 한다. 주어진 과제의 동작조건을 살펴보면, 램프의 ON/OFF를 제어하기 위한 제어회로의 동작전원은 DC24V이고, 램프 점등을 위한 전원은 AC220V이다. 제어전원과 램프의 동작전원이 서로 다르므로, 앞에서 학습한 전기릴레이의 교환 기능을 이용하여 전기회로를 구현한다. 전기릴레이에서는 릴레이 코일의 동작전원과 릴레이 코일에 의해 동작하는 전기 접점이 전기적으로 절연되어 있기 때문에 코일의 동작전원과 접점의 전원을 각각 구분해서 사용할 수 있다.

1 램프 제어회로의 ON과 OFF 버튼에 의해 K1의 ON/OFF가 제어된다. 램프 제어회로는 감전의 위험이 없는 DC24V 전원에 의해 동작한다.

2 램프 출력회로는 램프 제어회로의 전기릴레이 K1의 접점의 동작에 의해 램프의 ON/OFF 제어가 이루어진다. 이 회로는 AC220V 전원에 의해 동작한다.

3 램프 제어회로와 출력회로의 동작전압이 서로 다르지만, 전기적으로 전기릴레이 코일의 동작 접점은 전기적으로 절연되어 있기 때문에 서로 다른 전압을 사용해도 전기적인 문제가 발생하지 않는다.

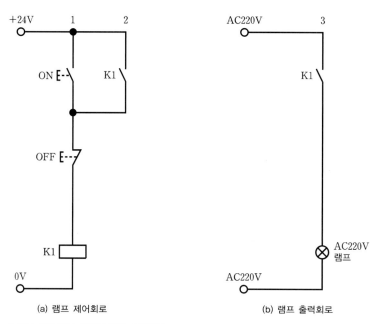

[그림 1-25] **램프 점등을 위한 전기회로**

[Section 1.2]

무더운 여름철에 사용하는 선풍기는 단계별로 바람세기를 선택할 수 있도록 여러 개의 버튼을 가지고 있다. 보통의 선풍기 버튼을 살펴보면, 정지버튼과 바람의 세기를 선택하는 세 단계의 버튼이 있다. 이와 같이 선풍기의 바람세기를 선택할 수 있는 전기회로를 만들어보려고 한다.

실제로는 셀렉터 또는 토글 기능을 가진 전기스위치를 이용해서 간단한 방법으로 선풍기의 속도(바람세기)를 제어하지만, 여기서는 자기유지회로를 이용하여 선풍기의 동작을 제어하는 전기회로를 만들어보자.

동작조건

① 1 ~ 3번으로 표기된 버튼을 누르면 해당 번호의 램프가 즉시 점등된다.

② 램프가 점등된 상태에서 다른 번호의 버튼을 누르면 해당 번호의 램프가 점등되고, 이전에 점등되었던 램프는 즉시 소등된다.

③ 램프가 점등된 상태에서 정지에 해당되는 0번 버튼을 누르면 모든 램프는 즉시 소등된다.

④ 모든 전기회로는 DC24V 전원에서 동작한다.

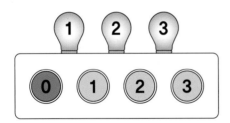

[그림 1-26] **자기유지회로를 이용한 다단속도 선택**

회로 설계

선풍기의 다단속도 선택회로의 동작을 3개의 램프를 이용하여 구현해보자. [그림 1-26] 을 살펴보면, 3단계의 바람선택을 위한 3개의 버튼과 각 단계가 선택되었을 때 점등되는 3개의 램프가 있고, 정지버튼에 해당되는 '0' 버튼이 있다.

1 다단속도 제어를 위한 전기회로로는 셋 우선 자기유지회로를 이용한다.

2 셋 우선 자기유지회로에 셋 입력과 리셋 입력이 동시에 들어오면, 셋 입력이 우선되어 전기릴레이가 ON 상태가 된다.

3 예를 들어 1단 버튼을 누르면, K1이 ON되어 K1의 b접점이 리셋신호로 사용되기 때문에 K2와 K3의 자기유지회로는 강제로 리셋된다.

4 1단이 ON된 상태에서 3단 버튼을 누르면, K1의 b접점에 의해 K3의 자기유지회로가 리셋되지만, 셋이 우선되는 자기유지회로이기 때문에 K3이 ON되면서 K1의 자기유지 상태를 OFF로 만든다.

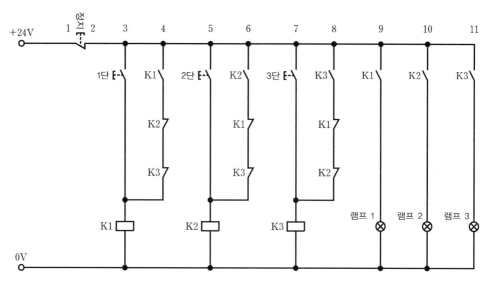

[그림 1-27] **다단속도 제어를 위한 전기회로**

➜ 실습과제 1-3 ON 딜레이 타이머를 이용한 신호등 제어회로 설계

[Section 1.3]

보행자 작동 신호기(보행자 버튼)를 이용한 횡단보도의 신호등 제어동작을 구현해보자. 보행자가 신호등 기둥에 설치된 보행자 버튼을 누르면, 10초 후에 적색 램프에서 녹색 램프로 신호가 변경되고, 30초 경과 후에 다시 적색 램프가 점등되는 조건을 만족하는 신호등 자동화 회로를 만들어보자.

동작조건

① 보행자 버튼은 길 양쪽 편 신호등에 설치되므로, 한 횡단보도에 총 2개가 설치된다. 2개의 버튼 중 어떤 버튼을 눌러도 동작되어야 한다. 따라서 신호등의 동작을 위한 입력조건은 OR 회로로 구현될 수 있다.

② [그림 1-28]의 보행자 신호등 동작 타임차트를 살펴보면, 2개의 타이머가 필요함을 알 수 있다. 첫 번째 타이머는 보행자 버튼을 누른 후 10초 동안 동작하고, 두 번째 타이머는 녹색 램프의 점등 시간을 제어하기 위해 30초 동안 동작해야 한다.

③ 보행자 버튼은 푸시버튼이다. 따라서 버튼을 누르고 있는 동안만 전기스위치가 동작하기 때문에 푸시버튼만으로는 타이머를 정상적으로 동작시킬 수 없다. 따라서 타이머가 제대로 동작하기 위해서는 반드시 타이머 설정시간보다 더 길게 타이머의 입력이 ON 상태를 유지해야 한다. 짧은 순간의 ON 신호를 이용해 필요한 신호를 ON시키는 자기유지회로를 사용한다.

④ 신호등 램프는 서로 교대로 점등되어야 한다. 따라서 c접점을 이용하거나, 동일하게 동작하는 a 접점과 b접점을 사용한다. 평상시에는 적색 램프가 점등되므로 b접점을 이용해 적색 램프를 점등하고, 일정시간 지난 후에는 녹색 램프가 점등되므로 a접점을 사용한다.

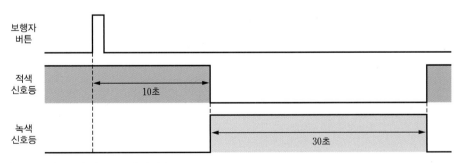

[그림 1-28] **보행자 신호등 동작 타임차트**

회로 설계

보행자 신호등 제어를 위한 전기회로는 [그림 1-29]와 같으며, 이에 대한 동작 타임차트는 [그림 1-30]에 나타내었다.

1 [그림 1-29]의 전기회로에서는 적색과 녹색 신호등의 제어를 위한 2개의 전기릴레이와 2개의 ON 딜레이 타이머를 사용한다. K1은 자기유지회로로 구성되어 있다.

2 보행자 버튼([그림 1-29]에서 SET 버튼)을 누르지 않은 상태에서는 적색등이 ON 상태를 유지해야 하기 때문에 K2의 b접점에 의해 적색 신호등의 ON/OFF를 제어한다.

3 보행자 버튼을 누르면 [그림 1-30]에서 ①과 ②에 해당하는 K1 코일과 T1의 입력이 ON 상태가 된다.

4 10초 후에 ③에 해당되는 타이머 T1이 동작하면, T1 출력접점에 의해 타이머 T2와 K2가 ON된다. 이때 적색등은 OFF가 되고 녹색등은 ON이 된다.

5 타이머 T2가 ON되어 30초가 되면, [그림 1-30]에서 ⓐ에 해당되는 T2의 출력접점에 의해 ⓑ에 해당되는 K1이 리셋되어, ⓒ에 해당되는 타이머 T1과 T2, 그리고 K2가 OFF된다.

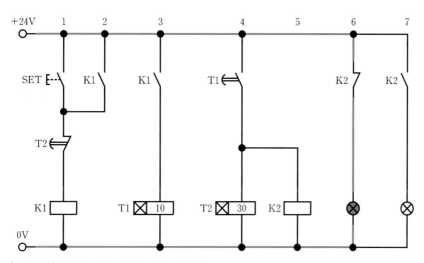

[그림 1-29] **보행자 신호등 제어를 위한 전기회로**

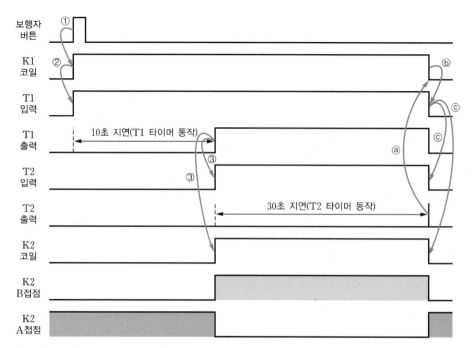

보행자 버튼	①
K1 코일	② ... ⓑ
T1 입력	... ⓒ
T1 출력	10초 지연(T1 타이머 동작) ... ⓒ
T2 입력	③ ... ⓐ
T2 출력	30초 지연(T2 타이머 동작)
K2 코일	
K2 B접점	
K2 A접점	

[그림 1-30] 보행자 신호등 제어를 위한 전기회로 동작 순서 타임차트

[Section 1.3]

일상생활에서 널리 사용되는 전자레인지의 동작을 제어할 수 있는 전기회로를 만들어보자. 전자레인지는 시작버튼을 누르면 정해진 일정시간 동안 동작을 하고, 동작 중에 정지버튼을 누르면 동작을 멈추는 기본적인 기능을 가지고 있다.

동작조건

① 전자레인지 동작시간을 타이머로 설정한다.

② 문 열림 검출센서는 a접점을 사용한다. 즉 문이 닫힌 상태는 a접점이 동작하는 상태(회로가 닫힌 상태)이고, 문이 열리면 a접점이 동작하지 않는 상태(회로가 열린 상태)가 된다.

③ 문이 열린 상태에서는 시작버튼을 눌러도 전자레인지가 동작하지 않는다.

④ 전자레인지의 문이 닫힌 상태에서 동작시간을 설정하고 시작버튼을 누르면, 전자레인지가 동작한다. 이때 전자레인지가 동작 중임을 표시하는 동작확인 램프가 점등된다. 동작 설정시간이 경과하면 전자레인지의 동작이 자동으로 정지된다.

⑤ 전자레인지의 동작 중에 문이 열리면 즉시 정지한다.

⑥ 전자레인지의 동작 중에 정지버튼을 누르면 설정시간에 관계없이 즉시 정지한다.

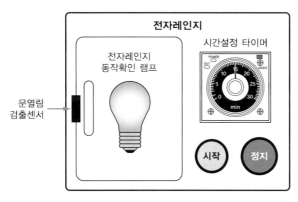

[그림 1-31] **전자레인지의 외형**

회로 설계

1 먼저 전자레인지의 동작조건을 해석해본다.

입력조건	시작버튼
정지조건	문 열림 검출센서, 정지버튼, 타이머의 출력(타이머의 설정시간이 경과되면 ON되는 타이머의 출력접점)
출력조건	전자레인지 동작확인 램프

2 필요한 자기유지회로의 수와 구성을 파악한다. 전기회로를 설계할 때, 제어하고자 하는 전기시스템의 출력 1개당 하나의 자기유지회로가 사용된다고 생각하면 된다. 즉 모든 출력이 각각의 자기유지회로에 의해 제어된다고 생각하고 설계하면 이해하기가 쉽다. 출력 1개당 자기유지회로 1개가 할당되며, 자기유지회로에는 셋입력(출력을 ON으로 만들기 위한 입력)과 리셋입력(출력을 OFF로 만들기 위한 입력)이 존재한다.

3 제어에 필요한 출력의 개수가 몇 개인지를 파악한다. 주어진 동작조건을 살펴보면, 제어할 출력은 전자레인지 동작확인 램프(실제 전자레인지에서는 전자파 발생기기에 해당됨) 1개밖에 없으므로, 1개의 자기유지회로로 구성하면 된다. 자기유지회로는 셋과 리셋입력을 필요로 한다. 셋입력은 전자레인지를 동작시키는 시작입력 1개가, 리셋입력은 정지입력, 문 열림 검출센서 입력, 설정시간이 완료되면 출력되는 타이머 출력까지 총 3개가 존재한다.

4 지금까지의 내용을 종합하여 전자레인지를 동작시키기 위한 전기회로를 설계하면 1개의 자기유지회로가 필요하고, 여기에 1개의 셋입력과 3개의 리셋입력으로 구성해야 한다. [그림 1-32]에 전자레인지 동작을 위한 전기회로도를 나타내었다.

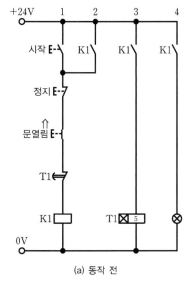

(a) 동작 전

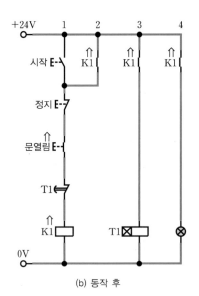

(b) 동작 후

[그림 1-32] **전자레인지 동작 전기회로도**

[그림 1-33]은 회사에서 업무보고를 할 때 많이 사용하는 빔 프로젝트이다. 빔 프로젝트의 핵심부품은 고휘도 램프이다. 동작 중에 발생하는 램프의 열 때문에 빔 프로젝트 내부는 고온에 노출된다. 따라서 빔 프로젝

[그림 1-33] **빔 프로젝트**

트의 동작 시, 램프에서 발생하는 열을 냉각시키기 위해 냉각팬을 작동시켜야 한다. 이 실습과제에서는 빔 프로젝트의 램프와 냉각팬의 동작조건만을 가지고 빔 프로젝트 제어를 위한 전기회로를 만들어보자.

동작조건

① ON 버튼을 누르면 즉시 램프와 냉각팬이 동작한다.

② OFF 버튼을 누르면 램프는 즉시 소등되고, 냉각팬은 정해진 일정시간 동작 후에 정지한다.

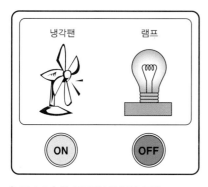

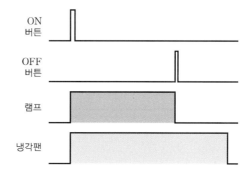

[그림 1-34] **빔 프로젝트의 동작 조건**

회로 설계

[그림 1-34]에 나타낸 빔 프로젝트의 타임차트를 살펴보면, 전기회로를 어떻게 만들어야 하는지를 확인할 수 있다. 또한 [그림 1-35]를 살펴보면, 램프의 동작조건과 냉각팬의 동작조건을 구분할 수 있다. 램프는 자기유지회로에 의해 동작하고, 냉각팬은 램프의 동작에 의한 OFF 딜레이 타이머 동작을 한다. 따라서 빔 프로젝트 전기회로는 1개의 자기

유지회로와 1개의 OFF 딜레이 타이머의 조합으로 구성된다. 이를 전기회로로 나타내면 [그림 1-36]과 같다.

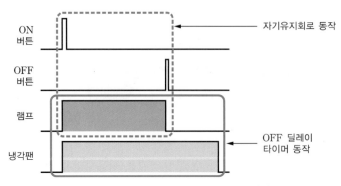

[그림 1-35] **타임차트 분석**

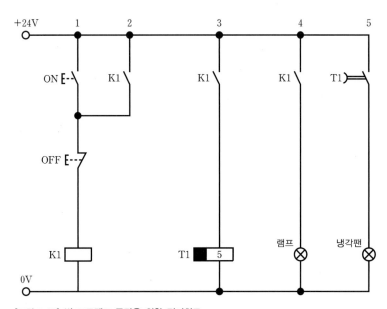

[그림 1-36] **빔 프로젝트 동작을 위한 전기회로**

[Section 1.4]

[그림 1-37]은 일상에서 사용하는 세탁기 동작모드 선택버튼을 나타낸 것이다. 버튼을 돌리면 모드가 선택될 때마다 해당 램프가 점등된다. 버튼을 돌릴 때, 뭔가 살짝 걸리는 느낌은 있지만, 좌우 회전이 자유롭게 이루어짐을 알 수 있다. 이 버튼이 바로 엔코더이며, 동작모드의 선택은 가감산 카운터 모드에 의해 설정되는 것이다.

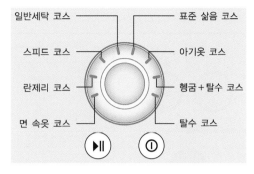

[그림 1-37] 세탁기의 동작모드 선택

1.4절에서 배운 카운터를 이용해서 [그림 1-37]의 동작모드를 구현하는 일은 쉽지 않다. 이러한 동작은 이후 배울 PLC 프로그램 방식을 이용하면 쉽게 구현할 수 있으므로, 복잡한 기능은 PLC에서 구현해보도록 하겠다. 지금은 카운터의 기능을 이해하기에 좋은, 램프 점멸 횟수를 제어하는 전기회로를 만들어보자.

동작조건

① 카운터에서 램프의 점멸 횟수를 설정한다(여기서는 '5'로 설정한다).

② 2개의 ON 딜레이 타이머를 이용하여 램프의 점멸동작을 1초 ON, 1초 OFF 방식으로 동작하도록 설정한다.

③ 시작버튼을 누르면 플리커 타이머 동작에 의해 램프가 점멸동작을 시작한다. 카운터에서 설정한 5회가 되었을 때 카운터 출력램프가 점등되고, 점멸램프의 점멸동작은 중지된다.

④ 카운터의 출력이 ON인 상태에서 카운터 리셋버튼을 누르면, 카운터의 현재값이 0으로 변경되면서 카운터의 출력램프도 소등된다.

⑤ 점멸램프 동작 중에 정지버튼을 누르면 점멸동작은 즉시 정지하고, 카운터의 현재값은 0으로 변경된다.

[그림 1-38]은 램프의 점멸 횟수를 제어하기 위한 제어 패널의 모습을 나타낸 것이다. 카운터에서 점멸 횟수를 설정하면, 그 설정한 횟수만큼 '점멸'이라 표시된 램프가 점멸동작을 한다. 램프가 점멸동작을 할 때 플리커 타이머 기능을 사용하기 때문에, 두 개의

ON 딜레이 타이머를 사용하여 램프의 ON 시간과 OFF 시간을 설정할 수 있도록 하였다. 카운터의 출력상태를 확인하기 위한 램프와 카운터의 계측값을 리셋할 수 있는 리셋 버튼도 설치되어 있음을 확인할 수 있다. 이 패널을 이용하여 램프의 점멸 횟수를 제어하는 전기회로를 만든다.

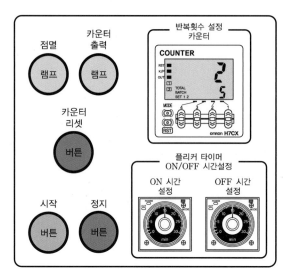

[그림 1-38] **카운터를 이용한 램프 점멸 횟수 제어**

회로 설계

[그림 1-38]에 나타낸 조작패널의 조건을 만족하는 전기회로를 [그림 1-39]에 나타내었다. 전기회로는 플리커 타이머 회로에 카운터 회로가 결합된 형태이다.

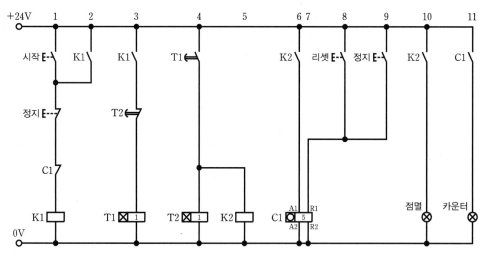

[그림 1-39] **카운터를 이용한 램프 점멸 횟수 제어 전기회로**

1 카운터의 A1, A2는 전기릴레이 K2 접점의 ON/OFF 동작 횟수를 카운팅하기 위한 입력신호이고([표 1-2]의 CP1 또는 CP2 입력단자), R1, R2는 카운터의 현재값을 리셋하기 위한 리셋입력([표 1-2]의 10번 단자)이다.

[표 1-2] 카운터의 전선 결속 단자 배치도

카운터의 입출력 단자 배치	카운터 입출력 단자의 기능	
	단자 번호	기능
	1	카운터 출력 전기릴레이 c접점 (현재값 ≥ 설정값 = 출력 ON)
	2	
	3	
	4	카운터 동작전원 입력 AC220V, DC24V로 전원 구분
	5	
	6	CP1 : 카운터 펄스신호 입력 1
	7	CP2 : 카운터 펄스신호 입력 2
	8	카운터 내장 +12V 전원(센서용) 8 : +12V, 9 : 0V
	9	
	10	리셋입력
	12	TR 출력(전기릴레이와 동시에 동작)

카운터의 입출력 단자 배치:

CP1 CP2 ※1 ※2 RESET
6 7 8 9 10
+12VDC 0V
(50mA)
12 SOLID STATE OUT
1 2 3 4 5
CONTACT OUT: 250VAC 3A RESISTIVE LOAD
SOURCE

2 카운터의 리셋 조건은 정지버튼과 리셋버튼이 눌렸을 때 동작하도록 되어 있으므로, 리셋입력에 OR 회로로 구성되어 있다. 전기회로에 사용된 정지버튼은 전기회로 1번 라인의 자기유지회로의 리셋과 카운터의 리셋으로 사용되기 때문에 1개의 a접점과 또 다른 1개의 b접점을 필요로 한다.

3 [그림 1-40]은 전기회로에 사용하는 전기스위치이다. 자동화 장치에 사용되는 전기스위치는 사용자의 필요에 따라 접점을 조립하여 구성할 수 있도록 되어 있다. 이러한 기능을 이용하여 1a1b 접점 형태로 구성하면, [그림 1-39]의 전기회로를 쉽게 구성할 수 있다.

[그림 1-40] 전기회로에 사용되는 전기스위치

시퀀스 제어 기초

PLC는 시퀀스 제어회로를 대체하기 위해 만들어진 제품이다. PLC 이전에는 전기릴레이를 이용한 자기유지회로로 기계장치의 자동화를 구현하였으나, 그것이 점차 PLC로 대체되면서 간단한 조작을 통해 자동화기기를 제어할 수 있게 되었다. 그러나 일부 산업현장에서 간단한 기계장치의 자동화에는 PLC를 사용하지 않고 여전히 전기릴레이를 이용한 시퀀스 제어회로를 사용하는 경우가 있다. 또한 PLC와 같은 장치를 사용하기 어려운 환경(선박, 군용 장비 등)이나 PLC가 고장났을 때를 대비한 전기 제어회로로도 시퀀스 제어회로를 사용하고 있다. 2장에서는 1장에서 배운 자기유지회로를 이용한 시퀀스 제어회로를 설계하는 방법에 대해 살펴보자.

2.1 시퀀스 제어회로 설계   📄[실습과제 2-1]

지금까지 학습한 내용은 시퀀스 동작(순차동작)을 하는 전기 시퀀스 제어회로를 만들기 위한 기본적인 전기회로 구성에 대한 것이었다. 이제부터는 자동화 장치를 순차적으로 동작시키는 전기회로를 어떻게 만드는지 살펴보고자 한다.

순차(시퀀스)sequence라는 말은 '차례를 좇음'이라는 뜻으로, **어떤 일을 정해진 순서에 따라 처리하는 동작**을 의미한다. 기계장치를 설계할 때에 정해진 순서대로, 즉 순차적으로 기계장치를 움직이기기 위해 액추에이터actuator를 동작시키는 일이 바로 '자동화'이다. 생산성 향상과 원가 절감을 위해 도입된 자동화 제어기술은 1900년대 전기 릴레이 시퀀스부터 시작되어, 1970년대 디지털 제어가 도입되면서 오늘날에는 PLC가 공장자동화의 핵심 제어기술이 되었다. 현재 대부분의 자동화 제어는 기계장치 설계 시에 미리 제작되는 PLC 프로그램으로 이루어진다.

2.1.1 시퀀스 제어회로의 동작원리 및 설계방법

시퀀스 제어회로의 동작원리를 이해하기 위해, 먼저 [그림 2-1]의 400m 릴레이(계주) 경기를 예로 들어 살펴보자. 400m 릴레이에는 4명의 선수(주자)가 필요하며, 선수 1명당 100m씩 뛰어 4번 주자가 결승선을 통과하면 경기가 종료된다. 경기를 진행하는 선수의 동작은 정해진 순서에 따라 동작하는 시퀀스 전기회로의 동작과 동일한 방식이다.

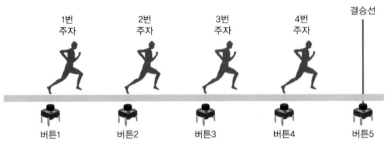

[그림 2-1] **400m 릴레이**

먼저 시퀀스 제어 전기회로의 동작과 400m 릴레이 경기를 하는 각 선수의 동작을 [그림 2-2]로 비교하여 살펴보자.

- **1번 주자** : 심판의 "선수 정렬" 구령에 맞춰 각 선수가 출발선에 정렬하고(출발 준비를 완료한 상태), 심판의 출발신호(버튼1을 누름)에 1번 주자가 달리기 시작, 100m를 달려 2번 주자에게 배턴을 전달(1번 주자가 버튼2를 누름)한다.
- **2번 주자** : 2번 주자가 1번 주자로부터 배턴을 전달받아 달리기 시작한다. 2번 주자가 달리는 즉시, 1번 주자의 경기는 종료된다. 2번 주자는 100m를 달려 3번 주자에게 배턴을 전달(2번 주자가 버튼3을 누름)한다.
- **3번 주자** : 3번 주자가 2번 주자로부터 배턴을 전달받아 달리기 시작한다. 3번 주자가 달리는 즉시, 2번 주자의 경기는 종료된다. 3번 주자는 100m를 달려 4번 주자에게 배턴을 전달(3번 주자가 버튼4를 누름)한다.
- **4번 주자** : 4번 주자가 3번 주자로부터 배턴을 전달받아 달리기 시작한다. 4번 주자가 달리는 즉시, 3번 주자의 경기는 종료된다. 4번 주자가 100m를 달려 결승선을 통과(4번 주자가 버튼5를 누름)하면 모든 경기는 종료된다.

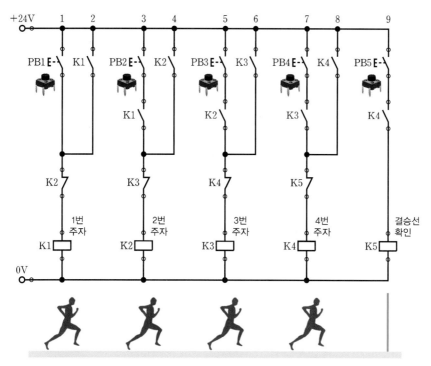

[그림 2-2] **400m 릴레이 동작과 자기유지회로를 이용한 시퀀스 제어회로의 표현**

각 주자가 출발신호에 의해 출발하여 100m씩 차례로 배턴을 주고받으며 달리는 모습은 [그림 2-2]에 나타낸 순차적으로 동작하는 자기유지회로의 동작과 일치한다. 따라서 선수가 4명인 400m 릴레이 동작은 [그림 2-2]와 같이 4개의 자기유지회로와 1개의 결승선 확인 전기회로로 만든 시퀀스 제어회로로 표현될 수 있다.

[그림 2-2]의 동작 단계를 보다 자세히 살펴보자.

❶ **심판(작업자)이 푸시버튼 PB1을 누른다.**

[그림 2-3]의 전기회로에서 심판(전기회로 조작자)이 PB1 버튼을 누르면, 전기릴레이 K1이 자기유지가 되어 400m 릴레이에서 1번 주자(K1)가 달리는 상태가 된다. 이때 2번 주자(K2)는 1번 주자(K1)가 출발했음을 K1의 접점을 통해 확인한다. 전기회로에서 1번 주자에 해당되는 K1의 a접점이 ON되면, 1번 주자가 달리고 있음을 의미한다.

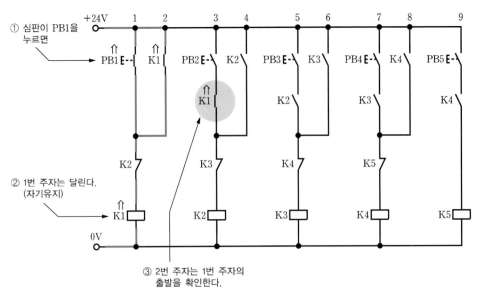

[그림 2-3] 자기유지회로를 이용한 릴레이 시퀀스 전기회로 동작 ❶

❷ 1번 주자(K1)가 100m를 달려 PB2를 누른다.

1번 주자가 100m를 달려 [그림 2-4]와 같이 PB2 버튼을 누르면, 2번 주자(K2)가 ON되어 자기유지 상태가 됨으로써 달리기 시작한다. 그 순간 1번 주자에 해당되는 K1 자기유지회로의 리셋(K2의 b접점)이 동작하여 1번 주자의 경기가 종료된다.

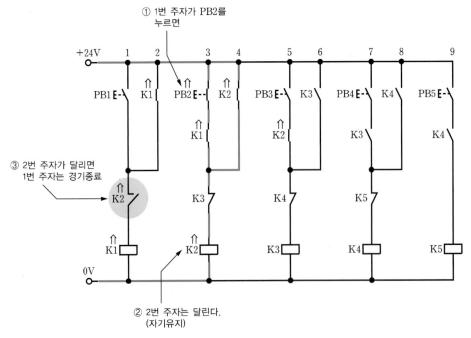

[그림 2-4] 자기유지회로를 이용한 릴레이 시퀀스 전기회로의 동작 ❷

❸ 2번 주자(K2)가 100m를 달려 PB3을 누른다.

2번 주자가 100m를 달려 [그림 2-5]와 같이 PB3 버튼을 누르면, 3번 주자(K3)가 ON되어 자기유지 상태가 됨으로써 달리기 시작한다. 그 순간 2번 주자에 해당되는 K2 자기유지회로의 리셋(K3의 b접점)이 동작하여 2번 주자의 경기가 종료된다.

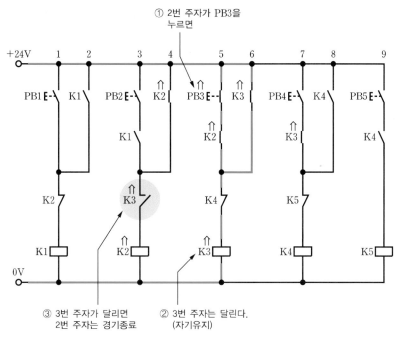

[그림 2-5] **자기유지회로를 이용한 릴레이 시퀀스 전기회로의 동작 ❸**

❹ 3번 주자(K3)가 100m를 달려 PB4를 누른다.

3번 주자가 100m를 달려 [그림 2-6]과 같이 PB4 버튼을 누르면, 4번 주자(K4)가 ON되어 자기유지 상태가 됨으로써 달리기 시작한다. 그 순간 3번 주자에 해당되는 K3 자기유지회로의 리셋(K4의 b접점)이 동작하여 3번 주자의 경기가 종료된다.

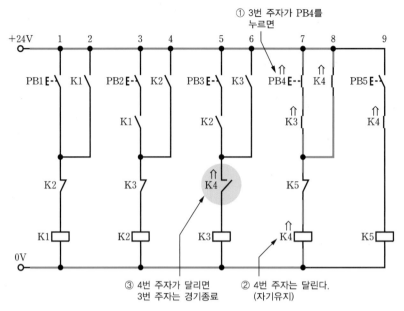

[그림 2-6] 자기유지회로를 이용한 릴레이 시퀀스 전기회로의 동작 ❹

❺ 4번 주자(K4)가 100m를 달려 PB5를 누른다.

[그림 2-7]과 같이 4번 주자가 100m를 달려 결승선을 통과하는 순간(PB5를 누르는 순간), 전기릴레이 K5가 작동함으로써 4번 주자(K4)의 경기가 종료된다. 결승선은 자기유지가 되지 않기 때문에 4번 주자(K4)의 경기가 종료되는 순간에 K5도 종료되어 모든 시퀀스 제어동작이 종료된다.

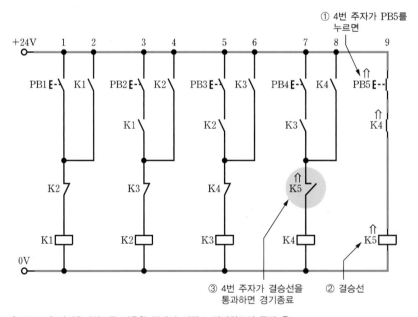

[그림 2-7] 자기유지회로를 이용한 릴레이 시퀀스 전기회로의 동작 ❺

시퀀스 제어회로 동작에 대해 이토록 자세히 알아보는 이유는, 이후 배울 PLC 프로그램에 지금까지 살펴본 내용과 동일한 방식을 적용하기 때문이다. 자동화 기계장치는 순차적으로 동작하기 때문에 앞에서와 같은 시퀀스 제어회로가 그 동작의 기본이 된다.

2.1.2 시퀀스 제어회로 설계 시 주의사항

■ 시퀀스 제어회로 동작 시 문제점

시퀀스 제어회로를 제대로 설계했더라도, 실제로 회로를 제작하여 동작시켜보면 때로는 정확하게 동작하지 않는 경우가 있다. 전기회로의 설계는 틀린 곳이 없는데 동작을 하지 않는 이유는 무엇일까?

전기릴레이를 이용한 시퀀스 제어회로는 전기가 빛의 속도(단, 전기릴레이 접점의 동작시간은 수십에서 수백 ms)로 전달되기 때문에, 어떤 동작이 발생하면 모든 회로에 거의 동시에 신호가 전달된다. 따라서 시퀀스 제어회로에 사용된 전기릴레이가 동작하면, 해당 전기릴레이의 접점도 동시에 동작한다. 전기릴레이의 전기접점은 c접점 형태로 되어 있고, c접점은 전기회로 설계자의 필요에 따라 a접점 또는 b접점으로 선택된다. 그런데 여기에서 문제가 발생한다.

전기릴레이에 의해 동작하는 c접점을 필요에 따라 a접점이나 b접점으로 사용하면, a접점의 ON 동작과 b접점의 ON 동작이 동시에 시작되어도 a접점과 b접점의 최종적인 전기회로 연결과 끊음은 동일한 시간에 이루어지지 않고 아주 미세한 시간차가 발생하게 된다. [그림 2-8]의 전기릴레이 접점의 동작을 살펴보면, 두 접전 양단의

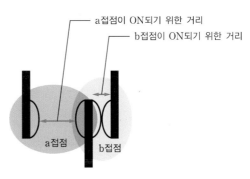

[그림 2-8] 릴레이 c접점의 동작

거리 차이로 인하여 b접점이 ON되어 전기회로를 차단하는 시간과 a접점이 ON되어 전기회로를 연결하는 시간 사이에 미세한 차이가 발생한다. 그 결과, 시퀀스 제어회로의 신호전달에 문제가 발생하게 되는 것이다.

[그림 2-9]에서 PB1 버튼을 눌러서 K1 동작 중에 타이머 T1이 ON되면 전기릴레이 K2가 작동된다. 이때 K2의 a접점은 K2의 자기유지 동작에 사용되고, b접점은 K1의 리셋 동작에 사용된다. 그런데 K2의 a접점에 의해 K2의 자기유지가 완전히 동작하기 전에 K1

이 K2의 b접점의 동작에 의해 먼저 리셋되기 때문에 K2의 정상적인 동작이 이루어지지 않을 수가 있는 것이다. 따라서 이러한 문제점을 해결해야만 신뢰성 있는 전기회로를 만들 수 있다.

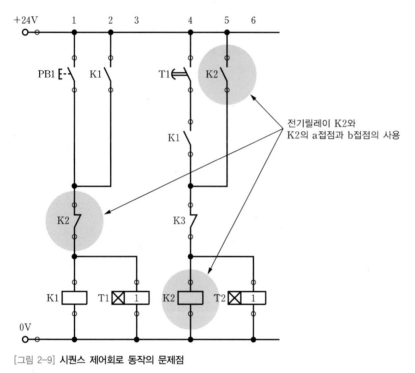

전기릴레이 K2와
K2의 a접점과 b접점의 사용

[그림 2-9] 시퀀스 제어회로 동작의 문제점

■ 시퀀스 제어회로의 문제점 해결방법

앞에서 지적한 시퀀스 제어회로의 문제점을 해결하기 위해서는 전기릴레이 K2가 완벽하게 자기유지된 후에 K1을 리셋하는 것이 가장 좋은 방법이다. 따라서 K2 릴레이가 ON된 후에도 아주 짧은 시간이지만 K1이 ON을 유지하도록 하는 방법을 찾으면 된다. 이 해결방법은 의외로 아주 간단하다. [그림 2-10]과 같이 시퀀스 제어회로에 사용된 전기릴레이 양단에 역방향으로 다이오드^{diode}를 설치하는 것이다.

DC 전원에서 전기릴레이를 사용하는 모든 전기 및 전자회로에는 반드시 역기전력 방지를 위한 역방향 다이오드를 설치해야 한다. 이러한 역기전력 방지 다이오드를 설치하면 시퀀스 제어회로의 문제점을 해결할 수 있을 뿐만 아니라, 역기전력에 의한 서지전압^{surge} ^{voltage}으로 인해 전기릴레이의 전자석 코일을 동작시키는 접점(기계 접점 및 트랜지스터 등)의 손상 확률도 줄일 수 있다.

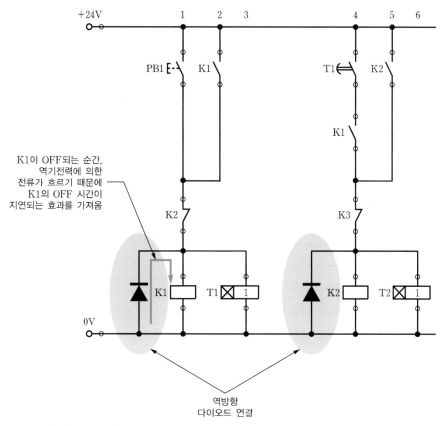

[그림 2-10] 릴레이에 설치한 역기전력 방지 다이오드

전기릴레이 코일 양단에 설치하는 역방향 다이오드를 플라이휠 다이오드flywheel diode 또는 환류 다이오드라 한다. 산업현장에서는 서지전압 방지와 동작의 신뢰성을 확보하기 위해 이 방식을 가장 널리 사용하고 있다.

한편 전자릴레이가 OFF될 때 바로 OFF되지 않고 동작지연이 발생하는 것은 시퀀스 제어회로에서는 장점으로 여겨지지만, 다른 회로 동작에서는 단점이 될 수도 있으므로 사용할 회로의 특성을 고려하여 적절한 방법을 선택해야 한다.

[표 2-1]은 역기전력 방지를 위한 방법을 나타낸 것이다. AC, DC 전원에 따라 사용하는 방법이 다르다는 점, 그리고 표에 표시된 특징 및 주의할 점을 잘 살펴보고, 설계하는 전기회로에 적합한 방법을 선택해서 사용해야 한다.

[표 2-1] 전기릴레이를 사용하는 전기회로에서의 역기전력 방지법

회로 구분	회로 사용 예	전원		특징 및 주의점
		AC	DC	
CR 방식		▲	●	AC 전압에서 사용할 경우, 부하의 임피던스가 C, R의 임피던스보다 충분히 작아야 한다. 접점이 개발되었을 때, C, R을 통해 유도부하에 전류가 흐른다.
		●	●	유도부하가 릴레이, 솔레노이드인 경우에는 복귀시간이 지연된다.
다이오드 방식		×	●	유도부하에 축적된 에너지를 역방향 다이오드를 통해 유도부하에 흐르게 하여 유도부하의 저항을 통해 열로 소비한다. CR 방식보다 복귀시간이 더 늦다.
다이오드 + 제너 다이오드		×	●	다이오드 방식에 비해 복귀시간이 빠르다.
바리스터 방식		●	●	바리스터의 정전압 특성을 이용한 것으로, DC 전압 24~48V에서는 부하에, AC 전압 220V에서는 접점에 접속한다.

● : 사용 가능   ▲ : 사용 시 주의   × : 사용 불가

2.2 또 다른 방식의 시퀀스 제어회로   ✎ [실습과제 2-2, 2-3]

2.2.1 램프의 순차 점등을 위한 시퀀스 제어회로

전기릴레이를 이용해서 시퀀스 제어회로를 구현하는 또 다른 방법을 살펴보자. [그림 2-11]은 1초 간격으로 램프를 순차적으로 점등시키는 시퀀스 제어회로이다.

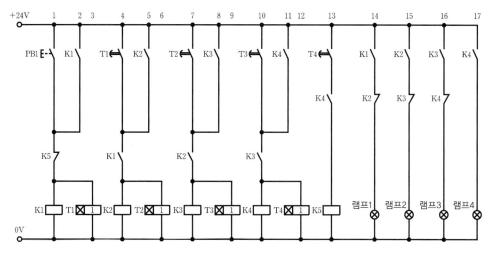

[그림 2-11] 램프의 순차 점등을 위한 전기회로

[그림 2-2]에서 살펴본 시퀀스 제어회로와의 차이점은, 릴레이 K1에서 K4가 순차적으로 ON되고 ON 상태를 계속 유지하다가, K5가 ON되는 순간에 K1에서 K4가 동시에 OFF 된다는 것이다. 이 때문에 램프 출력의 접점에 별도의 b접점이 추가되어 있음을 확인할 수 있다.

(a) [그림 2-2]의 릴레이 동작 순서   (b) [그림 2-11]의 릴레이 동작 순서

[그림 2-12] 릴레이 동작 순서의 차이점

[그림 2-11]과 같은 방식으로 시퀀스 제어회로를 설계하면, [그림 2-2]의 회로에서 발생했던 전기릴레이 접점의 동작시간에 따른 동작의 신뢰성 문제를 해결할 수 있다. 하지만 이 방식은 [그림 2-12(b)]처럼 작동된 전기릴레이가 연속적으로 ON 상태를 유지하기 때문에 동작이 끝나야 할 시점에 전기릴레이 동작을 OFF할 수 없으므로, [그림 2-11]의 램프 출력처럼 동작의 간섭을 방지하기 위한 인터록interlock을 구성해야 한다는 문제점을 지닌다.

요컨대 [그림 2-12(a)]처럼 **제어동작이 겹치지 않고 하나씩 구분되어 동작하는 경우**에는 [그림 2-2] 방식의 시퀀스 제어회로를 사용하고, **여러 동작구간에 걸쳐 특정한 출력을**

계속 ON 상태로 유지해야 하는 경우에는 [그림 2-11]의 설계방식을 권한다. 하지만 우리는 여기서 [그림 2-2] 방식을 더 주의 깊게 살펴볼 필요가 있다. 이 책의 최종 목적은 PLC를 이용한 자동제어 방식을 배우는 것으로, PLC는 프로그램 방식이기 때문에 전기릴레이를 이용하여 전기회로를 구성할 때 나타나는 여러 가지 문제점이 나타나지 않기 때문이다. 따라서 프로그램을 지금 학습한 시퀀스 제어회로 설계방법과 동일한 방식으로 작성하기 때문에, 인터록 회로를 구성할 필요가 없는 [그림 2-2]에서 사용한 방법을 추천하는 것이다.

2.2.2 상승펄스 신호를 만들기 위한 시퀀스 제어회로

앞에서 시퀀스 제어회로를 만드는 방법에 대해 살펴보았다. 그런데 [그림 2-2]와 [그림 2-11]의 전기회로에서 PB1을 계속 누르면 어떤 일이 발생할까? PB1 버튼이 짧은 시간 동안만 ON 상태인 경우에는 물론 아무런 문제가 발생하지 않는다. 그러나 PB1을 계속 누르면, [그림 2-2]의 전기회로에서는 시퀀스 동작에 문제가 발생하고, [그림 2-11]의 전기회로에서는 동일한 동작을 계속 반복하는 문제가 발생한다. 그렇다면 PB1 버튼을 오래 누를 때 발생하는 문제를 어떻게 해결할 수 있을까?

전기스위치의 ON/OFF 동작에 따른 전기신호의 동작 상태를 [그림 2-13]에 나타내었다. 전기스위치의 ON/OFF 동작은 크게 네 부분으로, ① 스위치가 ON되는 순간, ② 스위치가 눌린 상태, ③ 스위치가 OFF되는 순간, ④ 스위치가 OFF된 상태로 구분할 수 있다.

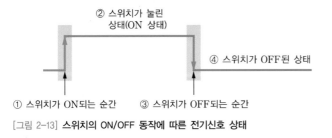

[그림 2-13] **스위치의 ON/OFF 동작에 따른 전기신호 상태**

만약 스위치가 계속 눌린 상태에 있어도 스위치를 누른 순간에만 전기신호가 발생하도록 한다면, 앞에서 언급한 문제를 해결할 수 있다. 이렇게 전기스위치를 누른 순간에 전기신호를 만들어 펄스를 발생시키는 전기회로를 상승펄스 신호발생 전기회로라 하는데, [실습과제 2-2]를 통해 상승펄스 신호발생 방법을 살펴볼 것이다.

펄스신호가 필요한 이유에 대해서는 앞에서도 잠시 살펴보았지만, [그림 2-14]의 자기유지회로의 동작을 통해 좀 더 자세히 살펴보자.

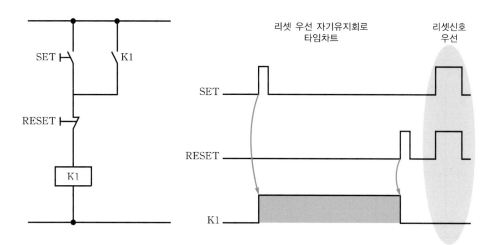

[그림 2-14] **전기회로로 표현한 자기유지회로**

리셋 우선 자기유지회로에서는 셋입력과 리셋입력이 동시에 ON될 때 출력 K1이 OFF 상태가 된다. 이때 셋 버튼에 문제가 발생하여 [그림 2-15]와 같이 계속 ON 상태를 유지한다고 하자. 이 상황에서 리셋 버튼을 누르면, 리셋 버튼을 누르는 동안만 K1이 OFF 상태가 되고, 나머지 시간은 계속해서 ON 상태를 유지하게 되어 원치 않는 동작을 하게 된다.

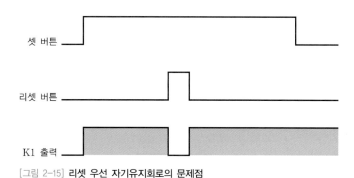

[그림 2-15] **리셋 우선 자기유지회로의 문제점**

[그림 2-15]와 같은 문제점을 해결하기 위해 [그림 2-16]과 같은 상승펄스 신호발생 전기회로를 이용한 자기유지회로를 사용한다. [그림 2-16]은 상승펄스 신호발생 전기회로와 리셋 우선 자기유지회로의 동작을 결합한 형태의 전기회로이다. K1 ~ K4는 상승펄스 신호발생 전기회로이고, K5는 자기유지회로이다. K5의 자기유지회로에서는 셋입력에 해

당되는 입력신호로 K3을 사용하고 있다. K3 신호는 셋 버튼이 눌렸을 때 발생되는 상승 펄스 신호이기 때문에, [그림 2-15]와 같은 문제를 해결할 수 있다.

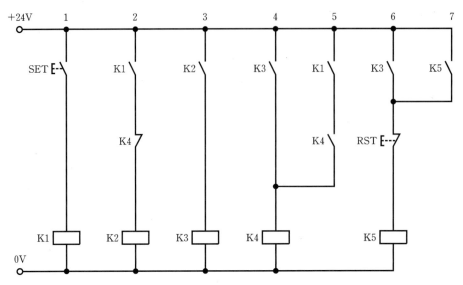

[그림 2-16] **상승펄스 신호를 이용한 자기유지회로**

[그림 2-17]은 [그림 2-16]의 전기회로의 동작 상태를 타임차트로 나타낸 것이다. 셋 버튼의 동작신호가 펄스신호로 처리되어, 자기유지회로가 셋 버튼의 ON/OFF 조건에 관계없이 리셋신호의 간섭을 받지 않고 잘 동작하고 있음을 확인할 수 있다.

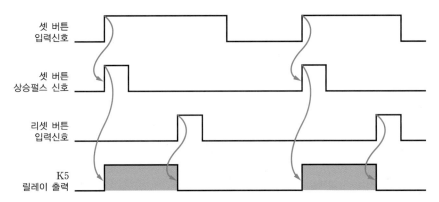

[그림 2-17] **[그림 2-16]의 전기회로 동작 타임차트**

[그림 2-17]의 동작 타임차트를 살펴보면 [그림 2-14]와 다르게 동작함을 알 수 있다. 자기유지회로의 셋입력으로 상승펄스 신호를 사용했기 때문에, 셋 버튼을 계속 누르고 있어도 리셋입력 이후에 K5는 동작하지 않는다.

[실습과제 2-3]에서는 1개의 푸시버튼으로 ON/OFF 동작을 구현하는 방법에 대해 살펴본다. [실습과제 2-2]의 상승펄스 신호발생 전기회로와 더불어 이러한 전기회로를 만들고 사용할 수 있다면 보다 정확하고 완벽하게 동작하는 전기회로를 설계하고 만들 수 있을 것이다.

지금까지 살펴보았듯이, 자동화 장치의 동작은 항상 정해진 순서대로 동작하는 시퀀스 제어방식을 사용한다. 따라서 자동화 장치의 동작 순서만 파악하면, 시퀀스 제어회로 설계방식을 이용하여 큰 어려움 없이 기계장치의 자동화를 위한 전기 시퀀스 제어회로를 설계할 수 있음을 기억하기 바란다.

→ 실습과제 **2-1** 시퀀스 제어회로와 타이머를 이용한 램프 점등 전기회로 설계

[Section 2.1]

앞에서 학습한 시퀀스 제어회로와 타이머를 조합하여 일정 시간간격으로 램프를 점등하는 방법을 살펴보고자 한다. 시퀀스 제어회로와 타이머를 이용하여, [표 2-2]와 같이 시작버튼을 누르면 4개의 램프가 1초 간격으로 순차적으로 점등되는 전기회로를 설계해보자.

[표 2-2] **램프의 동작 순서**

램프의 동작 순서		램프의 동작 상태			
0	초기상태 (모든 램프 소등)	램프1	램프2	램프3	램프4
1	시작버튼을 누르면 램프1 점등	램프1 점등	램프2	램프3	램프4
2	1초 후 램프2 점등	램프1	램프2 점등	램프3	램프4
3	1초 후 램프3 점등	램프1	램프2	램프3 점등	램프4
4	1초 후 램프4 점등	램프1	램프2	램프3	램프4 점등

동작조건

① 초기상태에서는 모든 램프가 소등되어 있다.

② 각각의 타이머는 각각의 램프 점등시간을 설정하는 타이머이다. T1 ~ T4까지 타이머의 설정시간을 1초로 한다.

③ 시작버튼을 누르면 램프1이 즉시 점등되고, 이후 1초 간격으로 램프가 순차적으로 점등되고 소등되는 동작을 한다.

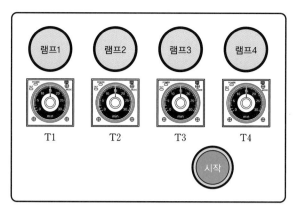

[그림 2-18] **조작패널**

회로 설계

시퀀스 제어회로를 쉽게 설계하기 위해서는 먼저 자기유지회로의 개수를 파악하는 것이 중요하다. [그림 2-18]의 조작패널에서 시작버튼을 누르면 램프 4개가 순차적으로 점등하는 동작을 하므로, 출력 1개당 자기유지회로 1개가 필요하다. 따라서 램프 4개를 제어하기 위해서는 4개의 자기유지회로와 1개의 결승선 라인이 필요하므로, 총 5개의 전기릴레이가 요구된다.

[그림 2-19]의 전기회로를 살펴보면, 앞에서 학습한 시퀀스 제어회로와 동일한 형태임을 알 수 있다. 이처럼 순차동작을 하는 전기회로에는 출력 1개당 자기유지회로를 1개씩 할당하고, 마지막에 결승선에 해당되는, 자기유지되지 않는 전기릴레이 1개를 추가해야 함을 반드시 기억하기 바란다.

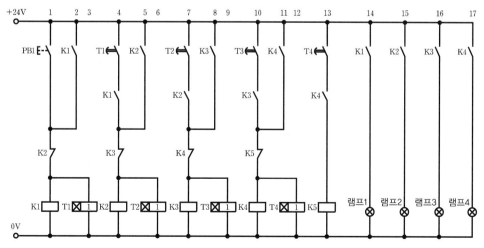

[그림 2-19] **램프의 순차점등을 위한 전기회로**

다음은 램프의 순차점등을 위한 전기회로의 동작 순서를 나타낸 것이다. 앞에서 학습한
400m 릴레이 경기 동작을 생각하면서 **1** ~ **6**의 순서로 살펴보기 바란다.

1 PB1 버튼을 누르면 K1이 ON되고, 램프1이 점등된다.

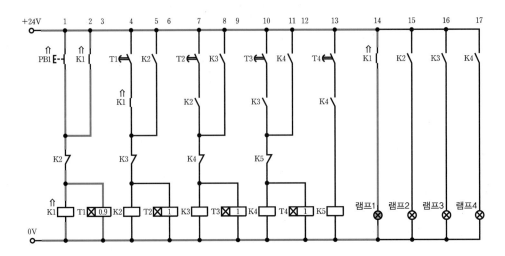

2 K1에 의해 T1이 작동하고, 설정된 1초 후에 T1 a접점에 의해 K2와 램프2가 ON된다.

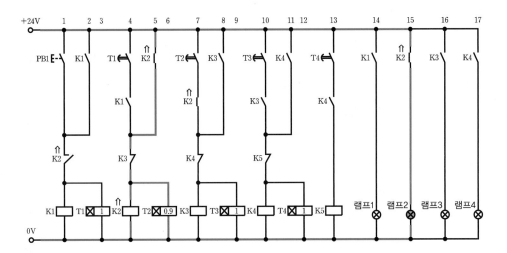

3 K2에 의해 T2가 작동하고, 설정된 1초 후에 T2 a접점에 의해 K3과 램프3이 ON된다.

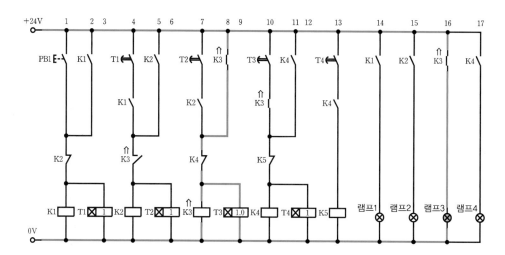

4 K3에 의해 T3이 작동하고, 설정된 1초 후에 T3 a접점에 의해 K4와 램프4가 ON된다.

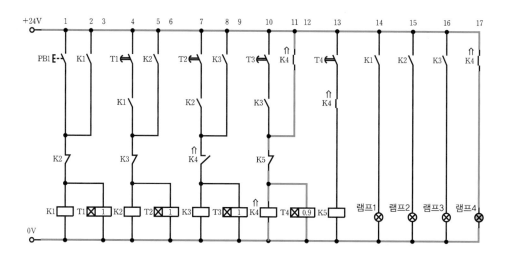

5 K4에 의해 T4가 작동하고, 설정된 1초 후에 T4 a접점에 의해 K5가 ON된다.

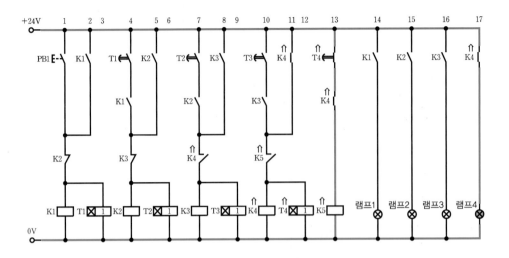

6 K5가 ON되면 K4가 OFF되기 때문에 K5는 다시 OFF되어 초기상태로 복귀한다.

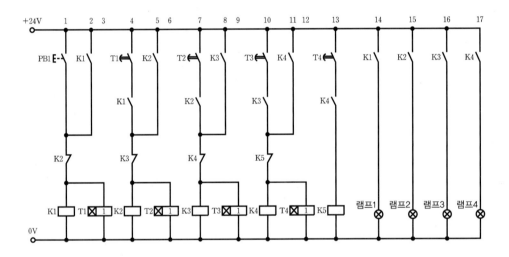

🖉 [Section 2.2]

시중에는 인터벌 타이머 기능을 내장한 타이머를 시판하고 있다. 하지만 OFF 딜레이 기능을 가진 타이머를 이용하여 인터벌 타이머의 기능을 구현하기 위해서는, 타이머의 입력신호가 타이머의 출력에 영향을 미치지 못할 정도로 아주 짧게 ON 동작신호를 만들수 있어야 한다. 전기릴레이 등을 이용한 전기회로는 스위치가 눌린 상태와 눌리지 않은 상태의 두 가지 동작만을 주로 이용해 만들어지지만, 필요에 따라서는 스위치가 ON되는 순간, 또는 스위치가 OFF되는 순간을 사용해야 할 경우도 있다. 여기서는 푸시버튼을 오랫동안 계속 누르고 있어도, 버튼을 누른 순간에만 ON되고 나머지 시간에는 OFF 상태를 유지하는 전기회로를 만들어보자.

동작조건

> 푸시버튼 전기스위치를 계속 누르고 있어도(전기스위치 ON 상태), 버튼을 누르는 순간에만 짧게 ON이 된다.

회로 설계

[그림 2-20]은 전기스위치가 눌린 시간에 관계없이, 최종 출력신호가 100ms 정도의 아주 짧은 시간 동안에만 ON되고, 나머지 시간에는 OFF되도록 동작하는 상승펄스 신호를 나타낸 것이다. [그림 2-20]처럼 동작하는 전기회로는 [그림 2-21]처럼 구성된다.

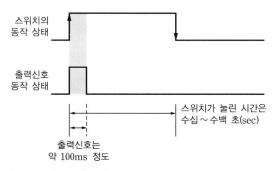

[그림 2-20] **상승펄스 신호**

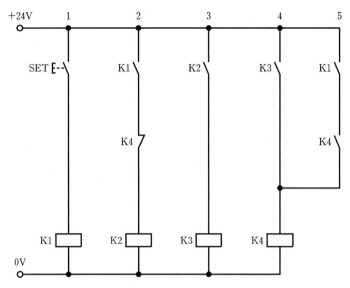

[그림 2-21] 릴레이를 이용한 상승펄스 신호발생용 전기회로

전기스위치의 동작신호를 이용해 상승펄스 신호를 만드는 전기회로에 전기릴레이가 4개나 사용된 만큼 제작비용은 많이 들지만, 전기회로를 설계하다 보면 이러한 전기회로가 필요한 곳이 있게 마련이다. [그림 2-21]의 전기회로의 동작 순서를 [표 2-3]에 나타내었다.

[표 2-3]에서 릴레이 K3의 동작은 SET 버튼을 누르는 순간 ON되지만, K3에 의해 동작하는 K4가 즉시 ON되기 때문에, 아주 짧은 순간에 다시 OFF 상태가 된다. 즉 K3의 ON 시간은 릴레이 K4의 OFF→ON되는 시간인 수십 ms 동안만 ON 상태를 유지하기 때문에 SET 버튼의 상승펄스 신호에 해당된다고 할 수 있다.

[그림 2-22]는 [표 2-3]의 동작 상태를 타임차트로 나타낸 것이다. 타임차트에서 보듯이, SET 버튼을 누르는 순간에 K1, K2, K3, K4 릴레이가 동시에 ON되고(타임차트에서 ①, ②, ③에 해당), K4가 ON되는 순간, K2, K3은 OFF 상태(타임차트에서 ④, ⑤에 해당)가 된다. 결국 K3의 ON 시간은 릴레이 접점이 OFF→ON되는 시간 동안에만 동작하게 되어 SET 버튼의 상승펄스 신호를 만들게 되는 것이다.

[표 2-3] 상승펄스 신호를 만드는 전기회로

자기유지회로의 동작		상승펄스 신호발생 회로의 동작 순서
① SET 버튼을 누름	SET 버튼을 누르는 순간 K1, K2, K3, K4가 동시에 ON 상태로 된다.	+24V 1 2 3 4 5 SET K1 K2 K3 K1 K4 K4 K1 K2 K3 K4 0V
② SET 버튼을 계속 누름	K4가 동작하는 순간, K2와 K3은 ON 에서 OFF 상태로 변경된 상태를 계속 유지한다.	+24V 1 2 3 4 5 SET K1 K2 K3 K1 K4 K4 K1 K2 K3 K4 0V

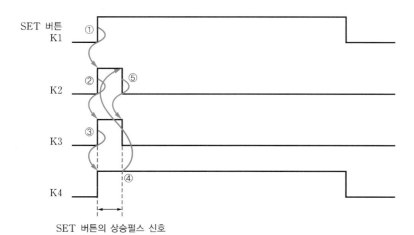

[그림 2-22] 상승펄스 신호를 만드는 전기회로의 타임차트

[Section 2.2]

컴퓨터나 프린터 등의 전자제품의 전원버튼을 살펴보면, 한 개의 푸시버튼 스위치로 전원을 ON/OFF하는 경우가 많다. 전원이 OFF된 상태에서 전원버튼을 누르면 제품의 전원이 ON되고, 제품의 전원이 ON인 상태에서 전원버튼을 누르면 제품의 전원이 OFF가 된다. 이처럼 한 개의 푸시버튼만을 사용해서 램프의 ON/OFF를 제어하는 전기회로를 만들어보자.

동작조건

① 초기상태는 램프가 OFF된 상태이다.

② 램프가 OFF된 상태에서 푸시버튼을 누르면 램프는 ON된다.

③ 램프가 ON된 상태에서 푸시버튼을 누르면 램프는 OFF된다.

회로 설계

[그림 2-23]에 1개의 푸시버튼으로 동작하는 전원버튼의 동작 타임차트를 나타내었다. 이 타임차트에서 전원 기능의 푸시버튼을 누를 때마다 전원동작 램프가 ON에서 OFF로, OFF에서 ON으로 변경되는 것을 확인할 수 있다. 푸시버튼을 누를 때마다 램프의 동작 상태가 변경되는 이러한 동작을 **토글**toggle **기능**이라 한다. 이러한 토글 기능을 갖춘, 예를 들어 가정 또는 사무실 등의 전구를 켤 때 사용하는 전기스위치를 토글스위치라 한다.

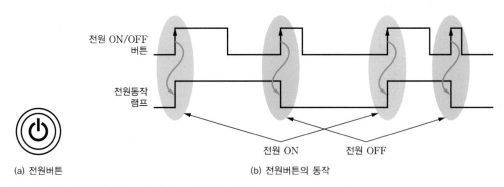

(a) 전원버튼　　　　　　　(b) 전원버튼의 동작

[그림 2-23] **1개의 푸시버튼으로 동작하는 토글 기능 타임차트**

[그림 2-24]에 한 개의 푸시버튼으로 만든, 토글 동작을 하는 전기회로를 나타내었다. 이 회로는 토글 기능을 구현하기 위해 3개의 전기릴레이를 사용하고 있다. 한 개의 푸시버튼으로 동작하는 토글 동작을 좀 더 자세히 살펴보기 위해, [그림 2-24]의 전기회로의 단계별 동작 상태를 [표 2-4]에 나타내었다.

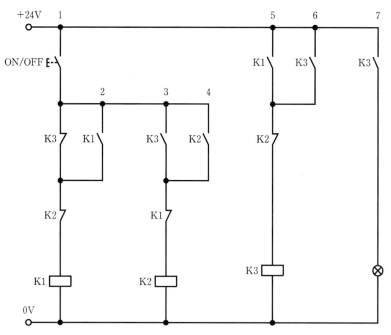

[그림 2-24] 한 개의 푸시버튼으로 동작하는 토글 기능의 전기회로

[표 2-4] 토글 기능을 하는 전기회로의 동작 상태

자기유지회로의 동작		토글 기능을 가진 전기회로의 동작 순서
① ON/OFF 버튼 누름	회로의 초기화 상태에서 ON/OFF 버튼을 누르면 K1이 동작하고, K1의 동작에 의해 K3이 동작하면서 램프가 점등된다.	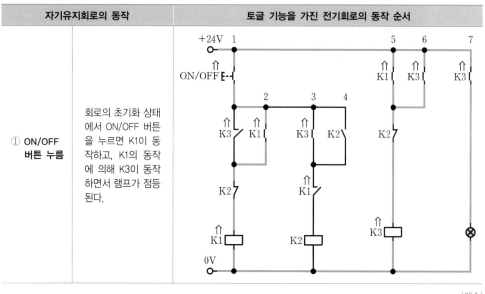

(계속)

자기유지회로의 동작	토글 기능을 가진 전기회로의 동작 순서
② ON/OFF 버튼 누름 해제 K3의 자기유지에 의해 램프는 계속 ON 상태를 유지하고, K3의 동작에 의해 K2에 사용된 K3의 a접점이 ON 상태를 유지한다.	
③ ON/OFF 버튼 다시 누름 K3가 ON인 상태에서 ON/OFF 버튼을 다시 누르면 K2가 동작하고, K3는 OFF가 된다.	
④ ON/OFF 버튼 누름 해제 K2만 동작하고 있는 상태에서 ON/OFF 버튼의 누름을 해제하면 초기상태로 되돌아간다.	

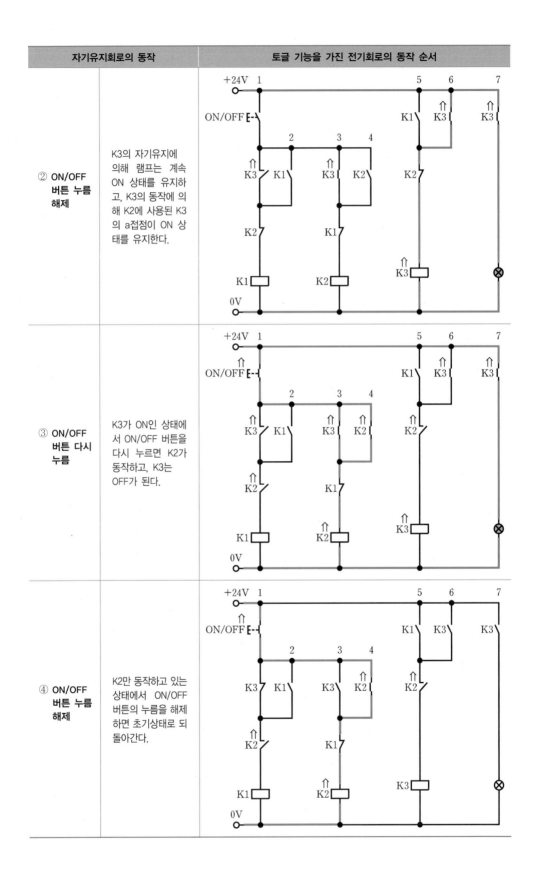

Chapter 03

전기공압 제어 기초

자동화 기계장치의 액추에이터는 크게 모터와 실린더로 구분된다. 실린더는 공압실린더와 유압실린더로 구분되는데, 자동화 기계의 대부분은 공압실린더를 이용하여 기계장치 동작을 구현한다. 3장에서는 2장에서 학습한 시퀀스 제어 전기회로를 사용한 공압실린더 제어방법에 대해 학습한다.

3.1 공장자동화를 위한 공압기술

압축공기는 인간에게 알려진 가장 오래된 에너지원으로, 공기를 이용한 작업은 기원전 1000년 전으로 거슬러 올라간다. 오늘날의 자동화 분야에서 기계장치를 움직이는 데 사용하는 액추에이터의 종류는 크게 공압실린더와 모터로 구분되는데, 특히 선형 구동장치인 공압실린더가 주로 사용되고 있다. 공압실린더$^{air\ cylinder}$는 단순하고 견고한 구조에 취급이 쉽기 때문에, 공작기계, 조립장치, 운반장치, 공급장치, 설비제조 분야에서 널리 사용되고 있다.

(a) 공압실린더

타이어   돔구장

자동문

(b) 공압의 이용 분야

[그림 3-1] **공압실린더 및 공압의 이용 분야**

그렇다면 공압기술이 공장자동화에 널리 사용되는 이유는 무엇일까? 자동화 장치의 공압 구동기기를 작동시키는 공압에너지의 장단점을 살펴보자.

■ 공압에너지의 장점

❶ **이용 가능성**
- 압축공기는 대기를 압축한 것으로, 장소에 관계없이 쉽게 얻을 수 있다.
- 압축공기는 밀폐된 용기에 저장 가능하여, 정전과 같은 비상시에 효율적으로 사용된다.
- 사용한 압축공기는 회수할 필요가 없으며, 환경오염의 문제가 없다.

❷ **사용성**
- 공압기기는 전기처럼 동력 공급원, 정류기, 변압기와 같은 복잡한 장치를 필요로 하지 않고, 빠르고 쉽게 조립될 수 있다.
- 시스템의 확장이 필요한 경우, 적은 비용으로 제어 기능 변경이 가능하다.
- 전기에너지와 달리 전장, 자장의 영향이 없고, 폭발 위험성, 오염 위험성이 존재하는 곳이나 습도가 높은 곳과 같은 불리한 환경에 설치될 시스템에 적합하다.

❸ **취급성**
- 공압장치 구조의 튼튼함과 외부 노이즈에 영향을 받지 않는다는 점 때문에 거의 모든 산업 분야에서 사용되고 있다.
- 시스템의 신뢰성이 매우 높고, 내구성이 뛰어나다.
- 시스템 설치가 쉽고, 보수유지가 쉬우며, 유지비용이 적게 든다.
- 힘과 속도를 필요에 따라 쉽게 조절할 수 있다.

❹ **안정성**
- 공압 부품 자체가 과부하에 대한 보호 기능을 갖고 있다.
- 폭발 및 화재의 위험성이 있는 곳에서도 사용 가능하다.
- 압축공기 자체가 인체에 해가 없기 때문에 별도의 안전장치가 필요 없다.

■ 공압에너지의 단점
- 압축공기를 만들 때, 대기 중의 먼지나 습기를 최대한 제거해야 한다.
- 압축성 덕분에 공압에너지를 손쉽게 저장할 수 있지만, 공압실린더를 이용한 작동에는 압축성 때문에 저속에서 속도 불안정성이 커진다.
- 압축공기는 기준 이상의 힘이 필요할 때에는 비경제적이다. 보통의 작업 압력은 700kPa (7bar)가 한계이다.
- 사용 후 압축공기의 배기 소음이 크다.
- 전기를 이용해서 압축공기를 얻기 때문에 전기에너지에 비해 운전비용이 높다.

이처럼 공압에너지가 여러 단점에도 불구하고 자동화 장치에 널리 사용되는 이유에는 몇 가지가 있다. 우선 기계장치를 움직이는 동작은 공압실린더를 이용해서 간단하게 만들 수 있지만, 전기모터를 이용할 경우에는 기계장치가 복잡해지므로 기계장치의 가격이 상승될 수 있기 때문이다. 또한 공압실린더는 전기에너지를 사용할 수 없는 장소나 환경인 물속이나, 폭발 및 화재의 위험성이 있는 장소에서도 자유롭게 사용될 수 있다. 또한 압축공기는 용기에 쉽게 저장할 수 있으므로, 정전 시 비상수단으로 대체될 수 있다. 따라서 정전되어도 비상계통이 동작해야 하는 원자력 및 화력 발전소, 화학 및 정유공장과 같은 곳에서 최종 제어밸브의 동작은 공압실린더로 작동되고 있다.

3.2 공압제어를 위한 공압기기의 구성

3.2.1 주요 공압기기

압축공기를 이용한 자동화 장치를 구동하기 위해 다양한 공압기기가 사용된다. 공압제어를 위한 계통의 기본 구성은 [그림 3-2]와 같다.

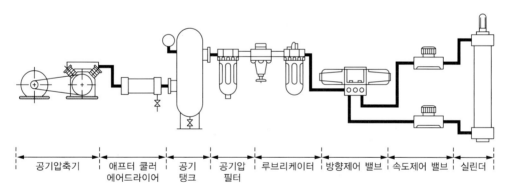

| 공기압축기 | 애프터 쿨러
에어드라이어 | 공기
탱크 | 공기압
필터 | 루브리케이터 | 방향제어 밸브 | 속도제어 밸브 | 실린더 |

[그림 3-2] **공압제어를 위한 계통의 기본 구성**

다음은 [그림 3-2]의 주요 공압기기에 대한 설명이다.

- **공기압축기**air compressor : 대기 중의 공기를 흡입하고 압축하여 압축공기를 만드는 기기이다.
- **애프터 쿨러**after cooler : 공기압축기에서 만들어지는 압축공기의 온도는 170 ~ 200℃ 가 되는데, 애프터 쿨러는 이 압축공기를 냉각하여 공기속의 수분을 분리한다.
- **공기탱크**air tank : 압축공기를 저장하는 용기이다.

- **에어드라이어**air dryer : 애프터 쿨러에서 1차로 제거했지만, 여전히 압축공기 속에 남아 있던 수분을 마저 제거하는 기기이다.
- **공기압 필터**air filter : 압축공기 속에 남아 있는 미세먼지와 수분을 제거하여 깨끗한 압축공기를 공급하기 위한 기기이다.
- **루브리케이터**lubricator : 압축공기 속에 윤활유를 분사하여 공압기기의 마찰 부분에 급유하는 기기이다.
- **방향제어 밸브**directional control valve : 압축공기가 흐르는 방향을 제어한다.
- **유량제어 밸브**flow control valve : 압축공기의 유량을 조절하여 실린더 등의 속도를 제어한다.
- **실린더**cylinder : 압축공기의 에너지를 직선왕복운동으로 변환하여 기계적 일을 하는 기기이다.

공압기기 및 공압 이론에 대한 자세한 내용은 시중에 출판된 공압 관련 서적을 참고하길 바란다. 이 책에서는 PLC 제어에 필요한 내용만을 설명한다.

3.2.2 방향제어 밸브

방향제어 밸브는 공기가 흐르는 방향을 제어함으로써 공압실린더의 동작을 제어하는 밸브이다. 방향제어 밸브에는 밸브 각각을 개별적으로 사용하는 단독형 방향제어 밸브와, 여러 개의 밸브를 매니폴드manifold에 조합해서 사용하는 매니폴드형 방향제어 밸브가 있다.

(a) 단독형 방향제어 밸브

(b) 매니폴드형 방향제어 밸브

[그림 3-3] **방향제어 밸브의 실제 모양**

■ 공압 도면에서 방향제어 밸브 기호 표기법

[그림 3-4]는 산업현장에서 사용되는 공압 도면의 일부를 나타낸 것이다. 공압 도면에 사용되는 여러 종류의 기호 중에서 방향제어 밸브의 기호 표기법을 살펴보자. 방향제어 밸브는 압축공기의 흐름을 변경하는 기능을 가진 공압기기로, [표 3-1]은 도면에 표시된 방향제어 밸브의 기호 의미를 정리한 것이다.

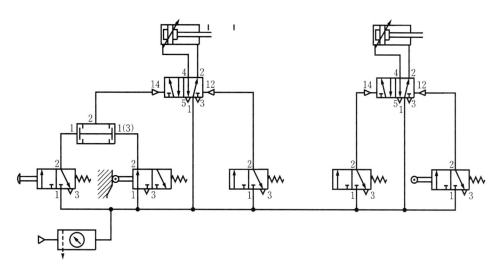

[그림 3-4] **공압 회로도**

[표 3-1] **방향제어 밸브의 기호 표기법**

기호	의미
	밸브의 스위치 전환 위치(switching position, 스위치의 ON 위치와 OFF 위치를 의미함)는 정사각형으로 나타낸다.
	겹쳐있는 사각형의 개수는 밸브 전환 위치의 개수를 나타내는데, 사각형 박스가 두 개이기 때문에 ON과 OFF 위치가 있는 밸브를 의미한다.
	밸브의 기능과 작동 원리는 정사각형 안에 표시된다.
	직선은 유로(압축공기가 흐르는 통로)를 나타내며, 화살표는 압축공기가 흐르는 방향을 나타낸다.
	차단(shut-off) 위치는 정사각형 안에 T로 표시된다.
	출구와 입구의 연결은 정사각형 밖에 직선으로 표시된다.

■ 방향제어 밸브의 종류

[표 3-2] 방향제어 밸브의 종류

표시법	기호	기호 설명
2/2-way 밸브		정상상태에서 닫힌 상태(N.C.)
		정상상태에서 열린 상태(N.O.)
3/2-way 밸브		정상상태에서 닫힌 상태(N.C.)
		정상상태에서 열린 상태(N.O.)
4/2-way 밸브		2개의 작업라인이 있어 복동실린더 제어용으로 사용, 배기포트 1개
5/2-way 밸브		2개의 작업라인이 있어 복동실린더 제어용으로 사용, 배기포트 2개
3/3-way 밸브		중립위치에서 모든 포트 닫힘
4/3-way 밸브		중립위치에서 2, 4, 3포트 연결됨
		중립위치에서 모든 포트 닫힘
5/3-way 밸브		중립위치에서 모든 포트 닫힘
		중립위치에서 배기포트에 연결
		중립위치에서 중간 정지 상태

[표 3-2]는 다양한 종류의 방향제어 밸브를 기호로 나타낸 것이다. 방향제어 밸브는 공압실린더의 동작을 제어하기 위한 것으로, 공압실린더의 동작조건에 맞는 방향제어 밸브를 선택해서 사용해야 한다. 2/2-way 밸브는 공압의 연결과 차단에 사용되는 밸브이고, 4/2-way 및 5/2-way 방향제어 밸브는 복동 공압실린더의 동작에 사용되는 밸브이다.

■ 방향제어 밸브 조작방법에 따른 기호

방향제어 밸브를 조작하는 데에는 다양한 방법들이 존재한다. 조작 주체(사람, 기계, 전기 등)에 따라, 또는 레버를 이용하는지, 버튼을 이용하는지 등 구조와 형태에 따라 밸브 조작방법이 구분된다. 이러한 조작방법들에 대한 기호를 살펴보자.

[표 3-3] 방향제어 밸브의 조작방법에 따른 기호

수동 작동방법	기계적 작동방법	공기압 작동방법	전기적 작동방법
일반 수동 작동	플런저(plunger)	압력을 가함	직접 작동형 솔레노이드
누름 버튼	스프링	압력을 제거함	간접 작동형 솔레노이드
레버	롤러 레버		
페달	방향성 롤러 레버		

■ 방향제어 밸브의 관로 번호 표기법

방향제어 밸브에는 공압 관로를 연결하기 위한 여러 개의 연결구가 존재한다. 연결구의 기능을 쉽게 구분하기 위해 공압 회로도에서 방향제어 밸브의 연결구를 숫자 또는 문자로 나타내는 표기법을 사용한다.

[표 3-4] 방향제어 밸브의 관로 표기법

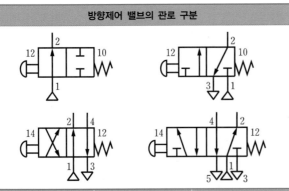

구분	ISO-1219 표기법	ISO-5599 표기법
작업라인	A, B, C, ⋯	2, 4, 6, ⋯
압축공기 공급라인	P	1
배기구	R, S, T, ⋯	3, 5, 7, ⋯
제어라인	Z, Y, X, ⋯	10, 12, 14, ⋯

지금까지 방향제어 밸브의 기호 표기법에 대해 살펴보았다. 전기 시퀀스 또는 PLC를 이용한 공압실린더 제어 분야에서 일하려는 사람은 공압에 대한 전문지식은 없어도 별 문제가 되지 않지만, 최소한 전기도면 및 기계도면에 표시된 공압회로를 판별할 수 있을 정도는 되어야 한다. 따라서 적어도 공압실린더 제어에 반드시 필요한 방향제어 밸브에 대한 내용은 파악을 하고 있어야 한다.

■ 방향제어 밸브의 동작원리

[그림 3-5]는 공압실린더의 동작 상태를 나타낸 것이다. [그림 3-5(a)]에서는 압축공기가 뒤에서 공급되고 앞으로 배출되기 때문에 공압실린더가 전진동작을 하고, [그림 3-5(b)]는 그림 (a)와 반대로 동작하기 때문에 후진동작을 하게 된다.

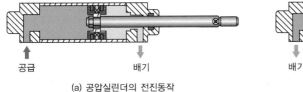

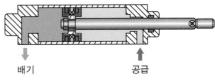

(a) 공압실린더의 전진동작	(b) 공압실린더의 후진동작

[그림 3-5] 공압실린더의 동작

방향제어 밸브는 [그림 3-6]처럼 압축공기의 흐름을 변경하여 공압실린더의 전진 및 후진동작을 제어하는 역할을 한다.

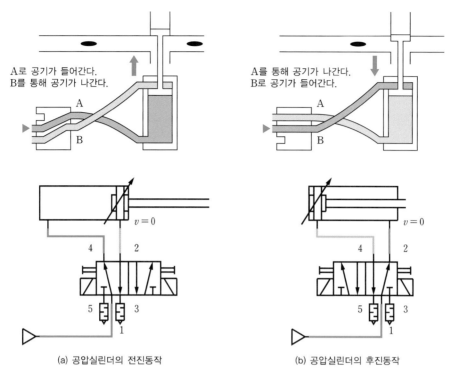

A로 공기가 들어간다.
B를 통해 공기가 나간다.

A를 통해 공기가 나간다.
B로 공기가 들어간다.

$v = 0$

$v = 0$

(a) 공압실린더의 전진동작

(b) 공압실린더의 후진동작

[그림 3-6] **방향제어 밸브의 동작에 따른 공압실린더의 전후진동작 제어**

3.2.3 일방향 유량제어 밸브

유량제어 밸브는 유체의 흐르는 양을 제어하는 밸브이다. 유압이나 공압 시스템에서는 유체의 양을 제어함으로써 액추에이터의 속도를 조절할 수 있다. 공압 시스템에서 액추에이터의 속도에 영향을 끼치는 밸브로는 양방향 유량제어 밸브와 일방향 유량제어 밸브, 그리고 급속 배기 밸브가 있는데, 여기서는 일방향 유량제어 밸브에 대해서만 살펴본다.

일방향 유량제어 밸브one-way flow control valve는 체크밸브와 유량제어 밸브가 결합된 밸브이다. 체크밸브는 한쪽 방향으로의 공기 흐름만을 허용한다. [그림 3-7(b)]에서 IN→OUT 방향으로 공기가 흐를 때, 체크밸브가 공기의 흐름을 막고 있기 때문에 유량제어 밸브를 통한 유량 조절이 가능하다. [그림 3-7(c)]에서 OUT→IN 방향으로 공기가 흐를 때에는 체크밸브가 열리는 방향이 되어 체크밸브를 통해서 공기가 흐르기 때문에 유량이 조절되지 않는다. 일방향 유량제어 밸브는 주로 공압 액추에이터의 속도를 조절하는 데 사용되기 때문에 유량제어 밸브라는 용어보다는 속도조절 밸브speed control valve로 더 잘 알려져 있다.

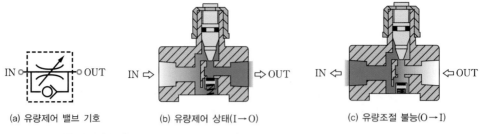

(a) 유량제어 밸브 기호　　　(b) 유량제어 상태(I→O)　　　(c) 유량조절 불능(O→I)

[그림 3-7] **일방향 유량제어 밸브**

이 밸브를 이용하여 실린더의 속도를 조절하는 데에는 실린더로 공급되는 공기의 양을 제어하는 미터인 방식과, 실린더로부터 배기되는 양을 조절하는 미터아웃 방식의 두 가지가 있다.

■ 미터인 속도제어

미터인meter-in 속도제어는 일방향 유량제어 밸브를 이용하여 실린더의 전후진 운동 속도를 제어하는 방식을 의미한다. [그림 3-8]은 방향제어 밸브를 동작시켜 실린더가 전진운동하는 상태를 나타낸 것이다. 압축공기가 실린더에 공급되는 양은 조절되지만, 실린더에서 빠져 나오는 양은 조절되지 않는다. 실린더에 공급되는 공기의 양이 조절되기 때문에 미터인 속도제어가 되는 것이다. 그러나 미터인 속도조절 방법은 실린더의 운동방향과 일치하는 힘(실린더 전진운동)이 작용하면 속도조절 기능을 상실하고, 부하 변화에 대한 속도 변동폭이 크기 때문에 공압제어에 잘 이용되지 않는다.

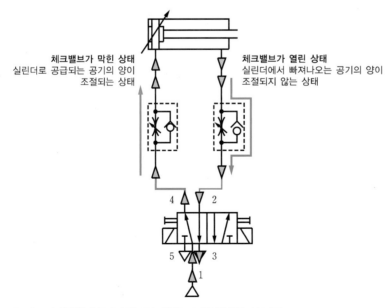

체크밸브가 막힌 상태
실린더로 공급되는 공기의 양이
조절되는 상태

체크밸브가 열린 상태
실린더에서 빠져나오는 공기의 양이
조절되지 않는 상태

[그림 3-8] **일방향 유량제어 밸브를 이용한 미터인 방식의 속도제어**

■ 미터아웃 속도제어

미터아웃meter-out 속도제어는 실린더로부터 빠져나오는 공기의 양을 조절하여 전후진운동 속도를 조절하는 속도제어 방식이다. [그림 3-9]는 방향제어 밸브를 동작시켜 실린더의 전진운동 상태를 나타낸 것이다. 이때 실린더에 공급되는 공기의 양은 제한되지 않고, 실린더에서 빠져나오는 공기의 양이 조절된다. 미터아웃 속도제어 방법의 경우, 실린더의 전후진동작 모두에서 공기의 압력이 유지되기 때문에 미터인 방식보다 속도조절 능력이 뛰어나다. 따라서 공기압 시스템 대부분은 이 방식을 이용하여 속도를 조절한다.

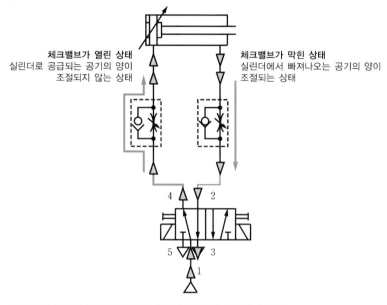

체크밸브가 열린 상태
실린더로 공급되는 공기의 양이 조절되지 않는 상태

체크밸브가 막힌 상태
실린더에서 빠져나오는 공기의 양이 조절되는 상태

[그림 3-9] **일방향 유량제어 밸브를 이용한 미터아웃 방식의 속도제어**

3.3 전기공압제어

[실습과제 3-1, 3-2]

3.3.1 전기공압의 개요

전기공압제어 방식은 솔레노이드 밸브를 사용하여 공기압으로 작동하는 액추에이터actuator의 동작을 제어하는 방법으로, 액추에이터(공압실린더)를 제외하고는 모두 전기부품에 의해 제어회로가 구성되는 방식을 의미한다.

공압기술의 목적은 공압실린더 등과 같은 공압 액추에이터를 작동시키는 것으로, 공압기술은 제어방식에 따라 **순수공압제어**와 **전기공압제어**로 구분된다. 전자는 전기를 사용하지 않고 전부 공기압을 사용하여 액추에이터를 작동시키는 방법이며, 후자는 전기로 작동하는 솔레노이드 밸브를 사용하여 공압 액추에이터를 작동시키는 방법이다.

[그림 3-10]에 순수공압제어 시스템과 전기공압제어 시스템의 차이를 비교해서 나타내었다. 순수공압제어의 동력원으로 압축된 공기압을 이용하기 때문에 신호입력 요소에서 구동 요소까지 압축공기로 시스템이 구성된다. 전기공압 시스템은 동력원이 한전 또는 배터리에서 공급되는 전기이므로, 제어 요소에 적합한 전원을 사용하며 전기신호를 처리할 수 있는 신호입력부터 최종제어까지 전기부품으로 제어회로가 구성되고, 구동 요소에서 솔레노이드 밸브를 이용한 공압실린더 제어가 이루어진다.

전기공압제어는 응답이 빠르고, 순수공압제어에 비해 비용이 저렴하며, 동작에 대한 신뢰성이 높고, 멀리 떨어진 위치에서도 전선을 이용한 원격조작이 간단하다는 장점 때문에 산업현장에서 널리 사용되고 있다. 그러나 석유화학공장과 같이 전기 스파크에 의한 인화나 폭발 위험성이 있는 장소에는 전기공압제어 방식보다는 안전한 순수공압제어 방식이 사용되고 있다.

비교 항목	공압계(pneumatic system)	전기계(electric system)
공압기술	순수공압제어	전기공압제어
동력원	• 공기압축기(air compressor)	• 정류기(rectifier)
신호입력 요소	• 리미트 스위치(limit switch) • 리드 스위치(reed switch) • 에어 배리어(air barrier) • 반향 센서(reflex sensor) • 배압 센서(back pressure sensor)	• 푸시버튼(push button) • 리미트 스위치(limit switch) • 리드 스위치(reed switch) • 유도형 센서(inductive sensor) • 용량형 센서(capacitive sensor) • 광전 센서(optical sensor)
신호처리 요소	• 밸브(valve) • 타이머(timer) • 캐스케이드(cascade) • 시프트 레지스터(shift register) • 스테퍼(stepper)	• 릴레이(relay) • 캐스케이드(cascade) • 스테퍼(stepper) • PLC • 마이크로프로세서(microprocessor)
최종제어 요소	• 방향제어 밸브	• 파워 콘택터(power contact) • 파워 트랜지스터(power transistor) • 파워 사이리스터(power SSR)
구동 요소	• 공압실린더 • 공압모터	• 솔레노이드 밸브 + 공압실린더 • 모터

[그림 3-10] 순수공압제어와 전기공압제어의 비교

3.3.2 방향제어 밸브에 의한 전기공압제어

[그림 3-10]에서 살펴봤듯이, 전기공압제어의 구동 요소에서 공압실린더의 동작을 제어하기 위해 솔레노이드로 동작하는 방향제어 밸브를 사용한다. 전기공압에서 사용하는 방향제어 밸브는, 전자석의 원리를 이용하여 작동하는 '솔레노이드'라는 전기장치로 압축공기가 흐르는 방향과 유량을 변경하는 전기공압제어 부품이다.

■ 솔레노이드 밸브의 동작

솔레노이드에 의해 동작하는 방향제어 밸브는 전자석의 힘을 이용하여 압축공기의 흐름을 제어하는 밸브로, 공장자동화에서 PLC 및 전기를 이용해서 공압실린더를 제어할 때 사용하는 공압제어용 밸브이다. 솔레노이드solenoid의 사전적인 의미는 "관상管狀으로 감은 코일"로, 솔레노이드 '코일'이라고도 하며, 코일에 전류가 흘러서 발생하는 자기력으로 전기에너지를 기계에너지로 변환하는 변환장치이다.

[그림 3-11]은 솔레노이드에 의해 동작하는 2/2-way 밸브의 동작을 나타낸 것이다. 솔레노이드가 작동하지 않을 때에는 밸브에 내장된 스프링에 의해 1번→2번 포트의 공기 흐름이 차단되지만, 솔레노이드 밸브에 전기가 공급되면 밸브가 열리면서(전자석의 동작에 의해 밸브가 위로 당겨짐) 1번→2번 포트로 공기가 흐르게 된다.

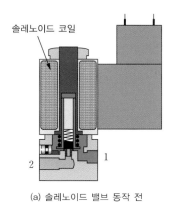

(a) 솔레노이드 밸브 동작 전

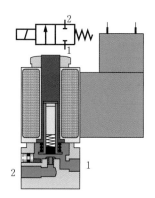

(b) 솔레노이드 밸브 동작 후

[그림 3-11] **2/2-way 솔레노이드 밸브의 동작**

■ 공압실린더 제어

솔레노이드에 의해 작동하는 공압밸브를 이용하여 공압실린더의 작동을 제어해보자. 공압실린더를 제어하는 공압밸브로는 편솔레노이드 밸브(이후 '편솔'로 약칭함)single acting solenoid valve와 양솔레노이드 밸브(이후 '양솔'로 약칭함)double acting solenoid valve가 있다.

❶ 편솔을 이용한 공압실린더 제어

편솔은, 방향제어 밸브의 한쪽에는 솔레노이드가 설치되어 있고 반대편에는 스프링이 설치되어 있는 공압밸브이다. 따라서 [그림 3-12]처럼 공압실린더의 전진동작은 솔레노이드 밸브 동작에 의해 이루어지고, 후진동작은 밸브의 반대편에 설치된 스프링에 의해 이루어진다. 편솔에 전기가 공급되면 방향제어 밸브에 의해 공기의 흐름이 변경되나, 전기가 차단되면 다시 원래의 공기 흐름으로 돌아간다. 편솔을 이용해서 공압실린더의 전후진동작 모두를 전기적인 방식으로 제어하려면, 전기회로를 자기유지회로로 구성해야 한다.

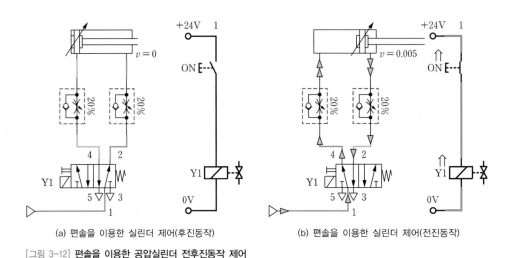

(a) 편솔을 이용한 실린더 제어(후진동작)   (b) 편솔을 이용한 실린더 제어(전진동작)

[그림 3-12] 편솔을 이용한 공압실린더 전후진동작 제어

❷ 양솔을 이용한 공압실린더 제어

양솔의 경우, 방향제어 밸브의 양쪽에 솔레노이드가 설치되어 있어서 공압실린더의 전후진동작 모두를 전기적인 방식으로 제어할 수 있다. 양솔의 특징은 편솔과 달리, 솔레노이드 밸브의 작동에 의해 방향제어 밸브의 위치가 변경된 상태에서 솔레노이드의 작동을 중지시켜도 방향제어 밸브의 위치가 변경되지 않는다는 점이다. 따라서 양솔을 이용한 공압실린더의 전후진동작을 위해서는 각각의 전진과 후진동작을 제어하기 위한 전기회로가 필요하다.

[그림 3-13]에서 공압실린더의 전진동작을 위해 Y1솔레노이드를 ON하면, 방향제어 밸브의 위치가 변경되어 공압실린더가 전진하게 된다(그림 (a)). 이 상태에서 Y1솔레노이드에 공급되는 전기를 차단해도 방향제어 밸브는 현재의 상태를 유지하기 때문에 공압실린더는 계속해서 전진하게 된다(그림 (b)).

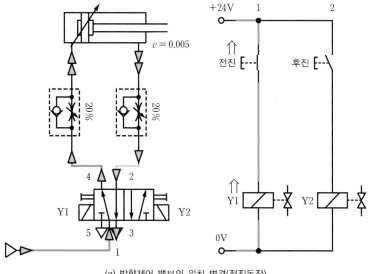

(a) 방향제어 밸브의 위치 변경(전진동작)

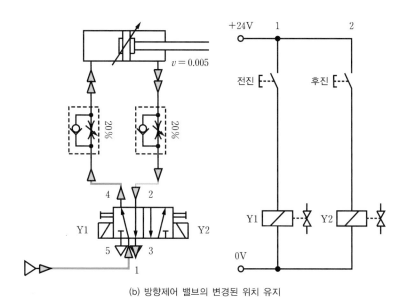

(b) 방향제어 밸브의 변경된 위치 유지

[그림 3-13] **양솔을 이용한 공압실린더 전진동작 제어**

[그림 3-14]에서 공압실린더의 후진동작을 위해 Y2솔레노이드를 ON하면, 방향제어 밸브의 위치가 변경되어 공압실린더가 후진하게 된다(그림 (a)). 이 상태에서 Y2솔레노이드에 공급되는 전기를 차단해도 방향제어 밸브는 현재의 상태를 유지하기 때문에 공압실린더는 계속해서 후진하게 된다(그림 (b)).

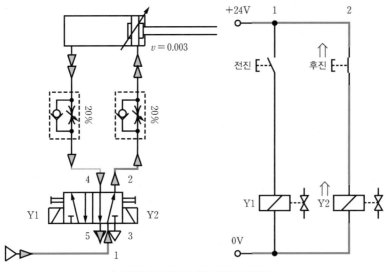

(a) 방향제어 밸브의 위치 변경(후진동작)

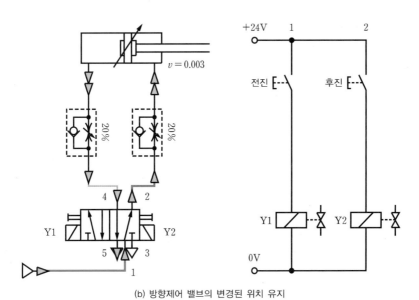

(b) 방향제어 밸브의 변경된 위치 유지

[그림 3-14] 양솔을 이용한 공압실린더 후진동작 제어

3.3.3 공압실린더 제어를 위한 시퀀스 제어회로

시퀀스 제어회로를 이용한 공압실린더 제어는 사전에 정해진 순서대로 제어신호가 출력되어 순차적으로 작업이 수행되는 제어방법으로, 실제의 공장자동화에 가장 많이 이용되고 있는 제어방법이다. 이 책에서는 릴레이를 이용한 시퀀스 제어회로를 만들어 공압실린더 제어방법을 살펴볼 것이다.

시퀀스 제어에는, 일정한 시간이 경과되면 그 다음 작업을 수행하는 **시간에 따른 제어방법**과, 전 단계 작업의 완료 여부를 리미트 스위치나 센서 등을 이용하여 확인한 후 다음 단계의 작업을 수행하는 **위치에 따른 제어방법**의 두 가지가 있다. 시간에 따른 제어 방법은 이전 단계의 작업완료 여부를 확인하지 않기 때문에 제어 시스템 구성은 간편할지 모르나, 제어의 신뢰성이 부족하여 많이 이용되지 않는다.

시퀀스 제어에서는 상반된 제어신호가 동시에 존재하면 문제가 발생한다. 예를 들어 한 실린더에 전진운동 제어신호와 후진운동 제어신호가 동시에 존재하면, 어느 한쪽의 제어신호는 기능을 발휘할 수 없게 된다. 그러므로 시퀀스 제어에서는 하나의 액추에이터에 상반된 제어신호가 동시에 존재하는 간섭현상이 발생되지 않도록 해야 한다.

시퀀스 제어는 제어신호의 간섭현상을 없애는 방법에 따라 몇 가지로 분류된다. 일반적으로 제어신호의 간섭현상은 입력된 제어신호가 너무 길게 지속되어 발생하는 문제이기 때문에, 제어신호를 짧은 기간만 지속시키는 펄스^{pulse} 신호화로 해결할 수 있다. PLC에서는 입력신호의 펄스화가 가능하지만, 전기릴레이를 사용하는 전기시퀀스에서는 펄스화 처리회로가 복잡하기 때문에 서로 중첩되는 신호가 발생하지 않도록 회로상으로 이 문제를 해결하는데, 그 방법으로는 캐스케이드^{cascade} 방법, 시프트 레지스트$^{shift\ register}$ 모듈을 이용하는 스테퍼^{stepper} 방법 등이 있다.

캐스케이드 방법이나 스테퍼 방법을 이용해서 공압실린더를 시퀀스 제어하기 위해서는 양솔을 사용한다. 그 이유는 앞에서 언급했듯이 양솔의 경우에는 방향제어 밸브의 위치가 변경된 후에 양솔의 전원을 차단해도 변경된 밸브의 위치가 유지되는 특징이 있어서, 전기회로의 작성이 간단하고 신호의 간섭문제가 발생하지 않기 때문이다. 이러한 특징 때문에 양솔을 '메모리 밸브'라 부르기도 한다.

■ 시퀀스 제어회로 설계 절차

정해진 순서에 의해 동작하는 시퀀스 제어회로를 설계하는 방법으로는 여러 가지가 있으나, 일반적으로 다음과 같은 작업 절차에 따라 설계한다.

❶ 자동화 장치의 시스템 구성과 작업 순서 파악

자동화 장치 제어를 위한 시퀀스 제어회로를 설계하기 위해서는 먼저 자동화 장치의 시스템 구성과 동작조건을 분명하게 파악하고 문서로 나타낼 수 있어야 한다.

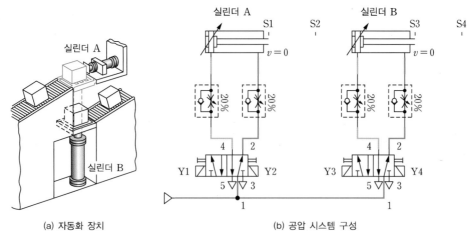

(a) 자동화 장치   (b) 공압 시스템 구성

[그림 3-15] **자동화 장치와 공압 시스템의 구성**

[그림 3-15(a)]에서 상자가 하단의 롤러 컨베이어를 통해 작업위치에 도달하면 실린 더 B가 밀어 올리고, 실린더 A가 상자를 상단의 롤러 컨베이어로 밀어내다. 물체를 밀어내고 나면, 실린더 A와 실린더 B는 순서대로 원래의 위치로 후진운동한다. 자동 화 시스템 구동을 위한 실린더의 동작 순서는 다음과 같이 여러 가지 방법으로 표현 할 수 있다.

실린더의 동작 순서를 문장으로 기술하는 방법
① 실린더 B가 전진하여 상자를 들어올린다.
② 실린더 A가 전진하여 다른 컨베이어로 옮긴다.
③ 실린더 A가 후진한다.
④ 실린더 B가 후진한다.

실린더의 동작 순서를 표로 나타내는 방법

작업 단계	실린더 A	실린더 B
1	–	전진
2	전진	–
3	후진	–
4	–	후진

실린더의 동작 순서를 약호로 나타내는 방법

B+, A+, A−, B−

(+ : 전진운동, − : 후진운동)

실린더의 동작 순서를 그래프로 나타내는 방법

다음 그림은 물체 운반장치의 운동 순서를 그래프로 표현한 것이다. 그래프에서 0은 실린더가 후진된 상태, 1은 실린더가 전진운동한 상태를 나타낸다. 이 그래프에서는 실린더의 행정거리, 실린더의 운동속도는 고려되지 않고, 모든 요소가 동일한 크기로 그려진다. 실제 시퀀스 제어회로도를 작성할 때 가장 많이 이용되는 방식이 이와 같이 그래프로 표현하는 방법으로, 이 그래프를 운동 순서도 motion step diagram 또는 변위-단계 선도라고 한다.

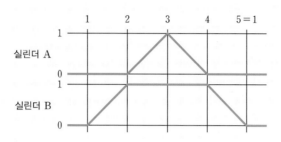

❷ 리미트 스위치 표시

동작 순서도를 작성한 다음에는 이 운동 순서도에 실린더의 동작에 따른 리미트 스위치의 작동 상태를 표시하여 변위-단계 선도를 완성한다. [그림 3-16]의 그래프에서 화살표는 리미트 스위치가 작동할 때의 실린더의 동작을 나타낸다. 즉 실린더 B가 전진동작을 완료하면 S4 리미트 스위치가 작동되고, S4 리미트 스위치가 작동되면 그 결과로 실린더 A가 전진동작을 시작한다. 마찬가지로 실린더 A가 전진동작을 완료하면, S2 리미트 스위치가 작동되면서 실린더 A의 후진동작이 일어난다.

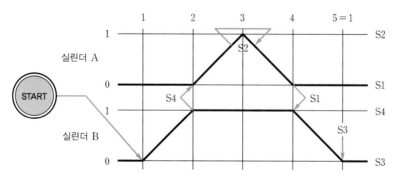

[그림 3-16] 리미트 스위치(센서)의 동작 상태를 표시한 변위-단계 선도

■ 캐스케이드 방법을 이용한 시퀀스 제어회로 설계

앞서 학습한 공압실린더의 동작 상태 표시방법을 이용하여 본격적으로 시퀀스 제어회로를 설계해보자.

❶ 공압실린더의 동작 그룹 구분

공압 시퀀스 제어회로의 설계에서 가장 문제시되는 것은 제어신호의 간섭현상[1]이다. 제어신호의 간섭현상은 하나의 액추에이터에 상반된 제어신호가 동시에 존재하기 때문에 발생된다. 한 실린더의 전진운동 신호가 존재하는 상태에서 후진운동 제어신호가 입력되면, 늦게 입력된 제어신호는 기능을 발휘할 수 없게 된다. 그러므로 시퀀스 제어에서 자주 발생하는 이와 같은 제어신호의 간섭현상을 근원적으로 해결하는 방법은 작동 순서상 간섭현상이 발생하지 않을 몇 개의 제어그룹으로 분리해서, 작동 순서에 따라 필요한 제어그룹에만 전기에너지가 공급되도록 제어회로를 설계하는 방법이다.

제어그룹을 분류하기 위해서는 우선적으로 작동 시퀀스를 약호로 표시하는 것이 바람직하다. 가장 많이 이용되는 약호 표현법은 전진운동을 +, 후진운동을 −로 표기하는 방식으로, 이 방식대로라면 실린더 A의 전진운동을 A+, 실린더 B의 후진운동을 B−와 같이 표현할 수 있다.

작동 시퀀스를 약호로 표시하고 나면, 제어그룹을 분류해야 한다. 제어그룹을 분리하는 방법은 하나의 액추에이터의 운동이 같은 제어그룹에 포함되지 않게만 하면 된다. 즉 A+와 A−, B+와 B−가 같은 그룹에 포함되지만 않게 하면 된다는 것이다. 그러나 A+와 B−는 서로 다른 액추에이터의 운동이 되기 때문에 같은 그룹에 포함되어도 제어신호의 간섭현상이 발생하지 않는다. 한 예로, 다음과 같은 작동 시퀀스는 2개의 제어그룹으로 나눌 수 있다.

| A+, B+, C+ | C−, B−, A− |
| 제어그룹 1 | 제어그룹 2 |

실린더의 개수가 같더라도 작동 시퀀스가 다르면 제어그룹의 개수가 달라진다. 예를 들어 다음과 같이 3개의 실린더가 사용된 작업이어도, 제어그룹의 개수는 시퀀스에 따라 3개나 4개로 다를 수 있다.

---

1 두 개 이상의 파동이 한 점에서 만날 때 중첩되어 진폭이 합해지거나 상쇄되는 현상

A+, B+	B−, C+, A−	C−
제어그룹 1	제어그룹 2	제어그룹 3

A+	A−, B+	B−, C+	C−
제어그룹 1	제어그룹 2	제어그룹 3	제어그룹 4

제어그룹의 개수가 n개이면, 자기유지회로 n개와 1개의 작업종료 회로가 필요하다. 2장에서 학습한 시퀀스 제어회로 설계방법을 기억하는가? 캐스케이드 방법을 이용한 공압 시퀀스 제어회로 설계방법에도 2장에서 학습한 시퀀스 제어회로 설계방법이 그대로 적용된다. 공압 시퀀스 제어회로는 다음과 같은 단계로 설계한다.

1단계 **공압 시스템의 운동 순서를 약호로 표시하고 제어그룹을 나눈다.**

[그림 3-17]에 공압 시스템의 구성, [그림 3-18]에 공압실린더의 순차동작 순서를 나타내었다. [그림 3-18]에서 동작 그룹을 2개의 제어그룹으로 구분했기 때문에, 이 제어회로는 2개의 자기유지회로와 1개의 작업종료 회로로 구성된다. [그림 3-18]에서 실린더 C의 전진동작을 확인하는 리미트 스위치 S6은 동작을 그룹1에서 그룹2로 변경하는 신호이며, 실린더 A의 후진동작을 확인하는 리미트 스위치 S1은 작업완료 신호이자 새로운 작업 시작을 위한 확인신호이다.

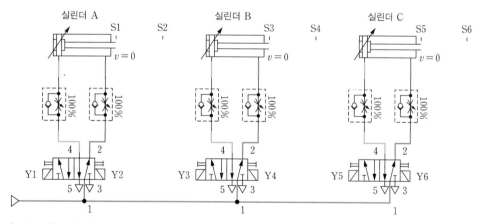

[그림 3-17] **공압 시스템 구성도**

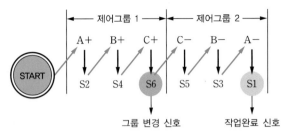

[그림 3-18] **제어그룹의 구분**

2단계 **그룹의 개수에 따른 자기유지회로와 1개의 작업종료 신호를 만든다.**

[그림 3-19]에서 시퀀스 제어동작을 위한 2개의 자기유지회로와 1개의 작업종료 신호 회로를 만들고 나면, 첫 번째 자기유지회로와 작업종료 신호를 제어하기 위한 전기신호가 필요하다. 따라서 [그림 3-18]에 표시한 작업완료 신호인 S1을 위치시킨다. 그리고 두 번째 자기유지회로의 동작을 위한 전기신호로 그룹 변경 신호인 S6을 사용한다.

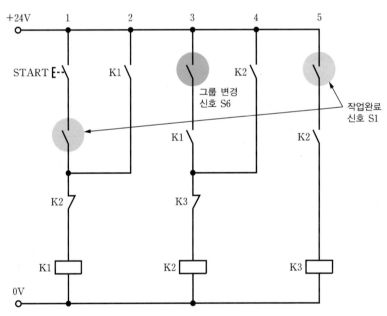

[그림 3-19] **2개 그룹 제어를 위한 시퀀스 제어회로**

3단계 **그룹에 의해 동작하는 출력을 연결한다.**

[그림 3-20]에 주어진 동작조건을 만족하는 시퀀스 제어동작 전기회로를 나타내었다. 초기상태에서는 공압실린더 A, B, C가 모두 후진한 상태이기 때문에 리미트 스위치 S1, S3, S5는 ON 상태에 있게 된다. 솔레노이드 출력 부분을 살펴보면 K1에 의해 동작하는 그룹1과 K2에 의해 동작하는 그룹2가 명확하게 구분된다.

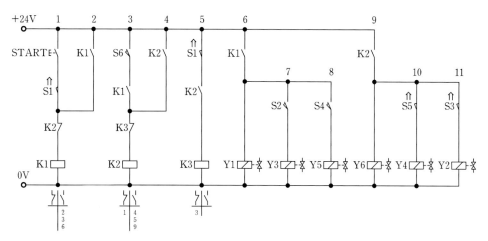

[그림 3-20] 동작조건을 만족하는 시퀀스 제어회로

START 버튼을 누르면 K1의 자기유지와 동시에 실린더 A가 전진동작을 한다. K1이 ON인 상태에서 실린더 A의 전진동작 완료신호인 S2가 작동하면 실린더 B가 전진동작을 하고, 실린더 B가 전진동작을 완료하면 S4가 ON되어 실린더 C를 전진동작시킨다. 실린더 C의 전진동작이 완료되면, S6가 ON되어 그룹1에서 그룹2로 동작이 변경된다. 그러면 K1에 연결된 출력 Y1, Y3, Y5는 전부 OFF되고, K2에 의한 그룹 출력이 동작하게 된다. 이때 [그림 3-20]의 시퀀스 제어회로에서 K1, K2, K3의 릴레이 양단에 다이오드를 역방향으로 설치해주어야만 정확하게 동작한다. 다이오드를 설치해야 하는 이유는 2장의 [표 2-1]에 설명해 놓았다.

이처럼 시퀀스 제어동작을 위해서는 공압실린더의 동작 순서를 나열하고 그룹으로 구분한 다음, 그룹 개수에 맞는 자기유지회로와 작업종료 신호를 만든 후, 각각의 그룹을 동작시키는 그룹 변경 신호를 정확하게 구분해서 회로를 만들어야 한다. [그림 3-20]의 회로에서는 S1의 a접점이 1번과 5번 라인에 사용되고 있다. S1은 리미트 스위치로, c접점이 1개 제공된다. 따라서 릴레이를 이용하여 접점을 확대해서 사용하거나, 또는 S1 접점의 개수를 1개로 줄여서 사용해야 한다.

[그림 3-21]은 S1 접점 1개를 사용하여 작성한 시퀀스 제어회로를 나타내었다. 1번 라인의 START 버튼과 S1 접점의 위치를 변경한 후에 이를 K3의 동작신호로 연결했음을 확인할 수 있다. [그림 3-22]는 S1의 접점의 개수를 릴레이를 사용하여 확대한 후에 S1의 사용 장소에 K10의 접점을 사용하고 있는 회로이다.

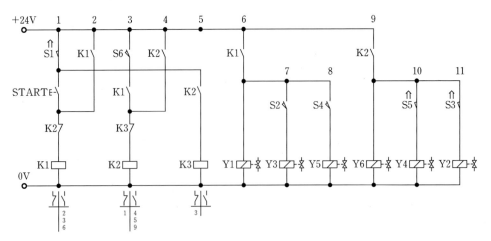

[그림 3-21] S1 접점을 1개 사용한 시퀀스 제어회로

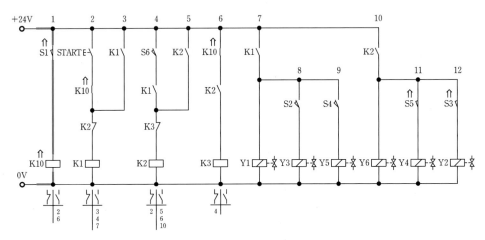

[그림 3-22] S1 접점을 릴레이를 이용해 확장한 시퀀스 제어회로

❷ 단속 및 연속작업을 위한 부가 회로 설계

기본적인 시퀀스 제어회로도를 작성하고 나면, 자동화 시스템에서 요구하는 부가 조건additional condition을 만족시키기 위한 회로도를 추가로 작성해야 한다. 앞에서 설계한 캐스케이드 시퀀스 제어회로에 단속 및 연속작업 회로를 추가하는 방법을 살펴보자.

[그림 3-22]의 시퀀스 제어회로에서 K3은 작업종료 신호에 해당된다. 작업종료 신호는 새로운 시작신호로 사용될 수 있다. 따라서 K3 신호가 START 버튼의 역할을 대행할 수 있도록 회로 구성을 변경하면 연속작업이 이루어진다. 그러나 K3의 신호만 시작신호로 사용하면 무한반복 동작에 빠지게 되므로, K3의 신호를 통제할 수 있는 별도의 접점이 존재해야 한다. 이러한 회로를 만들기 위해 먼저 연속작업을 위한 조작 패널 및 작업조건을 살펴보자.

① 단속모드에서 시작버튼을 누르면 1회만 동작한다.

② 연속모드에서 시작버튼을 누르면 정지버튼을 누를 때까지 반복동작을 실행한다.

③ 연속 반복동작 중에 정지버튼을 누르면, 현재 진행 중인 사이클을 완료한 후에 정지한다.

[그림 3-23] 단속과 연속조작을 위한 조작패널

주어진 동작조건을 만족하는 단속 및 연속동작 선택 가능 시퀀스 제어회로는 [그림 3-24]와 같다. 연속모드를 선택하고 시작버튼을 누르면, 자기유지가 일어나면서 릴레이 K11이 ON 상태가 된다. 그러면 6번 라인의 K3 신호가 유효하게 되어 연속동작이 이루어진다.

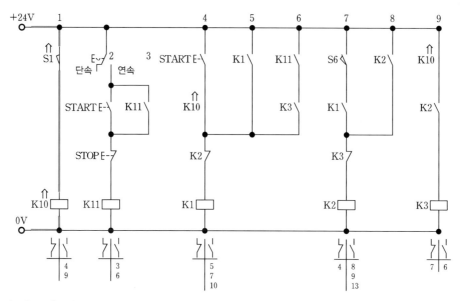

[그림 3-24] 단속 및 연속작업 순차 제어회로

연속동작 중에 정지버튼을 누르면, K11이 OFF되어 6번 라인의 K3 신호가 무효화되기 때문에 자동으로 정지하게 된다. 이처럼 작업종료 신호를 시작신호로 피드백시키고, 이 신호를 제어할 수 있는 접점을 별도로 추가함으로써 반복되는 동작을 구현할 수 있다.

한편 이론상으로는 K3 신호에 의해 연속동작이 이루어져야만 하지만, 실제로 회로를 구현해보면 자동동작이 정확하게 구현되지 않는 경우가 발생하기도 한다. K3은 자기유지가 되어 있지 않으므로, 접점 동작에서 시간차가 발생하면(a접점과 b접점이 동작하는 시간이 서로 다름) 연속동작을 위한 피드백 신호가 제대로 전달되지 않을 수 있기 때문이다. 이러한 문제는 전기신호의 빠른 전달속도 때문에 전체 회로에 동시에 영향을 끼친다. 이를 해결하기 위해서는 먼저 K1, K2, K3의 릴레이 양단에 다이오드를 역방향으로 설치해야 한다. 따라서 연속동작을 확실하게 보장하기 위해서는 K3의 동작을 자기유지시키는 게 중요하다.

[그림 3-25]에서 작업종료 신호에 해당되는 K3을 자기유지회로로 구성했음을 확인할 수 있다. K3의 자기유지 부분을 살펴보면, 자동모드가 선택되었을 때에만 K3이 자기유지 동작을 하도록 하였고, K1이 동작하면 자기유지가 해제되도록 되어있다. 이렇게 하면 확실한 신호전달이 가능하다.

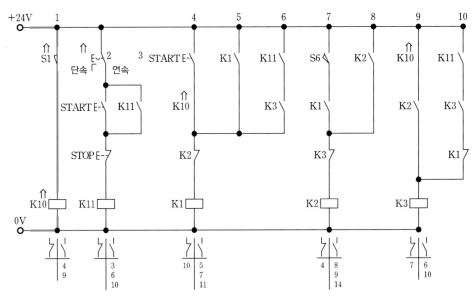

[그림 3-25] **접점 동작의 시간차 문제를 해결한 단속 및 연속작업 시퀀스 제어회로**

이처럼 릴레이를 이용한 시퀀스 제어회로의 경우, 신호의 간섭문제와 접점 동작의 시간차로 발생하는 문제로 인해 설계를 잘못하면 여러 가지의 문제점을 초래할 수 있다. 그렇기 때문에 이처럼 신호전달이 확실하게 될 수 있도록 회로를 보강해야 하는 것이다.

❸ **카운터를 이용한 연속동작 제어회로 설계**
이제는 연속모드에서 시작과 정지버튼에 의한 조작도 가능하고, 카운터를 이용해서

사전에 설정한 횟수만큼만 동작하는 시퀀스 제어회로를 만들어보자. 카운터가 추가된 조작패널 및 작업조건은 다음과 같다.

① 단속모드에서 시작버튼을 누르면 1회만 동작한다.
② 연속모드에서 시작버튼을 누르면, 카운터에서 설정한 설정 횟수만큼 연속작업을 한 후에 자동정지한다.
③ 연속 반복동작 중에 정지버튼을 누르면, 현재 진행 중인 사이클을 완료한 후에 정지한다. 이후에 시작버튼을 누르면 카운터에서 설정한 남은 횟수만큼 동작한 후에 정지한다.

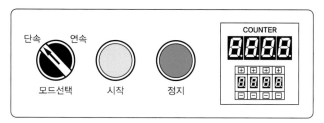

[그림 3-26] **카운터를 이용한 연속작업 조작패널**

1장의 [표 1-2]에 카운터의 입출력 단자 배치를 나타내었다. 카운터에는 전기신호를 입력하기 위한 펄스신호 입력단자와 카운터의 출력, 그리고 카운터의 리셋단자가 존재한다. 카운터는 사용자가 설정한 값과, 펄스신호 입력단자를 통해서 계측한 현재값을 비교해서, 현재값이 설정값보다 크거나 같으면 카운터의 출력을 ON하는 기능을 가지고 있다. 카운터의 출력을 ON 상태에서 OFF하기 위해 카운터의 리셋단자에 전기신호를 입력하면, 현재값이 0으로 설정되면서 카운터의 출력도 함께 OFF된다.

카운터가 적용된 시퀀스 제어회로는 [그림 3-27]과 같이 설계할 수 있다. 이 회로의 마지막 부분에 카운터가 설치되어 있다. 카운터의 A1-A2는 펄스신호 입력으로, [표 1-2]에서 6번-8번 단자의 연결을 의미하고, R1-R2는 카운터의 리셋이 10번-9번 단자에 연결되어 있음을 의미한다. 카운터의 펄스신호 입력으로는 K2가 사용되고 있다.

입력으로 작업종료 신호인 K3을 사용하지 않은 까닭은 무엇일까? 그건 K3 신호를 사용하게 되면 카운터에서 설정한 횟수보다 1회 더 동작하기 때문이다. 이는 카운터의 입력신호와 출력신호의 시간차에 의해 발생하는 문제이다. 입력신호를 계측해서 설정한 횟수가 되면 카운터의 출력이 동작하는데, 이때 시간지연이 발생하기 때문에, K3 신호를 사용하면 6번 라인의 반복 동작신호가 먼저 작동해서 1회 더 동작하게 되는 것이다. 따라서 이러한 문제를 해결하기 위해 K2를 카운터의 입력으로 사용하는 것이다.

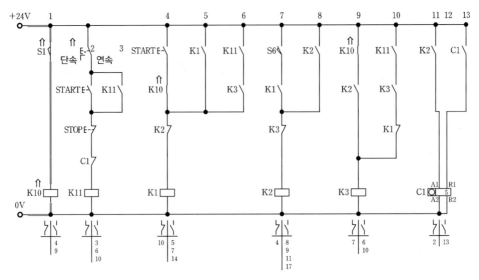

[그림 3-27] **카운터를 이용한 시퀀스 제어회로**

3장에서는 자동화 장치 동작에 사용되는 공압실린더를 제어하기 위한 방향제어 밸브와 공압 기호 판별법에 대해 간단히 살펴본 후에, 2장에서 학습한 내용을 기반으로 시퀀스 제어회로를 설계하는 방법에 대해 살펴보았다. 시퀀스 제어회로의 핵심은 자기유지회로이다. 자기유지회로를 공압실린더의 동작 순서대로 나열해서 만든 회로가 시퀀스 제어회로이다. 앞으로 학습할 PLC를 잘 사용하기 위해서는 지금 학습하고 있는 시퀀스 제어회로 설계방법을 잘 숙지하고 있어야 한다. 그럼 실습과제 풀이를 통해서 시퀀스 제어회로 설계방법을 더욱 심도있게 학습해보기 바란다.

[Section 3.3]

[그림 3-28]은 컨베이어에 공압실린더를 사용해서 소재를 공급하는 장치를 나타낸 것이다. 시작 버튼을 누르면 카운터에서 설정된 횟수만큼 일정한 시간 간격으로 소재를 공급하는 장치이다. 소재 공급 장치의 공압 시스템 및 조작패널의 구성이 [그림 3-29]와 같을 때, 주어진 동작조건을 만족하는 시퀀스 제어회로를 설계해보자.

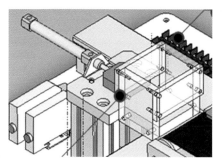

[그림 3-28] **소재 공급 시스템 구성도**

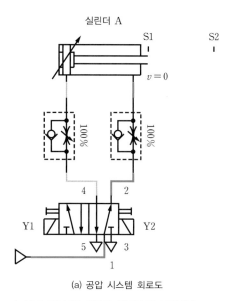

(a) 공압 시스템 회로도

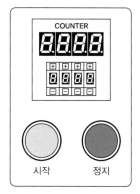

(b) 조작패널

[그림 3-29] **공압 시스템 회로도 및 조작패널**

동작조건

① 카운터에서 컨베이어에 공급할 소재의 개수를 설정한다.

② 시작버튼을 누르면 카운터에서 설정한 횟수만큼 반복동작을 한다.

③ 반복동작 중에 정지버튼은 누르면 현재 진행 중인 사이클을 종료한 후에 정지한다.

④ 동작 순서는 다음과 같다.

$$A+ \; \rightarrow 1초 \; 대기 \rightarrow A- \rightarrow 5초 \; 대기$$

회로 설계

1 **주어진 동작 순서를 그룹으로 구분하고, 동작에 따른 신호를 표기한다.**

주어진 동작을 살펴보면 4개의 동작으로 구성되어 있고, 이는 2개의 그룹으로 구분된다. 따라서 시퀀스 제어회로의 전체 구성은 2개의 자기유지회로와 1개의 작업종료 회로로 구성된다.

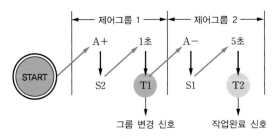

[그림 3-30] **제어그룹의 구분**

2 **그룹 개수만큼의 자기유지회로에 작업종료 신호를 추가한 회로를 작성한다.**

[그림 3-31]에서 라인 1번을 살펴보면, [그림 3-30]에서 표시한 작업완료 신호 대신에 S1을 사용하고 있다. 타이머의 동작신호는 타이머가 동작해야만 확인할 수 있는 신호이기 때문에, 기계장치의 동작완료 신호에 해당되는 S1을 사용하는 것이다. 회로 설계가 복잡하고 까다로운 이유는 이처럼 작업환경과 조건에 따라 회로가 수시로 변경되기 때문이다. 여기서는 S1 신호가 두 곳에서 사용되고 있기 때문에 릴레이를 이용하여 접점의 개수를 확장해서 사용한다.

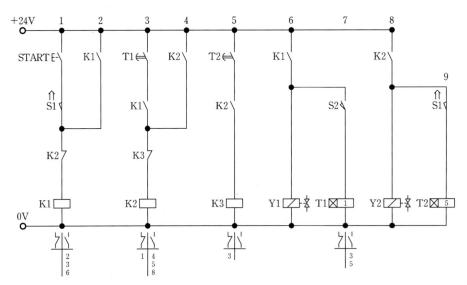

[그림 3-31] **소재 공급 시스템 구동을 위한 시퀀스 제어회로**

3 **기본동작 회로에 카운터를 이용한 반복동작 부가기능을 추가한다.**

소재 공급 시스템 구동을 위한 기본회로를 만든 후에 카운터를 이용한 반복동작 기능을 추가한다. 우선 작업종료 신호 회로를 자기유지회로로 수정한 후에, 카운터를 사용해서 카운터에서 설정한 횟수만큼 반복동작이 이루어지게 시퀀스 제어회로를 설계한다.

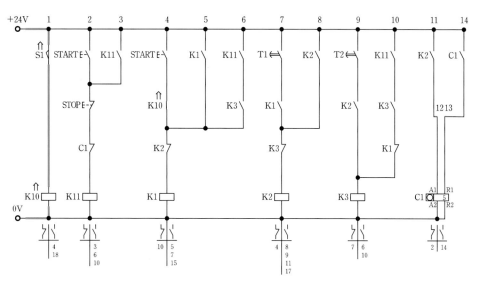

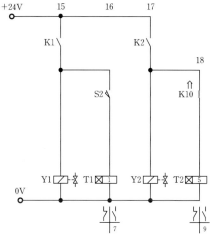

[그림 3-32] **카운터를 이용한 소재 공급 시스템의 반복동작 시퀀스 제어회로**

→ 실습과제 3-2 금속 프레스 동작을 위한 시퀀스 제어회로 설계

[Section 3.3]

[그림 3-33]은 산업현장에서 금속제품을 생산하는 프레스를 나타낸 것이다. 그림에서 알 수 있듯이 롤에 감겨 있는 금속판재가 실린더 A, B의 작동에 의해 일정한 길이로 금형틀 속에 삽입되면, 프레스가 작동해서 제품을 찍어내는 동작을 한다. 3개의 공압실린더를 이용해서 이러한 금속 프레스의 동작 시스템을 구동하는 시퀀스 제어회로를 설계해보자.

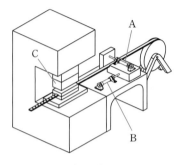

[그림 3-33] **금속 프레스**

[그림 3-34]는 프레스를 작동시키는 공압 시스템의 구성과 조작패널을 나타낸 것이다. [그림 3-34(a)]에서 알 수 있듯이 실린더 A와 실린더 B의 초기상태는 전진상태에 있다. 이러한 동작을 위해 공압밸브에 연결된 공압호스의 위치를 변경하였다.

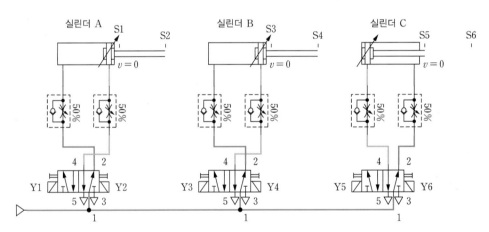

(a) 프레스 공압 시스템 회로도

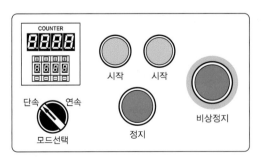

(b) 프레스 조작패널

[그림 3-34] **프레스 공압 시스템 회로도 및 조작패널**

동작조건

① 프레스에서 생산할 제품의 개수를 카운터에 설정한다.

② 2개의 시작버튼을 동시에 누르면, 카운터에서 설정한 횟수만큼 반복동작을 시작한다. 단, 1개의
  시작버튼을 누르면 동작하지 않는다.

③ 반복동작 중에 정지버튼은 누르면, 현재 진행 중인 사이클을 종료한 후에 정지한다.

④ 동작 중에 비상정지 버튼을 누르면, 실린더 A와 실린더 B는 현재 진행 중인 작업(실린더가 전진
  동작 중일 때에는 전진동작 완료)을 완료한 후에 정지하고, 실린더 C는 즉시 후진한다.

⑤ 동작 순서는 다음과 같다.

$$A- \rightarrow B- \rightarrow A+ \rightarrow B+ \rightarrow C+ \rightarrow C-$$

[그림 3-34(b)]를 살펴보면 시작버튼이 2개 있다. 그 이유는 프레스 작업에 인명손상의
위험이 있기 때문에 작업자의 안전을 고려해서 양손으로만 시작버튼을 누르게 한 것이다.
이처럼 자동화 장치를 설계 및 제작할 때에는 작업자의 안전을 반드시 고려해야 한다.

회로 설계

1 주어진 동작 순서를 그룹으로 구분하고, 동작에 따른 신호를 표기한다.

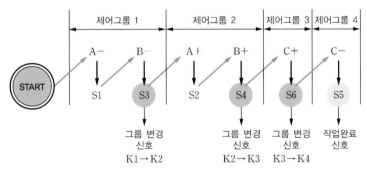

[그림 3-35] 제어그룹의 구분

2 그룹의 개수만큼의 자기유지회로에, 작업종료 신호를 추가한 회로를 작성한다.

[그림 3-36]과 [그림 3-37]에 프레스 동작을 위한 기본 순차회로를 나타내었다. 동작
그룹이 4개로 구분되었기 때문에, 자기유지 4개와 1개의 작업종료로 회로를 구성하였
다. 출력을 살펴보면, 그룹 1, 그룹 2는 2개의 출력을 제어하고, 그룹 3, 그룹 4는 1개
의 출력을 제어하도록 구성되어 있다.

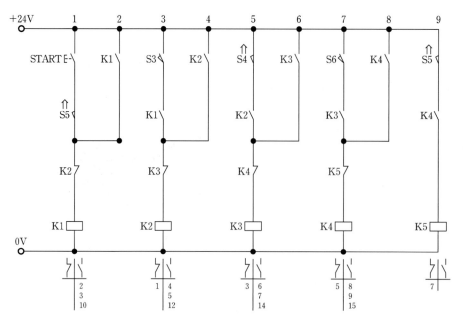

[그림 3-36] **프레스 동작을 위한 시퀀스 제어회로(제어 부분)**

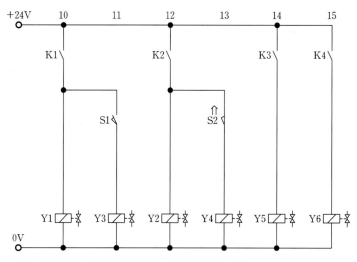

[그림 3-37] **프레스 동작을 위한 시퀀스 제어회로(출력 부분)**

3 **기본동작 회로에 카운터를 이용한 반복동작 부가기능을 추가한다.**

[그림 3-38]은 비상정지 기능을 제외한 단속과 연속, 그리고 카운터 기능을 포함한 시퀀스 제어회로이다. K11은 2개의 시작버튼을 조작했을 때 ON되는 시작신호 발생을 위한 것이고, K12는 연속동작을 유지하기 위한 자기유지회로이다. 카운터 부분을 살펴보면 카운터 펄스신호 입력 부분에 K12 접점을 직렬로 연결해 놓았는데, 이는 단속동작에서 동작하는 사이클은 카운트하지 않기 위한 것이다.

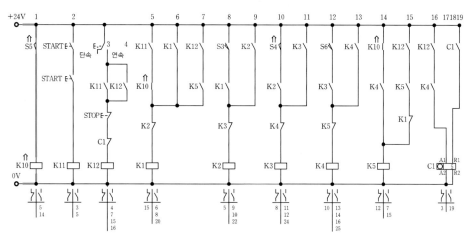

[그림 3-38] 프레스 동작을 위한 시퀀스 제어회로(카운터 기능 추가)

4 비상정지 기능을 추가한다.

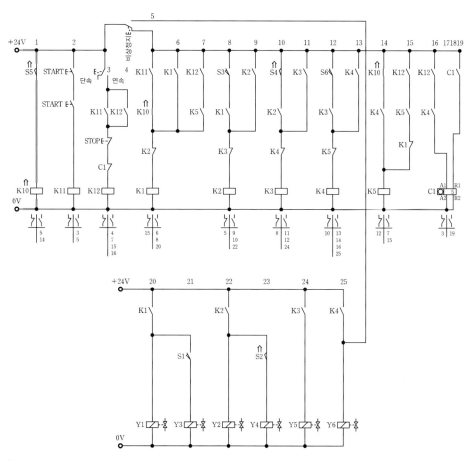

[그림 3-39] 프레스 동작을 위한 시퀀스 제어회로(카운터 및 비상정지 기능 추가)

순차동작 제어회로에서 비상정지 기능은 대부분 전원을 차단해서 액추에이터를 정지시키는 동작으로 구현되는 경우가 많다. 주어진 조건에서 비상정지가 작동하면 실린더 A, 실린더 B의 동작에는 전원 차단이 무관하지만, 실린더 C는 후진동작을 유지해야 한다. 따라서 비상정지 버튼을 누르면 제어회로의 전원이 차단되고 실린더 C만 후진할 수 있도록 회로를 설계해야 된다.

PART 2

PLC 이론과 실습

자동화 산업현장에서 사용하는 PLC에는 멜섹Q, 지멘스, AB, LS산전의 XGI, XGK, Master-K, GLOFA 시리즈 등 수많은 종류가 있다. 그 모양과 사용법은 조금씩 다르지만, PLC의 근본원리는 동일하다. 따라서 한 종류의 PLC 사용법을 제대로 배우면, 다른 기종의 PLC도 어렵지 않게 익힐 수 있다. 자동차의 운전법을 터득하면 자동차 종류에 관계없이 운전을 할 수 있듯이 PLC의 사용법을 제대로 배우면 기종에 관계없이 사용할 수 있다는 사실을 기억하자.

이 책에서는 LS산전의 소형 PLC인 XBC-DN32H를 기본 기종으로 한다. PART 2에서는 XBC PLC의 구조와 기능에 대해 살펴본 후에, PLC의 프로그램 작성에 필요한 PLC의 메모리 종류와 사용하는 데이터 타입에 대해 학습한다. 그리고 PLC의 접점 명령어와 타이머, 카운터를 이용한 프로그램 작성법과, 기본명령어와 응용명령어를 이용한 다양한 사용법을 살펴본다.

Chapter 04

PLC 개요 및 구조

자동화 장치를 PLC로 제어하기 위해서는 가장 먼저 자동화 장치의 제어에 적합한 PLC를 선택해야 한다. 다양한 기능과 성능을 갖춘 여러 종류의 PLC 중에서 제어에 적합한 PLC를 찾는 게 쉬운 일은 아니다. 4장에서는 실습에 사용할 LS산전의 소형 PLC인 XBC-DN32H의 기능과 성능에 대해서 살펴보고, 그 사용법을 학습한다.

4.1 PLC 개요

4.1.1 PLC란?

PLC^{Programmable Logic Controller}는 한마디로 요약하면, 복잡한 시퀀스 제어 시스템을 프로그램 방식으로 변경하여 시퀀스 제어를 손쉽게 하기 위해 만든 전자제어 장치이다. 기존에는 스위치와 릴레이를 이용한 복잡한 시퀀스 제어 시스템을 사용했지만, PLC를 이용하면 간단한 프로그램 방식으로 시퀀스 회로를 손쉽게 설계 및 수정할 수 있다. PLC는 고속처리, 내환경성, 취급의 용이성, 경제성 등의 이유로 오늘날 자동화 산업현장에서 없어서는 안 될 핵심 제어장치로 널리 사용되고 있다.

더욱 정밀하고 복잡한 제품을 만들기 위해 자동화 장치도 점차 고도화되어가고 있다. 이에 따라 프로그램의 크기가 커지고 처리할 데이터의 양도 늘어나, 프로그램의 재사용 방안이 크게 대두되고 있다. 그 방안으로 프로그램을 펑션^{Function}이나 펑션블록^{Function Block}으로 분할 작성하여 사용자 명령어로 만든 후에, 필요할 때마다 불러 사용할 수 있도록 하는 방법이 점차 증가하면서 PLC의 인기 또한 날로 상승하고 있는 추세이다.

국내에서는 1980년대 초반에 PLC가 장착된 자동화 장치가 일본, 미국, 유럽으로부터 도입되면서 사용되기 시작했고, 88올림픽 이후 석유화학, 제철, 제강, 자동차 등의 산업분야의 발전과 함께 국내 PLC 시장도 급격하게 확대되었다. 국내에서 PLC를 사용하는 분야는 유럽의 지멘스와 미국의 AB가 주도하는 PA^Process Automation(공정자동화) 분야와, 일본 업체 및 국내의 LS산전이 주도하는 부품조립, 가공기계 및 설비를 주축으로 하는 FA^Factory Automation(공장자동화) 분야로 구분된다.

2000년대 후반부터는 PC와 PLC의 장점을 결합한 한층 진화된 제품인 PAC^Programmable Automation Control가 등장하여, 시험기와 같이 데이터 처리가 많은 분야부터 그 사용범위가 점차 확대되어 가고 있다.

[그림 4-1] PAC 제품(NI CompactDAQ)

IEC 국제규격에 의해 PLC의 하드웨어와 소프트웨어의 사양이 표준화되어가는 추세로, 프로그램 작성을 위한 언어로는 1993년 IEC에서 발표한 IL^Instruction List, ST^Structured Text, LD^Ladder Diagram, FBD^Function Block Diagram, SFC^Sequential Function Chart를 사용한다. 이 언어들에 대한 대략적인 설명은 다음과 같다.

- IL : 종래 '니모닉^mnemonic'이라고 불렸던 언어를 표준화한 것으로, 주로 지멘스 또는 AB PLC 프로그램을 작성할 때 사용된다.
- LD : 시퀀스 제어에서 사용하던 릴레이 로직을 표현하기 위해 만들어진 표준언어로, 우리나라와 일본에서 많이 사용된다.
- FBD : 프로그램의 요소를 블록으로 표현하고 그들을 서로 연결하여 로직을 표현하는 것으로, 제어요소 간에 정보나 데이터의 흐름이 있는 시스템에서 사용된다.
- ST : 파스칼^Pascal과 비슷한 고수준의 언어로, 복잡한 수식계산이 필요한 시스템에서 사용된다.
- SFC : 전체 시스템을 액션과 트랜지션으로 구조화시켜 나타낸다. 각각의 액션과 트랜지션은 위에서 설명한 언어로 프로그래밍할 수 있으며, 각각의 액션들을 완전히 분리하여 표현하므로, 프로그램에서 오류가 발생할 때 쉽게 디버깅할 수 있다.

국내에서 사용되는 PLC 메이커에는 일본의 미쓰비시(멜섹), 옴런, 독일의 지멘스, 미국의 AB, 대한민국의 LS산전이 있다. 중소 규모의 자동화 장치에는 가격 대비 성능이 가장 우수한 LS산전의 PLC가 가장 널리 사용되고 있다. PLC에 입문하는 학생들이 교육기관에서 가장 손쉽게 접할 수 있는 PLC가 바로 이 LS산전의 PLC이다. LS산전에서 생산 및 시판 중인 PLC의 모델별 특징을 살펴보면 다음과 같다.

[표 4-1] LS산전 PLC의 모델별 특징

모델명		특징
MASTER-K		일본 미쓰비시와의 기술제휴로 만든 PLC로, LD, IL 언어 지원
GLOFA		IEC 표준 규격에 의해 만든 PLC로, LD, IL, SFC 언어 지원
XGB	XBC	블록 타입. MASTER-K의 개량형
	XEC	블록 타입. GLOFA의 개량형
	XBM	슬림 타입
XGT	XGK	모듈 타입. MASTER-K의 개량형
	XGI	모듈 타입. GLOFA의 개량형
	XGR	이중화 CPU 지원

산업현장에서 사용되는 PLC는 제작사에 따라 외형이나 프로그램 작성 툴, 프로그램 명령어 사용법 등이 다르기 때문에, PLC에 입문하는 초보자들은 PLC 메이커에 따라 제품이 완전히 다르다고 생각한다. 그러나 PLC를 조금만 공부해보면, PLC의 기능은 모두 동일하며 동일한 방법으로 PLC 프로그램을 작성할 수 있음을 알 수 있다.

4.1.2 XGB PLC(기종 : XBC-DN32H)

이 책의 실습에서는 블록 타입의 XGB PCL 시리즈 중에서 중소 규모의 자동화 장치에 가장 많이 사용하는, MASTER-K의 개량형인 XBC-DN32H를 사용한다. XBC PLC의 사용법은 기존의 MASTER-K와 동일하고, 블록 타입의 제품에 고속펄스 출력 기능을 내장하고 있어, 2축 직선보간이 가능한 위치제어 장치를 가격 대비 우수한 성능으로 구성할 수 있다. 또한 이 제품은 RS485 통신 기능을 기본으로 내장하고 있어, 다른 제어기기와의 네트워크 구성도 가능한 가성비가 좋은 PLC이다.

MASTER-K PLC는 미쓰비시 기술제휴로 만들어진 PLC이므로, 프로그램 작성법과 명령어 구성이 멜섹 PLC와 유사하다. 따라서 고가의 멜섹이 아니어도 가성비가 뛰어난 XBC로 PLC을 배운다면, 멜섹 또한 쉽게 익힐 수 있다.

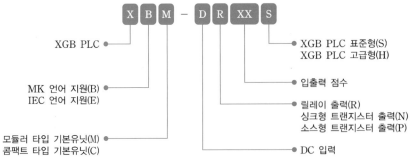

[그림 4-2] LS산전 XGB 계열 PLC의 명칭 구분법

XBC-DN32H는 입력 16점, 출력 16점을 가진 소형 PLC로, 확장모듈을 사용하면 입출력을 합쳐서 최대 352점까지 확장 가능하다. 또한 RS232C/RS422 통신 기능과, 2축 직선 보간이 가능한 위치제어 기능, 그리고 고속펄스 카운터 기능까지 갖추었다.

[그림 4-3]은 XBC-DN32H의 PLC의 시스템 구성도로, XBC PLC 시스템은 기본유닛에 증설모듈(I/O 모듈, 특수모듈, 통신모듈)을 확장할 수 있도록 구성되어 있다. 증설모듈에는 디지털 입출력 모듈은 최대 10대, 특수모듈은 최대 10대, 통신모듈은 최대 2대까지 접속 가능하지만, 증설모듈 모두를 합쳐서 최대 10대까지만 증설 가능하다.

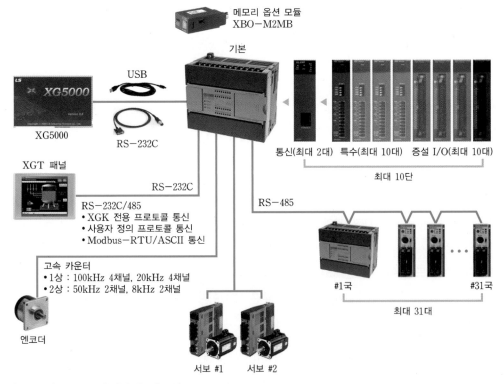

[그림 4-3] XBC PLC의 전체 시스템 구성

■ XBC PLC의 구조

XBC PLC는 'H타입'과 'S타입'으로 구분된다.

❶ H타입
- 0.12μs/step의 처리속도 및 부동소수점 연산이 가능하다.
- 최대 10단 증설이 가능하며, 352 ~ 384점까지 제어 가능하다.

❷ S타입
- 0.16μs/step의 처리속도 및 부동소수점 연산이 가능하다.
- 최대 7단 증설 및 최대 2단의 옵션 장착이 가능하고, 240 ~ 256점까지 제어 가능하다.

[표 4-2] XBC PLC H타입의 각 부 명칭과 용도

H타입(고급형)의 외형		
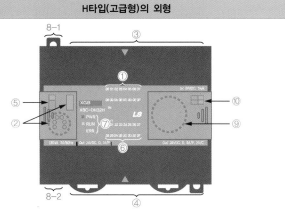		

No.	명칭		용도
①	입력 표시용 LED		입력의 ON/OFF 상태를 표시한다.
②	PADT 접속용 커넥터		PADT 접속용 USB(USB 1.1 지원) 1채널, RS-232C 1채널 커넥터
③	입력 커넥터 및 터미널 블록		입력 커넥터 및 터미널 블록을 나타낸다.
④	출력 커넥터 및 터미널 블록		출력 커넥터 및 터미널 블록을 나타낸다.
⑤	키 스위치		RUN/STOP 키 스위치 : 키 스위치 위치가 STOP인 경우, 리모트 모드 변경 가능
⑥	출력 표시용 LED		출력의 ON/OFF 상태를 표시한다.
⑦	상태 표시 LED		기본유닛의 동작 상태를 나타낸다. • PWR(적색) : 전원 상태 표시 • RUN(녹색) : RUN 상태 표시(STOP 모드 시 : OFF) • 에러(적색) : 에러 발생 시 점멸
⑧	8-1	내장 RS-232C/RS-485	• 내장 RS-485 접속용 단자대 • 내장 RS-232C 접속용 단자대
	8-2	전원 단자대	AC100~240V 전원 단자대
⑨	배터리 홀더		배터리(3V) 홀더
⑩	모드 스위치		프로그램 모드 및 O/S 다운로드 모드 선택 스위치

[표 4-2]는 XBC PLC H타입의 각 부 명칭과 각각의 용도를 나타낸 것이다. PADT Programming And Debugging Tool 접속용 커넥터는 PC와의 접속을 통해 XG5000으로 작성한 PLC 프로그램을 다운로드하기 위한 통신포트이다. XBC PLC는 USB 포트를 지원하기 때문에 USB 통신으로 PLC 프로그램을 다운로드할 수 있다.

■ XBC PLC 프로그램 처리방식

XBC PLC에서 처리 가능한 프로그램에는 반복 연산방식과 고정주기 연산방식, 인터럽트 연산방식(정주기 인터럽트, 외부 인터럽트, 내부 디바이스 인터럽트) 등이 있다.

❶ 반복 연산방식

반복 연산방식은 PLC 프로그램에 작성된 순서대로 처음부터 마지막 스텝까지 반복적으로 프로그램을 실행하는 방식으로, 스캔scan 처리방식이라고도 한다. 이는 가장 널리 사용되는 PLC 프로그램 처리방식이다.

[표 4-3] 반복 연산방식(scan)

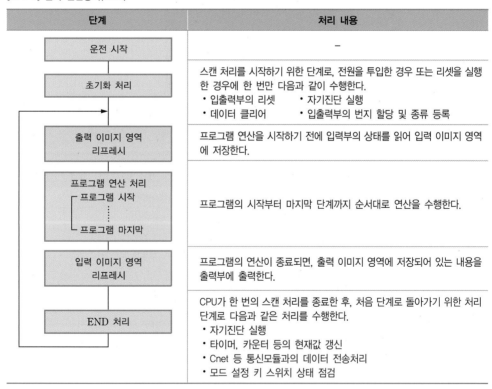

단계	처리 내용
운전 시작	–
초기화 처리	스캔 처리를 시작하기 위한 단계로, 전원을 투입한 경우 또는 리셋을 실행한 경우에 한 번만 다음과 같이 수행한다. • 입출력부의 리셋 • 자기진단 실행 • 데이터 클리어 • 입출력부의 번지 할당 및 종류 등록
출력 이미지 영역 리프레시	프로그램 연산을 시작하기 전에 입력부의 상태를 읽어 입력 이미지 영역에 저장한다.
프로그램 연산 처리 ┌ 프로그램 시작 └ 프로그램 마지막	프로그램의 시작부터 마지막 단계까지 순서대로 연산을 수행한다.
입력 이미지 영역 리프레시	프로그램의 연산이 종료되면, 출력 이미지 영역에 저장되어 있는 내용을 출력부에 출력한다.
END 처리	CPU가 한 번의 스캔 처리를 종료한 후, 처음 단계로 돌아가기 위한 처리 단계로 다음과 같은 처리를 수행한다. • 자기진단 실행 • 타이머, 카운터 등의 현재값 갱신 • Cnet 등 통신모듈과의 데이터 전송처리 • 모드 설정 키 스위치 상태 점검

❷ 고정주기 연산방식

고정주기 연산방식은 반복연산 프로그램을 정해진 시간마다 실행하는 프로그램 처리 방식이다. 이 방식에서는 스캔 프로그램을 모두 수행한 후 대기하다가, 정해진 시간이 되면 프로그램 처리를 재개한다. 고정주기 연산방식이 인터럽트의 정주기 연산방식의 프로그램 처리와 다른 점은, 입출력 갱신과 동기를 맞추어 프로그램을 실행한다는 점 이다.

❸ 인터럽트 연산방식

이 방식은 반복 연산방식으로 프로그램을 처리하는 도중에 긴급하게 우선적으로 처리 해야 할 프로그램이 있는 경우, 현재 진행 중인 반복 연산방식의 프로그램을 일시정지 하고 지정된 프로그램을 처리하는 방식을 말한다. 이러한 긴급 상황을 알려주는 입력 신호를 외부 인터럽트 신호라 하는데, 정해진 시간마다 기동하는 타이머 인터럽트 신 호와, 외부 접점(%IX0.0.0 ~ %IX0.0.7) 신호에 의해 기동하는 외부 인터럽트 신호 등 두 종류의 인터럽트 프로그램 처리방식이 있다. 그 외에 내부의 지정된 디바이스의 상 태 변화에 따라 기동하는 내부 디바이스 기동 프로그램 처리방식도 있다.

4.2 PLC 입출력 신호결선

4.2.1 싱크입력과 소스입력

PLC 입출력의 신호결선 방법을 이야기할 때는 '싱크입력' 또는 '소스입력', '싱크출력' 또는 '소스출력'이라는 용어를 사용한다.

싱크sink **입력**은 PLC 입력모듈의 코먼(공통단자)COMMON이 DC+24V 전원에 연결된 것을 의미한다. 싱크입력과 같은 의미로 플러스(+) 코먼 입력모듈이라는 용어도 사용한다. 싱 크입력은 [그림 4-4]처럼 입력신호가 ON될 때, PLC 입력단자로부터 스위치를 통해 전 류가 유출되는 방식을 의미한다.

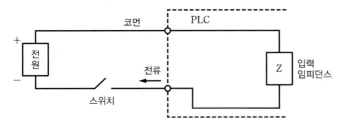

[그림 4-4] **싱크입력**

소스source **입력**은 싱크입력과는 상반되는 의미의 용어로, PLC 입력모듈의 코먼이 DC0V
전압에 연결된 것을 의미한다. 따라서 소스입력 모듈을 마이너스(−) 코먼 입력모듈이라
부르기도 한다. 소스입력은 [그림 4-5]와 같이 PLC의 입력에 연결된 스위치가 ON될
때, 스위치를 통해서 PLC 내부로 전류가 유입되는 방식을 의미한다.

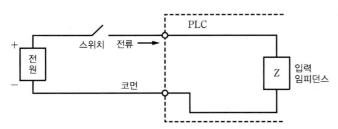

[그림 4-5] **소스입력**

4.2.2 PLC 입력모듈의 결선

XBC PLC의 입력 점수는 16점이고, 절연 시 [그림 4-6]과 같이 포토커플러를 이용한다.
XBC PLC 입력에 사용한 포토커플러는 양방향 LED를 사용하고 있기 때문에, 사용자가
필요에 따라 싱크 또는 소스 타입 입력을 선택해서 사용할 수 있다.

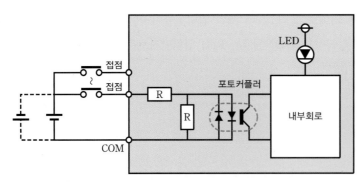

[그림 4-6] **PLC 입력모듈의 결선 방식**

포토커플러photocoupler는 전기신호를 빛으로 결합시키는 장치로, 발광부과 수광부로 이루어진다. 즉 포토커플러는 빛에 의해 신호가 전달되는 소자를 말한다. 외부의 전기적 충격(쇼트 또는 단락 등)에 의한 PLC CPU 손상을 방지하기 위해, PLC의 입력에는 포토커플러를 이용하여 신호를 전달한다. 예를 들어 리모컨으로 동작하는 TV를 살펴보면, 리모컨의 동작전압은 DC3V이고, TV의 동작전압은 AC220V이다. 리모컨과 TV 사이가 전선으로 연결되어 있지 않아도 서로 간의 신호전달에 의해 리모컨으로 TV를 맘대로 조작할 수 있다. 즉 리모컨과 TV 사이가 절연(전기적으로 연결되어 있지 않은 상태)되어 있어도 전기신호는 잘 전달된다는 의미이다. 절연되어 있다는 것은 TV에 전기적인 문제가 발생해도 리모컨에는 그 영향이 미치지 못한다는 뜻이다.

이와 유사하게 PLC 입력은 DC24V 전원에 의해 동작하지만, PLC CPU와 내부의 전자회로는 별도의 DC5V 전원에 의해 동작하도록 설계되어 있다. 즉 DC24V의 전원과 DC5V의 전원이 절연되어 있으므로, DC24V를 사용하는 입력에 전기적 문제가 발생해도 별개의 DC5V로 동작하는 CPU 동작전원에는 아무런 영향을 미치지 않는다는 뜻이다. 오늘날 시판되는 대부분의 디지털 제어기기의 입력에는 포토커플러를 사용하여 신호절연 상태를 만듦으로써, 사용자의 실수로 발생할 수 있는 입출력단의 전기적 문제가 제어기기의 핵심인 CPU에 영향을 미치지 못하도록 하고 있다.

[그림 4-7]은 포토커플러를 이용한 전기회로를 나타낸 것이다. 포토커플러는 그림에서 점선으로 된 사각형 박스로, LED와 포토트랜지스터로 구성되어 있다.

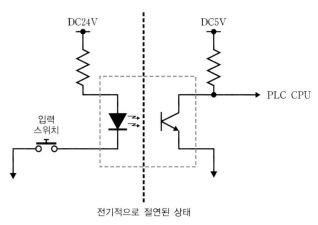

[그림 4-7] 포토커플러의 동작원리

그림에서 알 수 있듯이 LED 구동전압은 DC24V, 포토트랜지스터의 구동전압은 DC5V이고, 두 개의 전원은 전기적으로 완전히 절연된 상태이다. 그림의 왼쪽에 있는 입력 스위치를 누르면 LED 램프가 점등된다. 즉 전기스위치의 ON/OFF 상태가 LED에 의해 빛의 신호로 변환된 것이다. 이때 그림의 오른쪽에 있는 포토트랜지스터는 LED의 빛을 검출하여 포토트랜지스터를 ON/OFF함으로써, DC5V의 전기신호를 만들어낸다.

이와 같이 포토커플러를 사용하여 전기회로를 구성하면, DC24V의 입력 측에서 전기적 문제가 발생하더라도 포토커플러의 LED만 손상이 되고, DC5V로 작동되는 포토트랜지스터에는 전기적 충격이 전달되지 않기 때문에, PLC CPU는 외부의 전기충격에 영향을 받지 않고 안전하게 동작할 수 있는 것이다.

이제 양방향 LED를 생각해보자. [그림 4-8]은 2개 LED의 서로 다른 극성을 병렬로 연결하고, 전기스위치로 LED를 점등하는 회로이다. 그림처럼 LED를 병렬로 연결하면, 두가지 연결방법으로 LED를 점등할 수 있다. 전기스위치에 연결된 전원 극성을 살펴보면, 왼쪽의 그림에서는 스위치에 0V가 연결되어 있기 때문에 스위치가 ON되면 병렬로 연결된 왼쪽의 LED가 점등된다. 오른쪽의 그림에서는 스위치에 DC24V의 전원이 연결되어 있기 때문에 스위치가 ON되면 오른쪽의 LED가 점등된다.

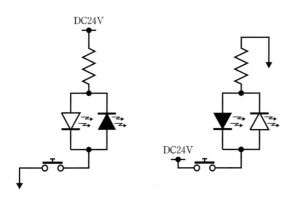

[그림 4-8] **양방향 LED 연결**

[그림 4-9]는 여러 개의 스위치를 사용해 각각의 램프를 ON/OFF하기 위한 전기회로를 나타낸 것이다. 그림에서 알 수 있듯이 스위치 COM과 램프 COM이 있음을 알 수 있다. 전기회로에서 코먼(COM)Common은 동일한 극성의 전원을 공급하기 위해 여러 개의 전선을 하나로 묶은 전선 묶음을 의미한다. [그림 4-9]에서는 일반 램프를 사용했기 때문에 오른쪽에 나타낸 그림과 같이 DC 전원의 극성에 관계없이 램프를 점등할 수 있다.

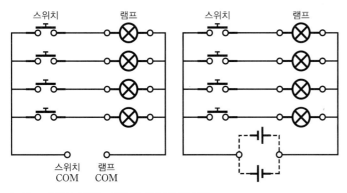

[그림 4-9] 램프 점등을 위한 전기회로 구성 방법

[그림 4-10]처럼 일반 램프 대신 LED를 사용하면 어떻게 될까? LED는 전원 극성을 가지고 있기 때문에 LED의 COM 단자는 +COM과 -COM으로 구분된다. PLC의 입력에는 여러 개의 포토커플러 LED가 COM으로 연결되어 있기 때문에 +COM과 -COM으로 구분된다. 하지만 실습에서 사용하는 XBC PLC는 [그림 4-10]과 같이 양방향 LED로 된 포토커플러를 사용하기 때문에 PLC 입력 COM의 극성을 사용자가 정할 수 있도록 설계되어 있다.

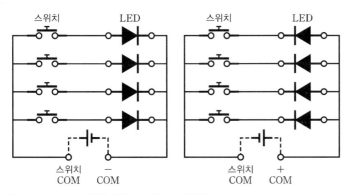

[그림 4-10] LED 점등을 위한 전기회로 구성방법

4.2.3 PLC 입력단의 디지털 센서 연결방법

디지털 센서를 연결할 때에서는 PLC 입력의 싱크 타입과 소스 타입을 구분해야 한다.

싱크 타입 입력모듈의 경우, PLC 입력 COM에 +24V의 전원이 연결되기 때문에, 입력단에는 NPN 출력 타입의 디지털 센서가 연결되어야 한다.

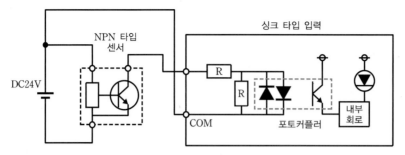

[그림 4-11] 싱크 타입(+ 코먼) 입력모듈에 디지털 센서(NPN 출력) 연결

소스 타입 입력모듈의 경우, PLC 입력 COM에 0V의 전원이 연결되기 때문에, 입력단에는 PNP 출력 타입의 디지털 센서가 연결되어야 한다.

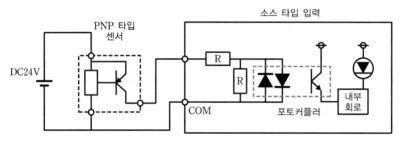

[그림 4-12] 소스 타입(- 코먼) 입력모듈에 디지털 센서(PNP 출력) 연결

4.2.4 PLC 출력모듈의 결선

PLC의 출력으로 여러 종류의 출력모듈이 있지만, 산업현장에서는 릴레이 출력모듈과 TR 출력모듈이 사용된다. 그중에서도 TR 출력모듈이 많이 사용되는데, 이 모듈은 출력에 사용한 트랜지스터의 종류에 따라 싱크 타입(NPN 트랜지스터 출력)의 출력모듈과 소스 타입의 출력모듈(PNP 트랜지스터 출력)로 구분된다.

[그림 4-13]의 회로 구성을 통해서도 확인할 수 있듯이, 트랜지스터 출력모듈에는 외부에서 트랜지스터 출력회로를 동작시키기 위한 별도의 DC24V 전원을 연결해야 한다. 이때 입력모듈이 싱크/소스 타입에 따라 (+) 전원 또는 (-) 전원만 연결되는 것과 달리, 출력모듈은 DC24V 전원에 연결되어야 함을 잊지 않기를 바란다.

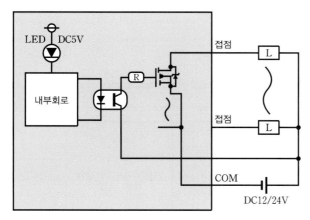

(a) 싱크 타입의 결선방법

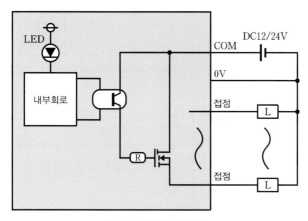

(b) 소스 타입의 결선방법

[그림 4-13] **트랜지스터 출력 타입에 따른 싱크와 소스 타입의 결선방법**

4.3 PLC의 데이터 메모리 구성

PLC 프로그램을 작성하기 위해서는 PLC의 메모리 구성에 대해 잘 이해하고 있어야 한
다. 컴퓨터에서 게임이나 한글워드프로세서 같은 프로그램을 실행하기 위해서는 컴퓨터
에 RAM이라는 메모리가 필요하듯이, PLC 프로그램을 실행하기 위해서도 RAM이 필요
하다. PLC에서 RAM으로 사용하는 메모리에는 두 종류가 있다. 그 중 하나는 사용자가
작성한 PLC 프로그램을 저장하고 실행하는 RAM이고, 다른 하나는 프로그램 실행 중에
발생하는 다양한 데이터를 저장하는 데이터 RAM이다.

[그림 4-14]는 XBC PLC에서 사용하는 데이터 메모리 전체를 나타낸 것이다. 그림에서
와 같이 데이터 메모리는 비트 데이터 영역의 메모리와 워드 데이터 영역의 메모리로 구

분된다. XBC PLC에 사용되는 메모리 크기의 기본단위는 16비트이며, 메모리 번지의 할당도 16비트 단위의 워드 크기로 이루어진다.

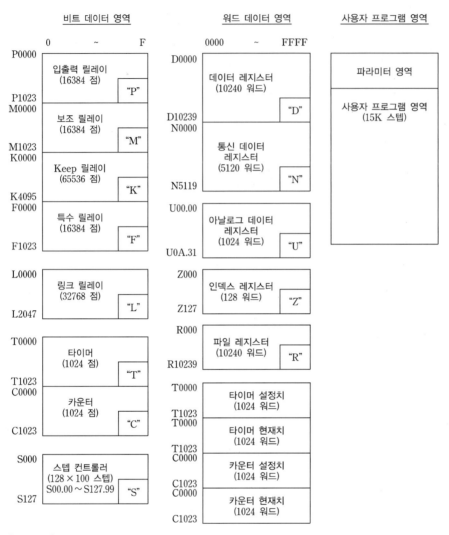

[그림 4-14] **XBC PLC의 데이터 메모리 종류와 할당 메모리 크기**

PLC에서 사용하는 데이터 메모리는 PLC의 기종에 상관없이 거의 유사하다. PLC의 기능과 성능에 따라 기능이 다른 메모리가 추가되거나 메모리 크기가 늘어날 뿐, 구성면에서는 크게 다르지 않다. 그런데 PLC를 입문하는 초보자 입장에서는 다른 명칭으로 표기되어 있으면 다른 메모리로 오해하기 쉽다. 다음 **XBC, 멜섹, GLOFA, 지멘스 PLC의 입출력 메모리 표기법**을 비교해보자.

[표 4-4] PLC 기종 간 입출력 메모리 표기법

메모리 구분	XBC / Master-K	멜섹	GLOFA	지멘스
입력	P0000	X00	IX0.0.0	I0.0
출력	P0020	Y20	QX0.0.0	Q0.0

[표 4-4]는 PLC에서 사용하는 동일한 입출력 메모리의 표기법을 나타낸 것이다. PLC 제조사마다 나름대로의 규칙을 가지고 메모리 식별자를 구분하다보니 사용자 입장에서는 알아보기 어려울 수 있지만, 조금만 관심을 기울이면 누구나 쉽게 이해할 수 있는 표현방식이다.

4.3.1 비트 처리 가능한 메모리

PLC 프로그램을 작성할 때, 비트별로 처리 가능한 메모리는 [표 4-5]와 같이 P, M, L, K, F, T, C, S로 구분된다.

[표 4-5] XBC PLC의 비트 처리 가능한 메모리 종류

디바이스 영역	식별자	용도
P0000 ~ P1023F	입출력 접점 P	입출력 접점의 상태를 저장하는 이미지 영역
M00000 ~ M1023F	내부 접점 M	비트 데이터를 저장할 수 있는 내부 메모리
L00000 ~ L2037F	통신 접점 L	통신 모듈의 고속링크 서비스 상태정보를 표시하는 메모리
K00000 ~ K4095F	정전 유지 K	정전 시에도 데이터를 유지하는 메모리
F00000 ~ F1023F	특수 접점 F	시스템 운영에 필요한 플래그 메모리
T0000 ~ T1023	타이머 접점 T	타이머 비트 출력접점 메모리
C0000 ~ C1023	카운터 접점 C	카운터 비트 출력접점 메모리
S00.00 ~ S127.99	스텝 컨트롤러 S	스텝 제어용 비트 메모리

■ 입력 메모리(P)

입력 메모리는 PLC 입력에 연결된 푸시버튼, 전환 스위치, 리미트 스위치, 디지털 스위치, 디지털 센서 등의 ON/OFF 상태를 기억하는 메모리이다. 이 책의 실습에 사용하는 PLC의 입력 릴레이는 P00000 ~ P0000F까지 16점을 사용한다.

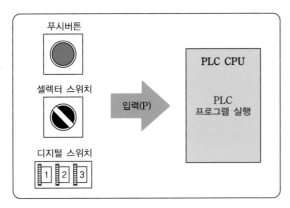

[그림 4-15] PLC 입력 메모리

PLC는 입력에 연결된 스위치 또는 센서의 ON/OFF 상태를 직접 읽어서 프로그램을 실행하는 것이 아니라, 입력 스위치의 상태를 기억하고 있는 내부 입력 메모리 P_n의 상태를 읽어서 프로그램을 실행한다. 입력(P)의 동작 상태를 살펴보면, [그림 4-16]과 같이 각각의 입력이 가상의 릴레이 P_n(비트 메모리를 의미함)을 내장하고 있다고 가정하고, 프로그램에서는 P_n의 ON/OFF 상태를 이용하여 각 입력을 a접점 또는 b접점으로 활용한다. P_n의 상태를 그대로 사용하는 접점을 a접점이라 하고, P_n의 상태를 반전하여 사용하는 접점을 b접점이라 한다.

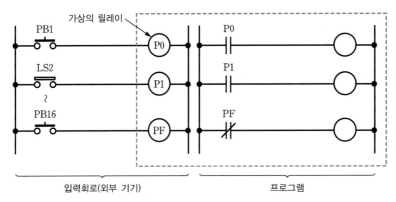

[그림 4-16] 입력 릴레이 동작원리

■ 출력 메모리(P)

출력 메모리는 프로그램의 제어 결과를 기억하는 비트 제어 가능 메모리로, 출력단자에 연결된 램프, 디지털 표시기, 전자 개폐기(접촉기), 솔레노이드 밸브 등을 ON/OFF한다. 출력 메모리는 1a 접점에 해당하는 접점을 사용할 수 있다. 이 책의 실습에 사용하는 PLC는 P00020 ~ P0002F까지 16점의 출력을 사용할 수 있다.

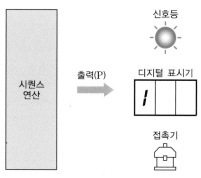

[그림 4-17] PLC **출력 메모리**

입출력 비트 메모리 P 영역에서 사용하지 않는 부분은 내부 비트 메모리 M과 동일한 방법으로 사용할 수 있다. XBC PLC는 기존의 Master-K을 개량한 PLC이기 때문에 입출력 번호가 P로 시작한다. 다른 기종의 PLC는 입력과 출력 번호를 다르게 부여하기 때문에 앞에 부여된 식별부호만으로도 입출력을 구분할 수 있지만, XBC PLC에서는 PLC 프로그램을 살펴봐야만 입력과 출력을 구분할 수 있다. 따라서 PLC 프로그램을 작성할 때, 입출력 번호를 잘 구분해야 한다.

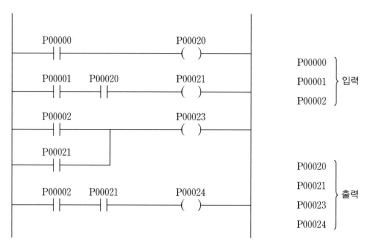

[그림 4-18] PLC **프로그램에서 입출력 번호의 구분**

■ 내부 비트 메모리(M)

내부 비트 메모리는 프로그램 실행 중 필요한 비트 정보를 저장해 두기 위한 워드, 또는 비트 메모리로, 읽기 및 쓰기가 가능한 메모리이다. 내부 비트 메모리는 입출력 메모리와는 달리 외부 입력을 받아들이거나, 출력을 ON/OFF할 수 없는 프로그램 전용 비트 메모리이다.

■ 정전 유지용 메모리(K)

내부 비트 메모리 M과 사용 용도는 동일하나, 전원 ON/OFF에 관계없이 데이터 보존이 가능한 래치 영역이다. 정전 유지용 비트 메모리에서는 아래와 같이 3가지 방법으로 데이터를 지울 수 있다.

- 프로그램을 작성해서 지우기
- XG5000 프로그램 작성 툴에서 메모리 지우기 실행
- CPU 모듈의 리셋 키 조작, 또는 XG5000D를 통한 Overall 리셋 실행

■ 링크 메모리(L)

통신모듈을 사용할 때 쓰는 통신모듈 전용 메모리 영역이다. 통신모듈을 사용하지 않는 경우에는 내부 메모리 M과 동일한 방법으로 사용할 수 있다.

■ 타이머(T)

타이머는 기본주기 0.1ms, 1ms, 10ms, 100ms를 가진 클록 펄스를 계수하여, 사용자가 설정한 값에 도달했을 때 동작하는 타이머 접점 출력용 비트 메모리이다.

■ 카운터(C)

카운터는 래더(시퀀스)^{ladder} 프로그램에서 입력조건의 펄스가 ON되는 횟수를 계수하여, 현재값이 설정값보다 같거나 클 때 해당 출력이 ON되는 비트 메모리이다.

4.3.2 워드 단위 처리 메모리

16비트 또는 32비트 단위로 데이터를 읽고 쓸 수 있는 메모리 영역에는, 데이터의 종류에 따라 비트별로 구분 가능한 워드 메모리가 있다.

[표 4-6] XBC PLC의 워드 단위 처리가 가능한 메모리 종류

디바이스 영역	식별자	용도
D00000 ~ D10239	데이터 레지스터 D	내부 데이터 보관 메모리 (비트 표현 가능 : D00000.0)
U00.00 ~ U0A.31	아날로그 레지스터 U	PLC의 특수모듈로부터 데이터를 읽어오는 데 사용 (비트 표현 가능)

(계속)

디바이스 영역	식별자	용도
N0000 ~ N5119	통신 레지스터 N	통신모듈의 P2P 서비스 저장 영역 (비트 표현 불가능)
Z000 ~ Z127	인덱스 레지스터 Z	인덱스 기능 사용을 위한 메모리 (비트 표현 불가능)
T0000 ~ T1023	타이머 현재값 T	타이머의 현재값을 저장하는 메모리
C0000 ~ C1023	카운터 현재값 C	카운터의 현재값을 저장하는 메모리
R0000 ~ R10239	파일 레지스터 R	파일 저장용 메모리

■ 데이터 레지스터(D)

데이터 레지스터는 수치 데이터(−32,768 ~ +32,767, 또는 0000h ~ FFFFh)를 저장하는 16비트 크기의 메모리이다. 필요에 따라 데이터 레지스터 2개를 조합하여 32비트 크기의 메모리로 사용할 수 있다. [그림 4-19]처럼 데이터 레지스터 D 영역은 필요에 따라 비트별로 사용 가능하고, 해당 데이터 레지스터의 비트 위치 표시는 16진수를 사용한다.

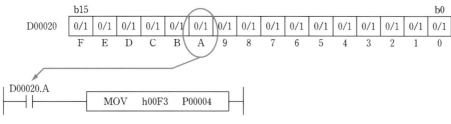

[그림 4-19] 데이터 레지스터의 비트 표현방법

■ 파일 레지스터(R)

파일 레지스터(R)는 데이터 레지스터(D)가 확장된, 16비트 크기를 가진 메모리이다. 파일 레지스터는 플래시flash 메모리에 데이터를 보관하기 때문에 PLC 전원의 ON/OFF와 관계없이 기억된 내용을 보존하는 메모리이다. 플래시 메모리는 RAM과 달리 데이터를 저장하는 데 약간의 시간이 소요되기 때문에, PLC 프로그램 수행 중에 실시간으로 데이터를 읽거나 쓰는 동작을 할 수 없다. 이런 문제 때문에 플래시 메모리 데이터를 파일 레지스터로 옮겨서 스캔 프로그램에서 사용하고, 데이터의 저장이 필요한 경우에는 다시 플래시 메모리로 저장하는 방식을 사용한다.

■ 인덱스 레지스터(Z)

인덱스 레지스터는 응용명령어의 오퍼랜드 중에서 다른 메모리 번호나 수치를 조합해서 이용하는 메모리이다.

4.3.3 PLC 프로그램 작성에 필요한 데이터의 종류

PLC는 2진수로 구성된 데이터를 가지고 PLC 프로그램을 이용해 사람이 원하는 2진수의 결과값을 구하는 장치이다. PLC 프로그램을 잘 작성하려면, PLC에서 사용하는 데이터의 종류와 사용법에 대해서 정확하게 알고 있어야 한다. PLC에서 사용하는 데이터를 크게 구분하면, [그림 4-20]과 같이 비트 데이터, 정수 데이터, 실수 데이터, 문자 데이터로 나뉜다. 이 책에서는 실습에서 주로 사용하는 비트 데이터와 정수 데이터에 대해서만 설명하고, 실수와 문자 데이터에 대한 설명은 생략하겠다.

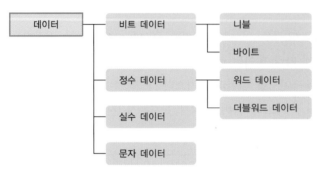

[그림 4-20] XBC PLC의 프로그램에서 사용하는 데이터의 종류

■ 비트 데이터

비트 데이터는 접점 또는 코일과 같이 ON/OFF를 표시할 수 있는 1비트 단위로 처리되는 데이터를 의미한다. 비트 릴레이 또는 워드 디바이스의 비트 지정방법으로 비트 데이터를 사용할 수 있다.

1비트 단위로 저장 또는 읽어올 수 있는 메모리로는 앞에서 살펴보았듯이 P, M, K, F, T, C, S 등이 있다. 비트 데이터를 읽거나 쓰기 위해서는 비트 단위로 지정해서 사용하는데, 비트 단위의 표시방법은 [그림 4-21]과 같다. 비트 단위로 처리 가능한 메모리(예를 들면 입출력 메모리)는 비트 단위 이외에도 워드 단위 또는 니블 단위, 바이트 단위로 표현해서 사용할 수 있다. 이때 번지의 표현방법 또는 사용 명령어에 따라 단위가 달라지기 때문에 비트 데이터를 사용할 때에는 주의해야 한다. 워드 단위의 번지는 10진수로 표현되고, 비트번지는 16진수로 표현된다는 것을 반드시 기억하기 바란다. PLC 프로그램은 입출력 메모리의 번지 표현방법에 따라 워드 또는 비트번지로 인식한다.

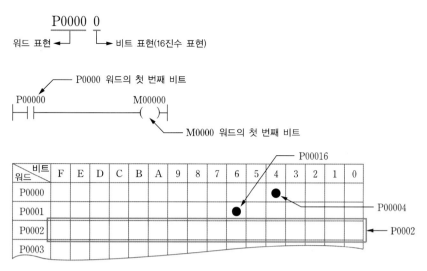

[그림 4-21] **입출력 메모리의 워드 및 비트 표현방법**

❶ 워드 디바이스의 비트 지정방법

워드 디바이스는 16개의 비트가 모여서 만들어진 데이터이므로, 16개의 비트를 각각 지정해서 사용할 수 있다.

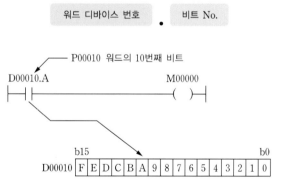

[그림 4-22] **워드 디바이스의 비트 지정방법**

❷ 니블 데이터와 바이트 데이터

니블nibble은 4비트 단위의 묶음을, **바이트**byte는 8비트 묶음을 의미한다. 명령어의 이름 뒤에 4가 붙으면 니블을 처리하는 명령이고, 8이 붙으면 바이트를 처리하는 명령이다.

워드 단위의 데이터에서 4비트 또는 8비트 단위의 비트 묶음을 지정해서, 워드 단위의 번지에 저장할 때 이를 사용한다. 워드번지 마지막에 표시된 숫자는 워드 단위의 시작 비트 위치를 의미한다.

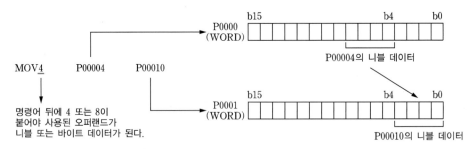

[그림 4-23] **명령어를 이용한 니블 단위의 데이터 전송(MOV) 명령어 표현**

■ 정수 데이터

정수값을 저장하는 메모리는 워드(16비트)인지 더블워드(32비트)인지 그 종류에 따라 표현할 수 있는 수의 범위가 다르다. 다음은 16비트 크기의 워드 메모리로 표현할 수 있는 정수의 크기이다.

- 10진수 : $-32,768 \sim +32,767$(부호가 있는 정수[signed int])
                $0 \sim 65,535$(부호가 없는 정수[unsigned int])
- 16진수 : H0000 $\sim$ HFFFF

4.4 PLC에서의 수의 표현

PLC는 여러 종류의 데이터(숫자 또는 문자)를 가지고, 전용 프로그램을 이용해 사람이 원하는 동작을 수행하는 컴퓨터의 일종이다. 컴퓨터는 널리 알려져 있듯이 2진수만을 이용한다. 하지만 컴퓨터는 2진수의 데이터를 사람이 사용하는 여러 진수의 숫자로 변경해서 표시해 주는 기능을 가진다. 여기에서는 PLC에서 사용하는 수의 종류에 대해 살펴보자.

4.4.1 PLC에서 사용하는 수 체계

실습에 사용하는 PLC뿐만 아니라 전 세계에서 시판되는 대부분의 PLC는 여러 종류의 진수와 코드를 사용하고 있다. PLC에서 사용하는 수와 코드에 대해 살펴보자.

■ 10진수(DEC)

10진수[decimal number]는 가장 널리 사용되는 진수이다. PLC는 2진수를 사용하지만, PLC 프로그램을 사용할 주체는 '사람'이므로, 사용자의 편리함을 위해 10진수를 사용할 수 있도록 하였다. 실습에 사용하는 PLC에서는 여러 진법을 사용하기 때문에, 진법을 구분하기 위해 숫자 앞에 식별부호를 붙여서 사용한다. 단, **10진수는 식별부호 없이 사용**한다. PLC 프로그램을 작성할 때, 10진수를 사용하는 곳은 아래와 같다.

- 타이머나 카운터의 설정값
- 보조 릴레이(M), 타이머(T), 카운터(C) 등의 디바이스 번호 표기
- 응용 명령의 오퍼랜드 중에서 수치 지정이나 명령동작의 지정

■ 2진수(BIN)

타이머, 카운터 혹은 데이터 레지스터에 대한 숫자 지정은 10진수 또는 16진수로 이루어지지만, PLC 내부에서 이러한 수치는 모두 2진수$^{binary\ number}$로 변환되어 사용된다. 2진수는 '0'과 '1'만으로 모든 수를 표현한다. 10진수에서 0, 1, 2, …, 8, 9 다음의 숫자는 하나 자리올림을 하여 10이 되는 것처럼, 2진수에서는 0, 1 다음에 자리올림이 발생하여 10이 된다. 또한 10진수에서 99 다음에 100이 되는 것처럼, 2진수에서는 11 다음에 100이 된다. 2진수와 10진수의 관계는 2진수를 2의 승수(2^N)로 표현하면 이해할 수 있다. 2진수 110101은 다른 수 체계와 구분하기 위해서 $(110101)_2$로 표현하고, 다음과 같은 의미를 갖는다.

2진수의 표시 : $(110101)_2 = 1 \times 2^5 + 1 \times 2^4 + 0 \times 2^3 + 1 \times 2^2 + 0 \times 2^1 + 1 \times 2^0$

결과적으로 2진수 $(110101)_2$는 다음과 같은 10진수와 동일한 값이 된다.

$$(110101)_2 = (53)_{10}$$

■ 16진수(HEX)

PLC는 프로그램에 사용하는 데이터를 2진수 체계에 적합한 비트 및 워드 단위로 처리한다. 보통 1비트, 4비트, 8비트, 16비트, 32비트 단위로 사용하기 때문에, 0과 1이 길게 나열된 형태인 2진수 데이터를 사람이 읽거나 쓰기는 무척 어렵다. 이를 해결하기 위해 2진수를 네 자리씩 나누어 각각을 16진수 한 자리로 표현한다.

16진수$^{hexadecimal\ number}$는 10진수 0 ~ 9까지의 숫자와 영문자 A, B, C, D, E, F를 사용하여, 10진수 0 ~ 15까지의 숫자를 16진수의 0 ~ F로 표현한다. 따라서 10진수에서는 9 다음이 자리올림으로 10이 되지만, 16진수에서는 F 다음에서 자리올림이 발생하여 10이 된다. 16진수와 10진수의 관계는 16진수를 16의 승수(16^N)로 표시하면 쉽게 알 수 있다.

$$16진수의 표현 : (FA)_{16} = 15 \times 16^1 + 10 \times 16^0 = (250)_{10}$$

PLC에서 16진수는 응용명령 오퍼랜드 중에서 수치를 지정하거나 명령동작을 지정할 때 사용한다. 16진수는 다른 숫자와의 구별을 위해 **16진수 숫자 앞에 'H'를 붙여 사용**한다.

■ BCD 코드

10진수 한 자리를 표현하기 위해 2진수 네 자리를 사용하고, 2진수 네 자리로 표현 가능한 숫자에서 0000 ~ 1001까지만 사용하고 나머지는 사용하지 않겠다고 약속한 표기법을 'BCD 코드'라 한다. 즉 BCD 코드는 10진수를 2진수 형태로 부호화하는 방법을 의미한다.

[표 4-7] 10진수, 2진수, 8진수, 16진수, BCD 코드의 표현방법

10진수	2진수	8진수	16진수	BCD 코드	비고
0	0000 0000	00	00	0000	
1	0000 0001	01	01	0001	
2	0000 0010	02	02	0010	
3	0000 0011	03	03	0011	
4	0000 0100	04	04	0100	
5	0000 0101	05	05	0101	
6	0000 0110	06	06	0110	
7	0000 0111	07	07	0111	
8	0000 1000	10	08	1000	
9	0000 1001	11	09	1001	
10	0000 1010	12	0A	1010	사용하지 않음
11	0000 1011	13	0B	1011	사용하지 않음
12	0000 1100	14	0C	1100	사용하지 않음
13	0000 1101	15	0D	1101	사용하지 않음
14	0000 1110	16	0E	1110	사용하지 않음
15	0000 1111	17	0F	1111	사용하지 않음
16	0001 0000	20	10	-	-
...	...	...	...	-	-
255	1111 1111	377	FF	-	-

[표 4-7]은 여러 가지 수 체계의 대응관계를 나타낸 것이다. BCD 코드를 만드는 첫 번째 규칙은, 10진수 한 자리는 2진수 네 자리로 표현하고, 2진수 네 자리로 표현 가능한 0000 ~ 1111에서 1010 ~ 1111은 사용하지 않는다는 것이다. 그리고 두 번째 규칙은

BCD 코드는 음수를 표현할 수 없다는 것이다. 이때 주의해야 할 점은 BCD 코드에는 숫자 본래의 산술적인 의미가 담겨져 있지 않다는 것이다. '코드'라는 용어가 말해주듯이, BCD 코드는 단지 필요에 의해 임의로 만들어진 10진수와의 대응관계일 뿐이다.

[표 4-8]은 10진수를 BCD 코드로 변환하는 예를 보여준다. 10진수 243을 2진수로 표현하면 '11110011'이고, BCD 코드로 표현하면 '0010 0100 0011'이다.

[표 4-8] **10진수를 BCD 코드로 변환하는 방법**

10진수	2진수	BCD 코드			
9	1001	코드			1001
		10진수			9
26	11010	코드		0010	0110
		10진수		2	6
243	11110011	코드	0010	0100	0011
		10진수	2	4	3

이와 같은 BCD 코드를 사용하는 이유는 2진수만을 취급하는 PLC의 입력에 사람이 사용하는 10진수의 수를 입력하기 위함이다. 그러나 한 단계가 더 남아있다. BCD 코드로 PLC에 입력했다 하더라도, 그 값을 실제 2진수로 변환해야 한다. 예를 들어, 입력된 0010 0100 0011의 BCD 코드를 2진수 11110011로 변환해야만 비로소 입력값이 PLC에서 실제 사람이 입력하려던 바로 그 수로 인식되는 것이다.

[그림 4-24]는 BCD 코드를 PLC에 입력했을 때, 입력된 BCD 코드가 대응하는 2진수 BIN 값으로 변환되는 모습을 나타낸 것이다. XBC PLC는 BCD 코드를 입력받아 2진수로 변환하는 'BIN'이라는 명령어를 가진다.

[그림 4-24] **BCD 코드의 BIN 변환**

BCD 코드는 10진수 한 자리를 표현하는 데 반드시 2진수 네 자리를 사용한다는 약속이다. 10진수 두 자리의 수 00 ~ 99까지의 숫자를 BCD 코드로 표현하려면 2진수 여덟 자리가 필요하다. 이러한 BCD 코드를 2진수로 변환시키는 명령이 **BIN 명령**이다. BIN 명령에는 BIN4, BIN8, BIN, DBIN의 4개의 명령이 있다.

[그림 4-25]는 BIN 명령을 나타낸 것이다. S로 지정된 BCD 코드를 읽어서 BCD 코드
에 해당되는 2진수 값을 D로 지정된 데이터 레지스터에 저장한다.

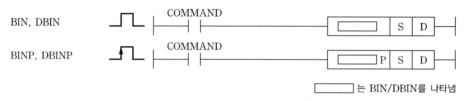

[그림 4-25] BIN 명령어

[그림 4-26]은 BCD 코드로 표현된 9999를 9999에 해당되는 2진수 값 270F(16진수 표
현)로 변환되는 동작을 나타낸 것이다. BIN 명령은 S로 지정된 데이터가 16비트를 처리한
다는 의미이고, DBIN은 32비트, BIN4는 4비트, BIN8은 8비트를 처리한다는 의미이다.

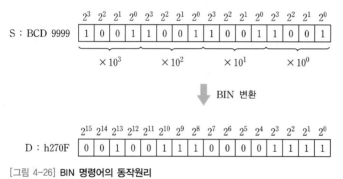

[그림 4-26] BIN 명령어의 동작원리

■ 변수와 상수

PLC 프로그램을 작성하다보면 '변수'와 '상수'라는 용어를 접하게 된다. 변수와 상수는
간단히 다음과 같이 표현할 수 있다.

 • **변수** : 변할 수 있는 값
 • **상수** : 변하지 않는 값

변수의 필요성은 첫 번째 '**데이터의 보존**', 두 번째는 '**데이터의 관리**'에 있다. PLC 프로그
램은 PLC의 메인 메모리인 RAM에 데이터를 보존(저장)하거나 데이터를 관리(변경)하는
역할을 한다. 변수의 사전적 의미는 어떠한 관계나 범위 안에서 여러 값으로 변할 수 있는
수이고, 변수의 프로그램적 의미는 데이터를 저장할 수 있는 메모리 공간이다. 즉 프로그

램 실행 중에 변하는 값을 처리(읽기/쓰기)할 수 있는 데이터 공간을 의미하는 것이다.

XBC PLC의 프로그램에서 변수는 비트 크기의 데이터를 저장하는 M으로 시작하는 변수와, 16비트 또는 32비트 크기의 데이터를 저장하는 D로 시작하는 변수가 대표적이다. D로 시작하는 변수를 사용할 때에는 변수에 저장되는 데이터가 워드형인지, 정수형인지, 실수형인지를 구분해서 사용해야 한다.

상수의 사전적 의미는 '변수의 상대적 의미로 어떠한 상황에서도 변하지 않는 수'이고, 프로그래밍적 의미는 '프로그램 실행 중에는 변경할 수 없는 데이터'이다. XBC PLC의 프로그램에서는 10진 상수와 16진 상수를 사용한다. 10진 상수는 −1, 0, 1, 2 등으로 표현되는 일반적인 수이고, 16진 상수는 앞에 숫자 0과 알파벳 X 또는 x를 붙여서 0xa8로 표현한다.

4.4.2 정수의 표현

PLC 프로그램에서는 정수 및 실수를 사용하여 산술연산을 실행한다. 따라서 PLC 프로그램을 작성하기 위해서는 PLC에서 정수와 실수가 어떻게 표현되고 사용되는지에 대해 알고 있어야 한다. 대부분의 PLC 프로그램에서는 정수를 사용하고 있으므로, 이 책에서도 정수 부분만을 설명한다.

실습에 사용하는 XBC PLC에서는 워드 메모리(2바이트)와 더블워드 메모리(4바이트)를 이용하여, '0'과 '1'로 모든 정수를 표현한다. 즉 PLC는 정수의 크기에 따라 2바이트 메모리, 또는 4바이트의 메모리를 구분하여 사용한다. 나중에 PLC 명령어에서 다시 자세히 설명하겠지만, PLC는 2바이트 메모리를 사용하는 명령어와 4바이트 메모리를 사용하는 명령어를 구분하여 사용한다. 일단 여기에서는 2바이트 메모리를 이용하여 정수를 표현하는 방법에 대해 설명하겠다. 4바이트의 메모리를 이용해서 정수를 표현하는 방법도 2바이트 메모리를 이용하는 방법과 동일하다.

■ 양수와 음수의 표현 방법

2바이트의 메모리 공간에 정수 +1을 저장하려 한다. 그렇다면 할당된 메모리에는 어떤 값이 갈까? [표 4-9]에서 보는 바와 같이, XBC PLC에서는 2바이트(16비트) 메모리에 2진수를 사용해 정수를 표현한다. signed 표현(숫자의 +와 −의 부호 표현)의 경우에는 가장 왼쪽에 존재하는 비트를 음수와 양수를 구분하는 부호비트로 사용한다. 표현하고자 하는 정수가 양수이면 부호비트가 '0', 정수가 음수이면 부호비트는 '1'이 된다. 이 비트를 MSB^Most Significant Bit라고 하는데, 이는 가장 중요한 비트라는 뜻이다. 이 비트의 설정에 따라서 값의 크기가 +에서 −로, −에서 +로 변경되기 때문에 가장 중요한 비트임에 틀림없다.

[표 4-9] 16비트 워드 메모리를 이용한 정수 3의 표현방법

2^{15} 부호	2^{14}	2^{13}	2^{12}	2^{11}	2^{10}	2^9	2^8	2^7	2^6	2^5	2^4	2^3	2^2	2^1	2^0
0	0	0	0	0	0	0	0	0	0	0	0	0	0	1	1

부호비트를 제외한 나머지 비트들은 정수의 크기를 나타내는 데 사용된다. 그렇다면 '0000 0000 0000 0011'(확인하기 쉽도록 4비트씩 구분하여 표시함)은 어떤 정수를 2진수로 표현한 것일까? MSB가 0이기 때문에 양수이고, 수의 크기는 3이기 때문에 +3이다. 이러한 방식으로 정수 중에서 양수를 표현할 수 있다.

그렇다면 음수는 어떻게 표현될까? −3을 앞에서 설명한 방식으로 표현하면, '1000 0000 0000 0011'이 된다. 그런데 이 값이 −3을 올바로 표현한 것일까? 이제 정수 중 음수를 표현하는 방법에 대해서 살펴보자.

■ 2의 보수를 이용한 음수의 표현

앞에서 설명한 내용만으로는 −3을 2진수로 표현한 값이 '1000 0000 0000 0011'이라 할 수 있을 것이다. 그러나 이는 완전히 잘못된 생각이다. [그림 4−27]은 무엇이 잘못되었는지를 보여주고 있다. [그림 4−27]

```
  0000 0000 0000 0011 (+3)
+ 1000 0000 0000 0011 (−3)
―――――――――――――――――――――
  1000 0000 0000 0110
```
[그림 4−27] −3의 잘못된 표현

에서는 −3을 +3의 비트 표현에서 MSB만 '1'로 바꾸어 표현하고 있다. 여기까지는 좋았다. 그런데 +3과 −3을 더해보면, 우리가 원한 결과값이 아닌 엉뚱한 값이 나와 버린다. +3과 −3을 더하면 '0'이 나와야 하는데, 전혀 다른 값이 결과로 나타나고 있다.

이 문제는 음수의 표현이 잘못되었기 때문에 발생한 것이다. 그렇다면 음수는 어떻게 표현해야 정확한 것일까? PLC에서 음수를 표현할 때는 2의 보수로 표현한다. 2진수에서 보수는 1의 보수와 2의 보수가 있는데, 여기서는 2의 보수를 사용한다. 보수에 대해 자세한 사항은 디지털공학 관련 책을 참고하기 바란다.

[그림 4−28]은 +3을 기준으로 2의 보수를 사용하여 −3을 표현하는 방법을 설명한다.

여기서 표현한 것처럼 +3을 표현한 2진수의 값에서 각각의 비트를 반전(1→0, 0→1로 변경하는 것을 의미함)시켜 1의 보수를 구한다. 1의 보수 결과에 1을 더하면 +3의 2의 보수에 해당되는 값을 구할 수 있는데, 이렇게 해서 얻은 '1111 1111 1111 1101'이 바로 −3이 되는 것이다.

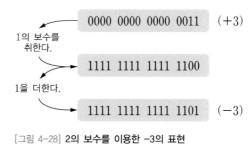

[그림 4-28] **2의 보수를 이용한 −3의 표현**

그렇다면 실제로 −3인지를 확인해보자. [그림 4-29]에서 두 수를 더한 결과값을 보면 올림수가 발생하는데, 2의 보수로 산술연산을 할 때에는 이 올림수를 무시한다.

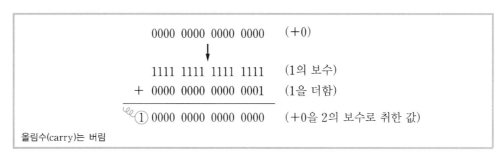

[그림 4-29] **2의 보수를 이용한 산술연산**

[그림 4-29]는 +3과, −3을 2의 보수로 표현한 −3을 덧셈한 결과가 '0'이 됨을 증명하고 있다. 따라서 PLC에서의 음수 표현은 해당 양수를 2의 보수로 변환한 값이 된다. 2의 보수를 이용하여 음수를 표현하면 여러 가지 장점이 있는데, 먼저 '0'에 대한 표현이 하나밖에 없다는 점이다. [그림 4-30]과 같이 0의 값을 2의 보수로 변환하면, 그 결과값은 보수 표현하기 전의 0의 값과 동일하다.

```
         0000 0000 0000 0000      (+0)
                  ↓
         1111 1111 1111 1111      (1의 보수)
       + 0000 0000 0000 0001      (1을 더함)
       ──────────────────────
     ①  0000 0000 0000 0000      (+0을 2의 보수로 취한 값)
올림수(carry)는 버림
```

[그림 4-30] **0을 2의 보수로 변환한 표현**

또 다른 장점은 PLC뿐만 아니라 컴퓨터 등 CPU를 사용하는 모든 장치는 +, −, ×, ÷의 산술연산을 할 때 덧셈만을 이용하여 사칙연산을 실행한다. 따라서 2의 보수를 이용하면 뺄셈을 덧셈으로 계산할 수 있다. 예를 들면 '5 − 4 = 1'은 (+5) + (+4에 대한 2의 보수) = (+1)이다. [그림 4-31]에서와 같이 +4의 값에 2의 보수를 취해서 +5와 덧셈하면, 그 결과값은 +1이 된다.

```
            0000 0000 0000 0101      (+5)
      +     1111 1111 1111 1100      (+4의 2의 보수값)
      ────────────────────────────
     ① 0000 0000 0000 0001          (5−4의 결과값)

올림수(carry)는 버림
```

[그림 4-31] **2의 보수로 덧셈 연산을 통해서 뺄셈 연산을 실행**

이와 같이 PLC뿐만 아니라 CPU를 사용하는 모든 제품은 2의 보수를 사용하여 덧셈만으로 모든 연산을 할 수 있기 때문에 CPU의 연산 기능을 위해 덧셈연산기만 만들면 된다. 그 결과, CPU를 저렴하게 만들 수 있다.

XBC PLC에서는 [표 4-10]과 같이 2바이트로 정수 −32768 ~ +32767까지 표현할 수 있으며, 최상위 비트 MSB는 부호비트로 사용된다. 음수는 해당 양수의 값에서 2의 보수를 취하면 구할 수 있다.

이처럼 PLC는 단순히 기존의 전기 시퀀스 회로를 대체할 뿐만 아니라 전기 시퀀스에서 구현하지 못하는 산술연산 또는 논리연산을 실행할 수 있기 때문에 전기 시퀀스에서 불가능했던 많은 일들을 할 수 있는 것이다. PLC를 이용하여 산술연산을 할 때에는 앞에서 학습한 내용을 잘 기억하기 바란다.

[표 4-10] **부호비트가 있는 16비트 크기의 2진수 표현**

10진수	2진수
+32767	0111 1111 1111 1111
+32766	0111 1111 1111 1110
⋮	⋮
+2	0000 0000 0000 0010
+1	0000 0000 0000 0001
0	0000 0000 0000 0000
−1	1111 1111 1111 1111
−2	1111 1111 1111 1110
⋮	⋮
−32767	1000 0000 0000 0001
−32768	1000 0000 0000 0000

PLC 프로그래밍 기초

PLC의 프로그램을 잘 작성하기 위해서는 우선 PLC의 구조와 프로그램 처리방식을 이해해야 한다. 5장에서는 PLC의 프로그램 처리방식을 살펴보고, PLC 프로그램 작성 툴(tool)인 XG5000의 설치 및 사용법을 알아본다. 또한 래더 명령어를 이용한 PLC 프로그래밍 기초에 대해 알아본다. 5장의 학습을 마치고 나면 PLC 프로그래밍의 기초를 튼튼히 다질 수 있을 것이다.

5.1 PLC 프로그램 실행

4장에서 PLC는 프로그램을 실행할 때 스캔^{scan}이라는 방법을 사용한다고 학습했다. 먼저 PLC 프로그램이 어떻게 실행되는지를 좀 더 자세히 살펴보자.

5.1.1 PLC 입출력 및 프로그램 처리

PLC는 [그림 5-2]에서의 ① ~ ⑥까지의 정해진 순서를 계속해서 반복처리하는 스캔동작으로 프로그램을 실행한다.

- **입력처리** : PLC는 프로그램 실행 전에 PLC의 모든 입력단자에 연결된 스위치 또는 센서의 ON/OFF 상태를 입력 이미지 메모리$^{image\ memory}$에 저장해둔다. 이때 사용되는 이미지 메모리가 입력 메모리(P)이다. 프로그램 실행 중에 입력이 변화해도 입력 이미지 메모리의 내용은 변하지 않고, 다음 스캔 사이클의 입력처리 시에야 비로소 입력의 변화를 입력 이미지 메모리에 저장하게 된다. 또한 입력접점이 ON → OFF, OFF → ON으로 변화해도, 그 ON/OFF 판정까지 입력필터에 의해 응답이 지연되면서 시간지연이 발생한다.

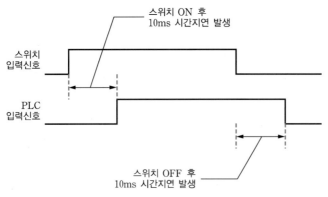

[그림 5-1] **입력필터에 의한 입력 시간지연**

- **프로그램 처리** : PLC는 프로그램 메모리에 저장된 프로그램의 내용에 따라 입력 이미지 메모리나 그 외 디바이스 이미지 메모리로부터 각 디바이스의 ON/OFF 상태를 읽어내고, 프로그램의 0스텝부터 순차연산을 행하여 그때마다 결과를 출력 이미지 메모리에 기록한다. 따라서 각 디바이스의 이미지 메모리는 프로그램의 실행에 따라 순서대로 내용이 변화한다. 프로그램 처리 중에는 출력값이 변화하더라도 출력에 해당되는 이미지 메모리의 내용만 변경되고 실제의 출력 메모리의 내용은 변경되지 않는다.

- **출력처리** : 프로그램의 모든 내용이 종료되면, 출력의 이미지 메모리의 ON/OFF 상태가 출력 래치 메모리(P20 ~ P2F)로 전송되는데, 이것이 PLC의 실제 출력이 된다. PLC의 외부 출력용 접점은 출력용 소자의 응답 지연시간을 두고 동작하게 된다.

이상과 같은 PLC 프로그램의 처리방식을 스캔 처리방식이라 하고, 프로그램을 한 번 실행하는 데 소요되는 시간을 **스캔타임**scan time이라 한다.

PLC 제어가 진행되면서 입력접점의 신호지연, 출력소자의 구동시간 지연 외에 연산주기(스캔타임)에 의한 응답지연이 발생한다. PLC는 전체 프로그램 실행시간 중에서 [그림 5-2]의 ①에 해당되는 시간에만 입력신호의 ON/OFF 상태를 입력 이미지 메모리에 저장하기 때문에, 입력신호를 처리하는 데 'PLC의 스캔타임 + 입력 지연시간'보다 더 긴 시간을 필요로 한다. 예를 들어 입력 지연시간이 10ms, 프로그램 스캔타임이 10ms라 하면, 입력신호의 ON 시간과 OFF 시간으로 각각 최소한 20ms가 필요하다. 또한 PLC의 입력 스위치의 ON 신호와 OFF 신호 각각을 인식하기 위해서는 최소 20ms + 20ms = 40ms가 소요된다.

식 (5.1)은 PLC가 1초에 몇 번의 스위치 입력을 처리할 수 있는지를 나타낸 식이다.

$$\frac{1000\text{ms}}{20\text{ms} + 20\text{ms}} = 25(\text{Hz})\tag{5.1}$$

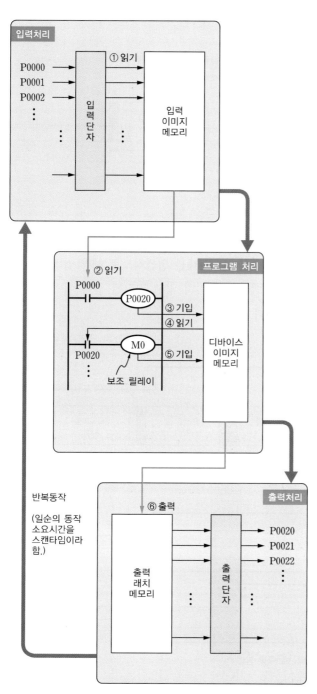

[그림 5-2] PLC 프로그램의 스캔 처리방식

즉 PLC 입력은 1초에 25회 이상 ON/OFF되는 스위치 입력은 처리하지 못하므로, 신호 펄스는 25Hz 이하가 되도록 해야 한다. [그림 5-3]은 이러한 문제를 나타낸 것으로, 입력신호의 ON/OFF 시간이 PLC 스캔타임보다 짧으면 입력신호를 처리할 수 없음을 보여준다. 단, PLC의 특수 기능이나 응용명령어를 이용하면 이러한 문제를 해결할 수 있다.

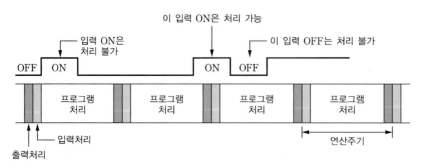

[그림 5-3] PLC 프로그램 처리방식에 의한 입력신호 처리

PLC의 입력신호는 PLC 프로그램 처리방식에 따라 4종류로 구분하여 사용된다. PLC는 매 스캔마다 존재하는 입력 처리시간에 입력신호의 상태를 일괄적으로 해당 입력 이미지 메모리에 저장하며, 그 이후에는 입력신호를 받아들이지 않고 저장된 입력 이미지 메모리의 정보를 이용해서 프로그램을 실행한다.

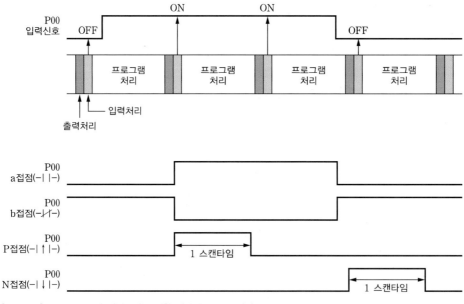

[그림 5-4] PLC 프로그램 처리방식에 의한 입력신호 구분 방법

따라서 [그림 5-4]에 나타낸 것처럼 P00의 입력신호는 스위치의 OFF 상태, 스위치가 눌린 순간(상승펄스), 스위치가 눌린 ON 상태, 스위치가 떨어지는 순간(하강펄스)의 4가지로 구분하여 처리된다. a접점은 P00의 입력신호와 최대 1스캔타임의 차이를 가지고 ON 상태를 유지하는 입력접점이고, b접점은 a접점과 정반대로 동작한다. 상승 펄스신호와 하강 펄스신호는 P00의 입력신호가 ON 또는 OFF된 후 1스캔타임 동안에만 ON 상태를 유지하는 접점이다.

5.1.2 PLC 프로그램 실행 순서 및 프로그램 작성법

■ PLC 프로그램의 실행

[그림 5-5]의 ①∼⑩은 PLC의 래더^{ladder} 프로그램의 실행 순서를 나타낸 것이다. 앞에서도 설명했듯이 PLC의 프로그램 처리방식은 스캔이라는 방법을 사용한다. 따라서 PLC 래더 프로그램의 실행 순서는 왼쪽에서 오른쪽으로, 위에서 아래로 순차적으로 진행된다.

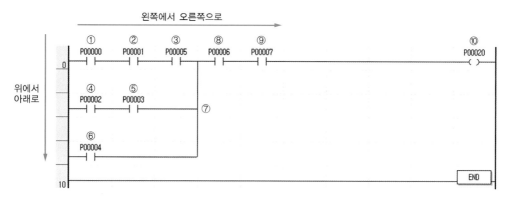

[그림 5-5] PLC 래더 프로그램

■ 프로그램 작성 시 주의사항

PLC 프로그램을 작성할 때 다음의 주의사항을 잘 준수하면, 보다 효율적으로 PLC 프로그램을 작성할 수 있다. 같은 동작의 PLC 프로그램이라고 하더라도 접점의 구성 방법에 따라 프로그램을 더욱 단순화하고, 스텝 수를 줄일 수 있다.

❶ 스텝 수를 줄이는 방안 1 : 직렬 접점이 많은 회로는 위에 쓴다.

[그림 5-6]의 (a)처럼 직렬로 연결된 접점이 많은 회로를 그림 (b)와 같이 위로 올리면 프로그램의 스텝 수를 줄일 수 있다.

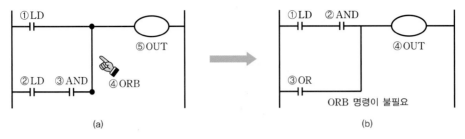

[그림 5-6] 스텝 수를 줄이는 프로그램 작성법 1

❷ 스텝 수를 줄이는 방안 2 : 병렬 접점이 많은 회로는 왼쪽에 쓴다.

[그림 5-7]의 (a)처럼 병렬로 연결된 접점을 그림 (b)와 같이 왼쪽으로 옮기면 프로그램의 스텝 수를 줄일 수 있다.

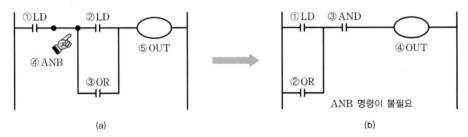

[그림 5-7] 스텝 수를 줄이는 프로그램 작성법 2

❸ 이중출력 동작과 해결방법

PLC의 일괄 입출력 방식으로 인해 PLC의 프로그램에서는 동일한 출력번호를 한 번밖에 사용하지 못한다. 동일한 출력번호를 한 번 이상 사용하는 것을 "이중코일double coil을 사용한다"라고 하는데, 이중코일을 사용한 출력접점은 항상 ON, 또는 항상 OFF된다.

[그림 5-8]과 같이 동일 출력 P20이 두 번에 걸쳐 사용되는 경우를 살펴보자. 이때 P00 = ON, P01 = OFF라고 가정한다. 프로그램 첫 번째 줄의 P20은 P00이 ON이기 때문에 P20의 출력 이미지 메모리가 ON되고, P21의 출력 이미지 메모리도 ON된다. 그러나 **일괄 입출력 처리 방식 때문에 프로그램 수행 도중에 출력 이미지 메모리 값이 변경되었다고 해도**

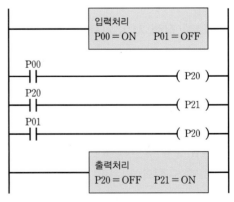

[그림 5-8] 이중출력의 문제점

실제 출력은 변하지 않는다는 사실을 기억하기 바란다. 세 번째 줄의 P20은 P01이 OFF이기 때문에 앞에서 ON되었던 P20의 출력 이미지 메모리 내용이 다시 OFF로 저장된다. 따라서 프로그램이 종료된 후 출력되는 P20의 실제 출력은 항시 OFF 상태가 되는 것이다.

이처럼 만약 PLC 프로그램을 작성해 실행시켰을 때 입력신호의 ON/OFF에 관계없이 출력이 항상 ON 또는 OFF라면, 이때에는 이중출력을 의심해보아야 한다. 일괄 입출력 처리방식 때문에 이중출력을 사용할 수 없으므로, 이를 해결하기 위해 [그림 5-9] 처럼 프로그램을 작성해야 한다. 이와 같이 프로그램을 작성할 때 이중코일을 사용하지 않도록 주의한다.

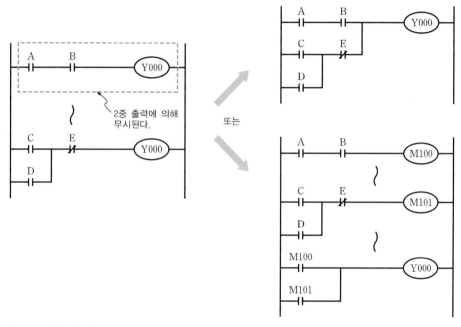

[그림 5-9] **이중출력 문제점 해결방법**

❹ **프로그래밍할 수 없는 회로와 해결방법**

PLC 래더 프로그램에서 접점의 상하 연결은 불가능하기 때문에, [그림 5-10]의 (a)와 같은 래더 회로의 경우에는 그림 (b)와 같이 표현해야 한다.

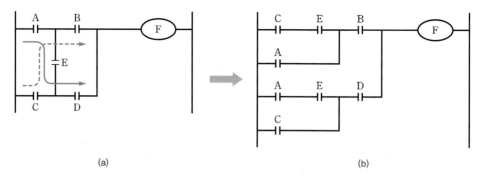

(a)   (b)

[그림 5-10] 접점의 상하 연결의 해결방법

[그림 5-11]처럼 PLC 래더 프로그램에서 출력코일의 오른쪽에는 입력접점을 사용할
수 없다. 따라서 그림 (a)의 래더 프로그램은 그림 (b)의 프로그램으로 변경되어야
한다.

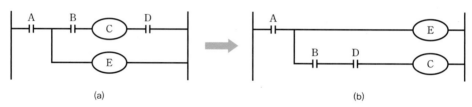

(a)   (b)

[그림 5-11] 출력 사용방법

5.2 XG5000을 이용한 PLC 프로그램 작성

XG5000은 이 책의 실습에서 사용하는 XBC-DN32H PLC 프로그램을 작성하고 디버깅
하는 소프트웨어 툴이다. XG5000의 설치 소프트웨어는 LS산전의 홈페이지에서 무료로
다운로드받을 수 있다. 자세한 설치 방법은 아래 웹사이트에서 [XG5000 설치방법]을 참
고하기 바란다.

http://www.hanbit.co.kr/exam/4145

5.2.1 XG5000의 화면 구성

다음은 XG5000의 화면이다. 화면의 각 부 명칭과 역할을 살펴보자.

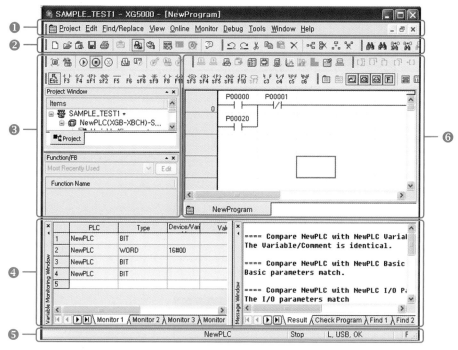

[그림 5-12] XG5000의 화면 구성

❶ **메뉴** : 프로그램 작성을 위한 기본 메뉴이다.
❷ **도구 모음** : 메뉴를 간편하게 실행할 수 있는 도구를 나타낸다.
❸ **프로젝트 창** : 현재 열려있는 프로젝트의 구성요소를 나타낸다.
❹ **메시지 창** : XG5000 사용 중에 발생하는 각종 메시지가 나타난다.
❺ **상태 바** : XG5000의 상태, 접속된 PLC의 정보 등을 나타낸다.
❻ **편집창** : PLC 프로그램을 작성하는 창이다.

5.2.2 PLC 프로그램 작성 준비

XG5000을 이용하여 PLC 프로그램을 작성하는 방법을 살펴보자.

❶ PC와 PLC를 USB 케이블로 연결한다.
❷ PLC의 전원을 ON한 후, PC 전원을 ON한다.

❸ 윈도우의 [시작] → [모든 프로그램] → [XG5000] → [XG5000]을 클릭하여 XG5000을 실행한다.

[그림 5-13] XG5000의 실행 순서

❹ XG5000이 실행되면 작업창이 생성된다.

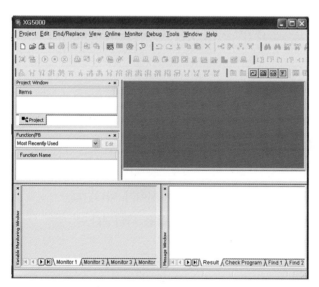

[그림 5-14] XG5000의 실행 화면

❺ PLC 프로그램 작성을 위해 프로젝트 메뉴에서 [New Project...]를 선택한다.

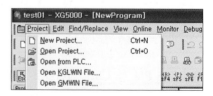

[그림 5-15] 새로운 프로젝트 생성

➏ PLC 프로그램 파일의 프로젝트 이름[Project name]과 사용할 PLC 기종[PLC Series]을 선택한 후, [OK] 버튼을 클릭한다.

[그림 5-16] **프로젝트 이름과 PLC 기종 선택**

➐ 새로운 프로젝트 창이 생성되면 PLC 프로그램 작성을 위한 준비가 완료된 것이다.

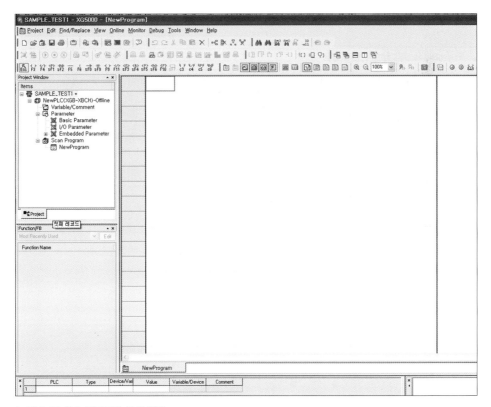

[그림 5-17] PLC **프로그램 작성 화면**

5.2.3 PLC 입출력 번지 할당

PLC 프로그램을 작성하기 전에 실습에 사용하는 PLC의 입출력 번지를 할당하는 방법에 대해 살펴보자. 입출력 번지 할당이란 각종 명령 스위치, 검출 스위치, 제어 대상의 조작 기기, 표시등의 입출력기기를 PLC 입력모듈과 출력모듈의 몇 번째 입력과 출력에 접속하여 사용할 것인가를 정하는 것이다.

XBC-DN32H PLC의 입출력은 입출력 기능뿐만 아니라 다른 특수 기능도 실행할 수 있도록 설계되어 있다. 내장된 특수 기능은 고속 카운터와 위치결정 기능이다. 고속 카운터는 일반 디지털 입력으로 처리할 수 없는 엔코더나 펄스 발생기에서 출력되는 고속의 펄스를 입력 받아 카운트하는 기능이다. 위치결정 기능은 PLC의 출력접점을 통해 고속의 펄스열을 출력하여 서보 또는 스테핑 모터 드라이버에 공급함으로써 드라이버에 연결된 서보 또는 스테핑 모터를 제어하는 기능이다. 따라서 고속 카운터와 위치결정 기능을 사용할 때, 특수 기능의 동작에 해당되는 입출력 단자는 일반 입출력 기능으로 사용할 수 없다. [표 5-1]은 입출력 단자의 배치와 특수 기능을 표시한 것이다.

[표 5-1] XBC PLC의 입출력 번지 할당

입력 단자대의 배치 (입력 16점 : P00 ~ P0F)		특수 기능		출력 단자대의 배치 (출력 16점 : P20 ~ P2F)		특수 기능	
단자대	입력 번호	고속	위치	단자대	출력 번호	고속	위치
⊕ / PX	P00	●		⊕ / FG / P	P20		●
485+ / TX	P01	●		AG100 −240V	P21		●
485− / SG	P02	●		P20	P22		●
P00 / P01	P03	●		P21 / P22	P23		●
P02 / P03	P04	●		P23 / COM0	P24		
P04 / P05	P05	●		P24 / P25	P25		
P06 / P07	P06	●		P26 / P27	P26		
P08 / P09	P07	●		COM1 / P28	P27		
P0A / P0B	P08	●	●	P29 / P2A	P28		
P0C / P0D	P09	●	●	P28 / COM2	P29		
P0E / P0F	P0A	●	●	P2C / P2D	P2A		
COM / 24G	P0B	●	●	P2E / P2F	P2B		
24V / ⊕	P0C	●	●	COM3 / ⊕	P2C		
	P0D	●	●		P2D		
	P0E	●	●		P2E		
	P0F	●	●		P2F		

5.2.4 PLC를 이용한 시스템 구성 절차

PLC 입력에 2개의 푸시버튼을 연결하고, 출력에 1개의 램프를 연결해서, 셋과 리셋 버튼에 의해 동작하는 자기유지회로의 동작을 PLC로 구현하는 방법을 살펴보자.

■ 하드웨어 결선

[그림 5-18]과 같이 제어동작을 위한 푸시버튼 스위치 2개, 램프 1개를 지정된 입출력 번지에 결선하는 것을 하드웨어 결선이라 한다. 결선 시 주의사항은 XBC PLC의 입력 COM은 사용자가 +COM 또는 -COM을 선택해서 사용할 수 있기 때문에, 사전에 싱크와 소스 결선방식 중에서 어떤 방식을 사용할지 결정해야 한다. [그림 5-18]에서는 입력 COM으로 +COM을 사용하고 있기 때문에 싱크 방식의 결선이 된다.

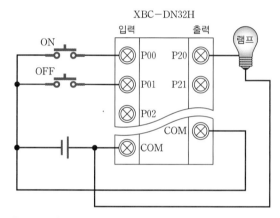

[그림 5-18] PLC 입출력 배선도

입출력 배선도에 의한 결선이 끝났으면, [표 5-2]와 같이 PLC 입출력 단자에 어떤 입력과 출력이 연결되어 있는지 도표로 작성해서 보관해야 프로그램의 작성과 수정 시에 입출력 확인이 쉽다.

[표 5-2] PLC 입출력 할당

입력번호	넘버링	기능	출력번호	넘버링	기능
P00	PB1	ON	P20	L1	LAMP1
P01	PB2	OFF	P21		

■ 램프 점등을 위한 PLC 프로그램 작성

PLC의 입출력 결선이 끝나면 램프 점등을 위한 PLC 프로그램을 작성한다. 앞에서 주어진 문제는 자기유지회로를 이용하여 램프의 ON/OFF를 제어하는 프로그램이다. 자기유지회로를 PLC 프로그램으로 작성하여 입력 스위치의 조작으로 램프 점등이 제어되는지 확인해보자.

XG5000에서 래더 심볼을 선택할 때에는 펑션function 키를 이용하거나, 또는 마우스 커서를 이용하여 해당 심볼을 클릭한다. PLC 제조회사마다 심볼을 선택하는 펑션 키가 다르게 배치되어 있는데, 만약 한 기종만 사용하는 경우라면 '펑션 키'를 이용하는 것이 편리하고, 다른 기종의 PLC를 병행하여 사용한다면 가능한 한 '마우스 커서'를 이용하라고 권하고 싶다.

❶ PLC 입력 P00 설정(ON에 해당되는 입력으로, a접점 사용)

[그림 5-19]와 같은 순서로 a접점을 선택하고, 입력번지 P00을 입력한 후에 [OK] 버튼을 클릭한다.

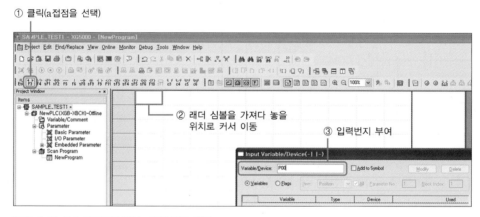

[그림 5-19] PLC 프로그램 작성 : 입력 P00 설정

❷ PLC 입력 P01 설정(OFF에 해당되는 입력으로 b접점 사용)

[그림 5-20]처럼 b접점을 선택하고, 입력번지 P01을 입력한 후에 [OK] 버튼을 클릭한다.

① 클릭(b접점을 선택)

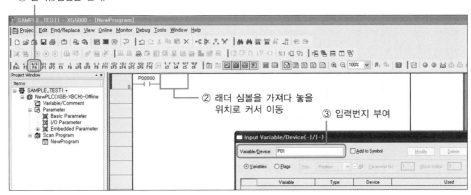

② 래더 심볼을 가져다 놓을
위치로 커서 이동

③ 입력번지 부여

[그림 5-20] PLC **프로그램** 작성 : 입력 P01 설정

❸ PLC 출력 P20 설정(램프 출력)

[그림 5-21]과 같은 순서로 출력 심볼을 선택하고, P20을 입력한 후에 [OK] 버튼을
클릭한다.

① 클릭(출력접점을 선택)

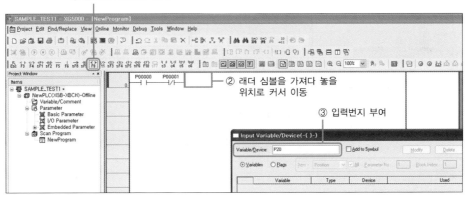

② 래더 심볼을 가져다 놓을
위치로 커서 이동

③ 입력번지 부여

[그림 5-21] PLC **프로그램** 작성 : 출력 P20 설정

위와 같은 방법으로 필요한 래더 심볼을 마우스 커서를 이용해서 선택한 후에, 래더
심볼을 가져다 놓을 위치에 커서를 대고 마우스 오른쪽 버튼을 클릭한다. 입력 창
(Input Variable/Device)이 생성되면, 해당 입출력 번지를 입력한 후에 키보드의
[Enter] 키를 누르거나 입력창의 [OK] 버튼을 클릭한다. [그림 5-22]는 램프 점등을
위한, 완성된 PLC 프로그램을 나타낸 것이다.

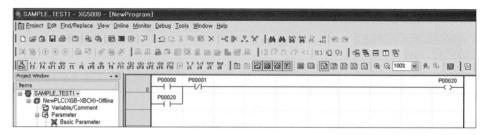

[그림 5-22] 완성된 PLC 프로그램

❹ 작성한 프로그램을 PLC로 전송하기 위한 통신포트 설정

작성이 끝난 PLC 프로그램을 PLC CPU로 전송하기 위해서는 PLC CPU와 컴퓨터 사이에 전기 신호를 주고받을 수 있는 통로가 있어야 하는데, 이 연결포트가 컴퓨터의 USB 또는 RS232 포트이다. 실습에 사용하는 XBC PLC는 USB 포트를 이용하는데, 아래의 순서대로 작업을 해서 PLC 프로그램을 PLC로 전송할 통신포트를 설정한다.

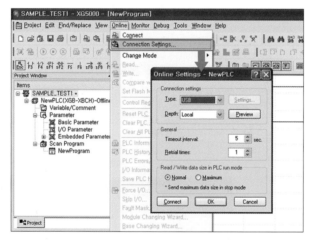

[그림 5-23] 통신포트 설정

① [온라인Online] 메뉴에서 [접속 설정Connection Settings]을 선택 후 클릭한다.
② [접속 설정] 창이 생성되면, '접속 옵션 설정'에서 USB를 선택한다.
③ [접속Connect] 버튼을 클릭하여 PLC 연결 상태를 확인한다. 연결되지 않았다는 메시지가 나타나면 USB 연결 상태를 다시 확인한다.
④ [확인OK] 버튼을 클릭한다.

❺ PLC 프로그램 전송

통신포트 설정이 끝난 후에 [그림 5-24]처럼 [온라인] 메뉴에서 [쓰기Write] 항목을 선택하면, [그림 5-25]와 같은 PLC 쓰기 창이 생성된다. PLC 쓰기 창에서 [프로그램

Program]의 체크박스$^{check\ box}$를 체크한 후 [확인^{OK}] 버튼을 클릭하면, 컴퓨터에서 작성한 PLC 프로그램의 기계어 파일이 PLC로 전송된다.

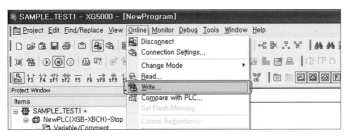

[그림 5-24] PLC 프로그램 전송

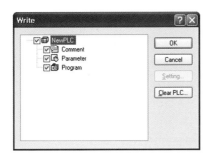

[그림 5-25] PLC CPU로 전송할 항목 선택

❻ PLC 프로그램 실행 상태 모니터링

PLC 프로그램을 PLC로 전송 완료하면 PLC는 작동 상태가 된다. PLC를 작동시키기 전에 먼저 PLC의 입출력이 정상적으로 동작하는지를 살펴보기 위해 모니터링 모드를 선택한다. 모니터링 모드는 아래의 그림과 같이 메인메뉴 [모니터^{Monitor}]에서 [모니터 시작$^{Start\ Monitoring}$]을 선택하면 된다.

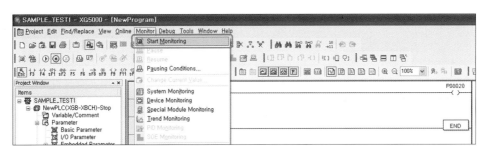

[그림 5-26] PLC 프로그램 실행 상태 모니터링 모드 선택

[그림 5-27]은 모니터 모드가 실행 중인 상태를 나타낸 것이다. 입력 P01이 동작하지 않는 상태이기 때문에 P01의 b접점은 ON 상태를 유지하고 있다. P00 버튼과 P01

버튼을 눌러서 램프의 동작 상태를 살펴보자. 입력 또는 출력이 ON 상태인 접점은 모니터링 모드에서 파란색으로 표기된다. 모니터 상태 창을 닫으면, 모니터링 모드가 자동으로 종료된다.

[그림 5-27] PLC 프로그램 실행 상태 모니터링

❼ PLC 프로그램 수정

필요에 따라 프로그램을 수정하기 위해서는 모니터링 모드를 종료한 후에 수정해야 한다.

5.3 여러 가지 회로의 PLC 프로그램

[실습과제 5-1, 5-2, 5-3, 5-4, 5-5]

앞에서 PLC 제어를 위한 PLC와 주변장치와의 신호 인터페이스 방법과, XG5000을 이용한 프로그램 작성방법에 대해 살펴보았다. 이제부터는 기계장치의 자동화에 필요한 자기유지회로와 타이머, 카운터 등 다양한 PLC 프로그램의 작성법에 대해 살펴보려고 한다. 이 절의 학습을 마치면, 실생활에 자주 사용되는 간단한 제어 프로그램 정도는 작성할 수 있을 것이다.

5.3.1 자기유지회로

■ 시퀀스 명령어를 이용한 PLC 입출력 구성

PLC의 시퀀스 명령을 이용하여 제어 실습에 사용할 PLC의 하드웨어 입출력을 구성해보자. [그림 5-28]과 같이 5개의 푸시버튼과 16개의 램프를 출력에 연결한다.

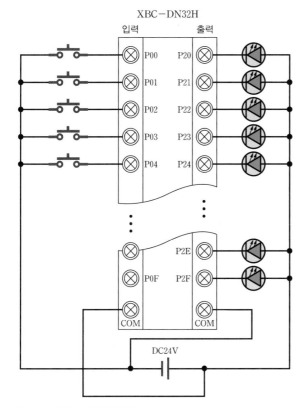

XBC−DN32H

[그림 5-28] PLC 입출력 구성

[그림 5-28]에서 PLC의 입력 COM은 +24V에 연결되고, PLC의 출력 COM0 ~ COM3
은 0V에 연결된다. 램프를 연결할 때, LED 램프의 경우에는 [그림 5-28]처럼 LED의 극
성에 맞게 연결해야 하나, 백열램프의 경우에는 극성에 관계없이 연결할 수 있다.

■ 기본 시퀀스 회로의 PLC 프로그램

❶ 긍정(YES) 회로

긍정(YES) 회로란 입력이 존재할 때 출력도 존재하는 전기회로를 의미한다. 즉 [그림
5-29]처럼 스위치 동작과 동일하게 출력이 ON 또는 OFF가 되는 회로이다.

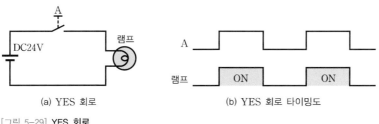

(a) YES 회로   (b) YES 회로 타이밍도

[그림 5-29] YES 회로

YES 회로를 PLC 프로그램으로 나타내면 [그림 5-30]과 같다.

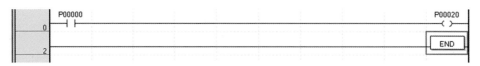

[그림 5-30] YES 회로의 PLC 프로그램

YES 회로에서 A에 해당하는 스위치가 PLC 프로그램에서는 P00, 램프는 P20으로 대
체되었다.

❷ 직렬(AND) 회로

직렬(AND) 회로는 스위치 A와 B가 동시에 ON인 상태에서만 램프가 ON되는 회로
이다.

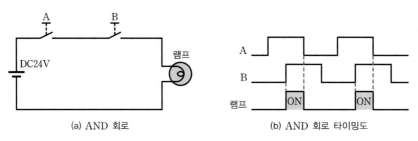

(a) AND 회로   (b) AND 회로 타이밍도

[그림 5-31] AND 회로

AND 회로를 PLC 프로그램으로 나타내면 [그림 5-32]와 같다.

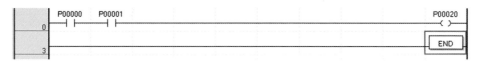

[그림 5-32] AND 회로의 PLC 프로그램

❸ 병렬(OR) 회로

여러 개의 입력 스위치 중 하나 또는 그 이상의 스위치가 ON되었을 때 램프가 ON되
는 회로를 병렬(OR) 회로라 한다.

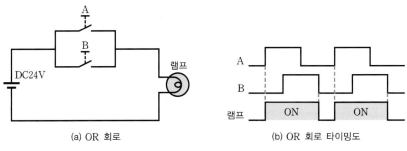

(a) OR 회로   (b) OR 회로 타이밍도

[그림 5-33] **OR 회로**

OR 회로를 PLC 프로그램으로 나타내면 [그림 5-34]와 같다.

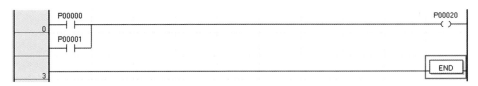

[그림 5-34] **OR 회로의 PLC 프로그램**

❹ **부정(NOT) 회로**

부정(NOT) 회로란 출력 상태가 입력 상태의 반대가 되는 전기회로로, 입력이 ON되면 출력이 OFF가 되고, 입력이 OFF되면 출력이 ON이 되는 전기회로이다.

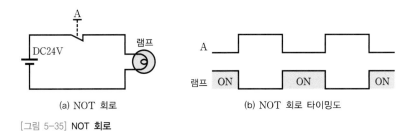

(a) NOT 회로   (b) NOT 회로 타이밍도

[그림 5-35] **NOT 회로**

NOT 회로를 PLC 프로그램으로 나타내면 [그림 5-36]과 같다.

[그림 5-36] **NOT 회로의 PLC 프로그램**

■ AND, OR, NOT 회로를 이용한 자기유지회로

1장에서도 살펴보았듯이, 자기유지회로는 자동화를 구성하는 많은 전기회로 중 가장 중요한 전기회로이다. 자기유지회로는 셋(SET)과 리셋(RESET) 기능을 가진 두 개의 푸시버튼 스위치와 한 개의 릴레이로 구성되는 전기회로로, **셋 우선 자기유지회로**와 **리셋 우선 자기유지회로**로 구분된다. [그림 5-37]은 AND, OR, NOT 회로를 조합하고, 전기릴레이의 신호전달 기능을 포함하여 만든 자기유지회로이다.

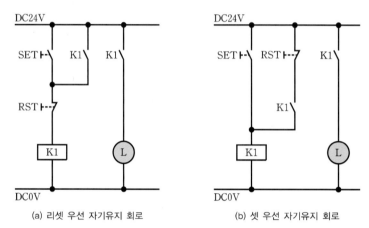

(a) 리셋 우선 자기유지 회로   (b) 셋 우선 자기유지 회로

[그림 5-37] **AND, OR, NOT 회로의 조합으로 구성된 자기유지회로**

[그림 5-38]은 출력의 접점을 이용하여 구성한 자기유지회로이고, [그림 5-39]는 내부 비트 메모리를 이용하여 구성한 자기유지회로이다. PLC 프로그램을 이용하여 자기유지회로를 구성하는 방법은 두 종류가 있지만, 앞에서 배운 이중출력 금지조건 때문에 [그림 5-39]를 주로 사용한다.

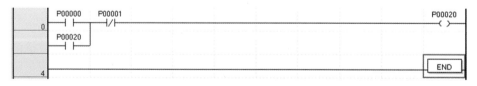

[그림 5-38] **자기유지회로 PLC 프로그램(출력접점 직접 이용)**

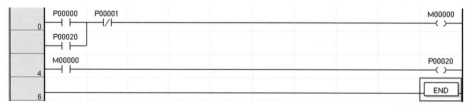

[그림 5-39] **자기유지회로 PLC 프로그램(내부 비트 메모리 이용)**

입력접점과 출력접점을 이용하여 자기유지회로를 구현하는 방법도 있지만, SET 명령어와 RST 명령어를 이용하여 자기유지회로를 구현하는 방법도 있다. [그림 5-40]의 PLC 프로그램을 보면, P00 버튼을 ON하면 M0의 내부 비트 메모리가 SET되어 '1'의 상태를 계속 유지한다. 그리고 P01 버튼이 ON되면 M0는 '0'의 상태가 된다.

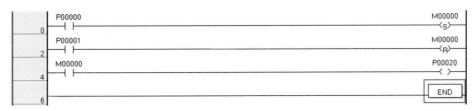

[그림 5-40] SET, RST 명령어를 이용한 자기유지회로 PLC 프로그램

■ 인터록 회로

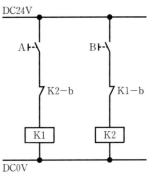

전기장치의 보호 또는 작업자의 안전을 위해 전기장치의 동작 상태를 나타내는 접점을 사용하여 연관된 전기장치의 동작을 금지하는 회로를 인터록inter-lock 회로라 한다. 다른 용어로는 **선행동작 우선회로**, **상대동작 금지회로**라 한다. 인터록은 릴레이의 b접점을 상대 측 회로에 직렬로 연결해, 어느 한 릴레이가 동작 중일 때는 관련된 다른 릴레이가 동작할 수 없도록 규제한다. 주로 모터의 정역제어 또는 공압실린더의 전후진 제어에 많이 사용되는 회로이다.

[그림 5-41] **인터록 회로**

[그림 5-41]에서 푸시버튼 A가 ON되어 K1 릴레이가 ON된 후에, 푸시버튼 B를 ON시켜도 K2릴레이는 ON 상태가 되지 않는다. 그 이유는 K1 릴레이의 b접점이 동작하여 K2 릴레이가 동작하지 못하도록 전기회로를 개방하기 때문이다. 따라서 푸시버튼 A, B를 동시에 ON해도, 릴레이 K1, K2는 동시에 동작하는 게 아니라 먼저 동작한 릴레이가 다른 릴레이를 동작하지 못하게 한다. 이러한 인터록 회로는 주로 모터에 정회전과 역회전의 지령이 동시에 입력되어 전기회로가 파손되는 일을 방지하는 데 사용된다.

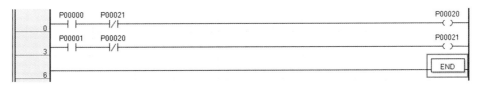

[그림 5-42] **인터록 회로의 PLC 프로그램**

5.3.2 타이머 회로

1장에서 타이머에 대해 살펴보았는데, PLC도 타이머 기능을 가진다. 여러 가지 출력장치를 제어할 때, 타이머 기능을 이용해 일정시간 동안 기계장치를 작동시킬 수 있다. PLC의 타이머에는 다음과 같이 여러 타이머 기능을 구현하는 5종류의 타이머 명령이 있다.

[표 5-3] XBC PLC의 타이머 명령어

타이머 종류	처리내용	계수방법	타임차트
TON	ON 딜레이	가산	입력 / 출력, ON 딜레이 타이머, t = 설정값
TOFF	OFF 딜레이	감산	입력 / 출력, OFF 딜레이 타이머, t = 설정값
TMR	적산 ON 딜레이	가산	입력 / 출력, 적산 타이머, t1 / t2, t = 설정값(t1 + t2)
TMON	모노스테이블 (monostable)	감산	입력 / 출력, 모노스테이블 타이머, t = 설정값
TRTG	리트리거러블 (retriggerable)	감산	입력 / 출력, 리트리거러블, t = 설정값

■ 타이머의 기준시간

실습에 사용하는 XBC PLC 타이머의 기준시간은 1ms, 10ms, 100ms의 3종류이다. [표 5-4]와 같이 타이머의 번호에 따라 기준시간이 다르다.

[표 5-4] 타이머 번호에 따른 기준시간 구분

시간 구분	설정을 안 한 경우
100ms	T000 ~ T499
10ms	T500 ~ T999
1ms	T1000 ~ T1023

타이머의 기준시간을 변경하기 위해서는
우선 XG5000의 프로젝트 창에서 [Parameter] 폴더에 있는 [Basic Parameter] 항목을

클릭한다. Basic Parameter 창이 활성화되면, [Device Area Setup] 탭을 선택한 후 타이머의 번호를 설정한다.

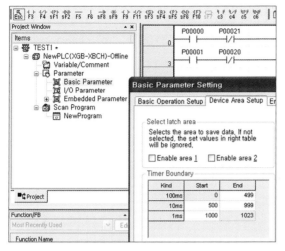

[그림 5-43] 타이머의 기준시간 변경방법

■ PLC 타이머의 동작원리 및 사용법

❶ ON 딜레이 타이머

PLC에서 사용하는 타이머의 동작원리는 1장에서 배운 타이머와 동일하다. ON 딜레이 타이머의 동작도 [그림 5-44]와 같이 타이머의 입력이 ON되면 타이머가 동작하고, 사용자가 설정한 시간이 되면 해당 타이머 번호에 해당되는 출력이 ON된다. 다만 PLC 타이머를 사용할 때, 타이머 번호에 따라 기준시간이 다르다는 점을 주의해야한다.

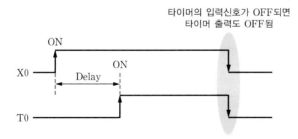

[그림 5-44] ON 딜레이 타이머의 동작원리

ON 딜레이 타이머는 [그림 5-44]와 같이 입력의 ON 신호가 타이머에 설정된 지연시간보다 커야 타이머의 출력이 ON된다. 타이머 출력 OFF는 타이머 입력신호의 OFF와 함께 일어난다.

[그림 5-45]의 T1 설정값은 10이다. T1 타이머는 기준시간이 100ms이기 때문에 T1
의 출력은 10 × 100ms = 1000ms, 즉 1초 후에 출력이 ON된다. P00의 입력신호가
1초 이상 지속되면, T1의 출력이 1초 후에 ON되어 출력 P20에 연결된 LED를 점등
시킨다. LED 램프 점등 후, P00의 입력신호를 OFF하면 LED도 함께 OFF된다.
T500은 기준시간이 10ms인 타이머이고, T1000은 기준시간이 1ms인 타이머이다. 이
처럼 XBC PLC 프로그램에서 타이머를 사용할 때, 타이머로 계측해야 할 시간의 기
준단위에 따라 타이머의 번호가 달라지기 때문에 주의해야 한다.

[그림 5-45] ON 딜레이 타이머의 PLC 프로그램 표현

❷ OFF 딜레이 타이머

야간에 자동차의 문을 열면 실내등이 점등된다. 차의 문을 닫으면, 실내등은 일정시간
더 켜져있다가 꺼진다. 이외에도 아파트 현관 입구의 전등 동작을 살펴보면, 현관 입
구 센서에 사람이 감지되면 즉시 점등되었다가 사람이 현관을 지나면 일정시간이 지
난 후에 소등된다. 이러한 동작을 가능케 하는 타이머가 OFF 딜레이 타이머이다.

OFF 딜레이 타이머는 [그림 5-46]처럼 동작한다. 이는 ON 딜레이 타이머와는 달리,
타이머 코일의 입력신호가 ON되면 타이머의 출력도 동시에 ON된다. 타이머 코일의
입력신호가 OFF되면, 그 시점부터 타이머가 동작하여 정해진 시간이 되면 출력이
OFF된다.

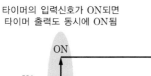
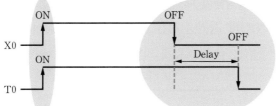

타이머의 입력신호가 ON되면
타이머 출력도 동시에 ON됨

타이머의 입력신호가 OFF되어도
타이머 출력은 설정시간 지나 OFF

[그림 5-46] OFF 딜레이 타이머의 동작원리

PLC 프로그램에서 OFF 딜레이를 사용하는 방법은 두 가지가 있다. 첫 번째는 XBC PLC에서 제공해주는 TOFF 명령어를 이용하는 방법이다. TOFF 명령어를 사용한 OFF 딜레이 타이머의 사용방법을 [그림 5-47]에 나타내었다. 타이머 번호에 따라 설정시간이 각각 10, 100, 1000으로 다를 뿐 아니라, 타이머의 번호에 따라 기준시간도 다름을 기억하기 바란다.

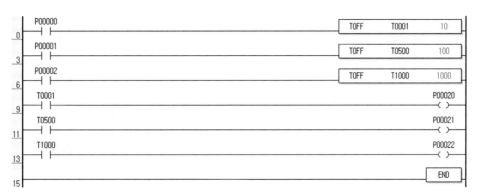

[그림 5-47] TOFF 명령어를 이용한 OFF 딜레이 타이머의 사용방법

OFF 딜레이를 사용하는 두 번째 방법은, 자기유지회로와 ON 딜레이 타이머를 조합해서 OFF 딜레이 타이머의 동작을 구현하는 방법이다. [그림 5-48]은 자기유지회로와 ON 딜레이 타이머를 이용하여 OFF 딜레이 타이머 동작을 구현한 PLC 프로그램이다.

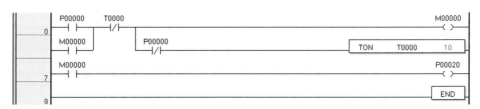

[그림 5-48] 자기유지회로와 ON 딜레이 타이머를 이용한 OFF 딜레이 타이머 동작 구현

❸ 플리커 타이머

자동차의 방향지시등은 동작이 ON 상태일 때 일정시간 간격으로 점멸동작을 하는데, 이렇게 일정한 시간간격으로 ON/OFF 동작을 하는 것이 플리커flicker 타이머이다. 2개의 ON 딜레이 타이머 명령어를 사용하면 플리커 타이머의 기능을 구현할 수 있다.

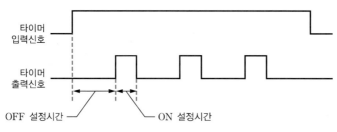

[그림 5-49] 플리커 타이머의 동작원리

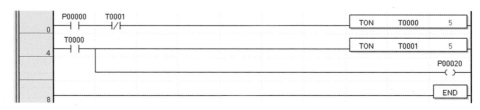

[그림 5-50] 플리커 타이머의 PLC 프로그램

[그림 5-51]은 [그림 5-50]의 PLC 프로그램 동작순서를 나타낸 것이다. P00이 ON 되어 있는 동안 일정한 시간간격으로 출력 P20이 ON/OFF를 반복동작하고 있음을 알 수 있다. T0 타이머와 T1 타이머의 설정시간을 변경하면, 출력 P20이 ON/OFF되는 주기도 변경할 수 있다. 이러한 점멸동작 기능은 일상생활에 사용하는 가전기기 등에서도 쉽게 찾아볼 수 있는데, 한 예로 플리커 타이머의 출력을 스피커 또는 부저에 연결하면 경고음을 만들 수도 있다.

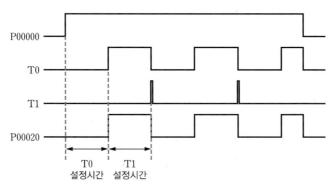

[그림 5-51] [그림 5-50]의 PLC 프로그램의 동작 순서

❹ 인터벌 타이머

인터벌 타이머interval timer는 타이머의 입력 ON과 동시에 출력이 ON되고, 설정한 동작
시간 후에 타이머의 출력이 OFF되는 타이머이다. 인터벌 타이머와 OFF 딜레이 타이
머의 차이점은 타이머의 입력시간이 타이머의 설정시간에 포함되느냐 아니냐에 있다.
인터벌 타이머에서는 타이머 입력시간이 타이머의 설정시간에 포함되지만, OFF 딜레
이 타이머에서는 타이머의 입력시간이 설정시간에 포함되지 않는다.

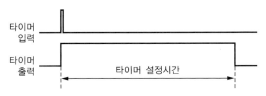

[그림 5-52] 인터벌 타이머의 동작원리

실습에 사용하는 XBC PLC에서는 인터벌 타이머 동작으로 'TMON'(모노스테이블
monostable)이라는 명령을 사용한다.

[그림 5-53] 인터벌 타이머의 PLC 프로그램

❺ 적산 타이머

적산 타이머는 타이머의 입력신호가 ON되는 시간을 누적시켜 가다가, 설정시간이 되
었을 때 출력을 ON시키는 타이머이다. 적산 타이머는 'TMR' 명령을 사용한다.

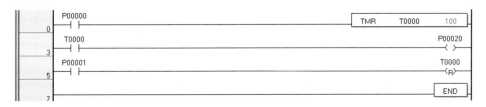

[그림 5-54] 적산 타이머의 PLC 프로그램

[그림 5-54]는 적산 타이머를 사용한 PLC 프로그램을 나타낸 것이다. 이제까지 사용
해왔던 타이머와는 조금 다르다는 것을 느꼈을 것이다. 적산 타이머는 입력신호(P00)
가 ON되는 시간을 누적시켜가다가 설정시간(여기서는 10초)이 되면 출력을 ON시킨

다. 출력이 ON되면, 입력신호의 ON/OFF와 관계없이 출력은 계속 ON 상태를 유지한다. 그래서 출력을 강제로 OFF시키기 위한 별도의 방법이 필요한데, [그림 5-55]에 나타낸 것처럼 RESET 출력([그림 5-54]에서 (R)에 해당)을 이용해 지정된 타이머 출력을 강제로 OFF한다.

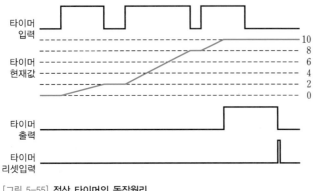

[그림 5-55] **적산 타이머의 동작원리**

■ 디지털 스위치를 이용한 타이머 시간설정

지금까지 전반적인 타이머 사용법을 살펴보았다. [그림 5-52]의 플리커 타이머 동작에서 타이머 T0와 T1의 설정시간을 5에서 10으로 변경하려면, XG5000을 이용해 PLC에 저장되어 있는 프로그램을 PC로 읽어온 후에 설정시간을 변경하고, 또 변경된 프로그램을 PLC로 전송해야 하는 번거로운 절차를 거쳐야 한다. 그러므로 PLC에 대해 전혀 모르는 사람이 타이머의 설정시간을 변경한다는 것은 무척 어려운 일이다. 오늘날의 최첨단 현장에서는 터치스크린을 이용한 다양한 사용자 인터페이스 방식이 널리 사용되고 있지만, 터치스크린이 고가이기 때문에 단순 기능을 구현하는 데 터치스크린을 사용하기에는 가격경쟁력 측면에서 어렵다. 그렇다면 PLC를 모르는 사용자도 손쉽게 타이머의 설정시간을 변경할 수 있으려면 어떻게 해야 할까?

PLC에서 타이머의 설정시간을 변경하는 방법으로 디지털 스위치를 이용하는 방법이 있다. 이때 BCD 코드와 상수, 변수에 대한 이해가 먼저 필요한데, 그에 대해서는 4장의 4.4.1절의 'PLC에서 사용하는 수 체계'를 참고하기 바란다.

[그림 5-56(a)]는 산업현장에서 숫자를 입력할 때 사용되는 디지털 스위치로, [그림 5-56(b)]처럼 4개의 스위치를 묶어서 BCD 코드를 만들 수 있도록 된 제품이다. 즉 4개의 스위치를 사용해 2진수를 나타내고, 이로부터 십진수 숫자를 표시할 수 있다. 4개의 스위치를 사용하기 때문에 원래는 2진수 4자리의 0000 ~ 1111까지의 숫자 표현이 가능

하지만, 10진수 표기에 맞추기 위해 0000 ~ 1001까지의 숫자만 표현하도록 만든다. 디지털 스위치의 상하에 설치되어 있는 (+) 버튼과 (−) 버튼을 눌러서 0 ~ 9까지의 숫자를 선택할 수 있고, 여러 개의 디지털 스위치를 조합해서 큰 단위의 숫자도 표현 가능하다.

(a) 외형

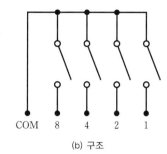

(b) 구조

[그림 5-56] 디지털 스위치의 외형과 구조

[그림 5-50]의 플리커 타이머의 PLC 프로그램에서 사용한 ON 딜레이 타이머 명령을 살펴보면, 설정시간 값을 상수인 5로 표현하고 있다. 하지만 설정시간 값을 상수가 아닌 변수인 D001로 설정하면, 타이머의 설정값을 프로그램 실행 도중에 변경할 수 있게 된다. [실습과제 5-4]에서 디지털 스위치를 이용한 타이머 설정값 변경에 대해 설명한다.

설정시간 값을 상수로 설정	설정시간 값을 변수로 설정
[TON T0001 **5**]	[TON T0001 **D0001**]

5.3.3 카운터 회로

PLC의 카운터도 1장에서 배운 카운터와 동일한 원리로 동작한다. 카운터의 입력신호가 ON될 때마다 현재값을 더하거나 빼서 설정값과 같거나 크면 출력을 ON한다.

■ PLC 카운터의 동작원리 및 사용법

XBC PLC에서 사용하는 카운터에는 4종류가 있으며, 조건에 따라 사용자가 프로그램을 선택할 수 있다.

[표 5-5] 카운터의 종류

명령어	명칭	동작 특성
CTD	다운(down) 카운터	펄스신호가 입력될 때마다 설정값을 1씩 감하여 설정값이 0될 때 출력을 ON한다.
CTU	업(up) 카운터	펄스신호가 입력될 때마다 현재값에 1씩 더해서 설정값 이상이 되면 출력을 ON한다.
CTUD	업-다운(up-down) 카운터	UP 단자에 펄스신호가 입력되면 현재값에 1씩 더하고, DOWN 단자에 펄스신호가 입력되면 현재값을 1씩 감하여, 현재값이 설정값 이상이 되면 출력을 ON한다.
CTR	링(ring) 카운터	펄스신호가 입력될 때마다 현재값에 1씩 더하고, 현재값이 설정값에 도달하면 출력을 ON한다. 이후에 다시 펄스신호가 입력되면, 현재값은 0이 되고 출력은 다시 OFF된다.

XBC PLC는 C0 ~ C1024까지 총 1024개의 카운터를 사용할 수 있고, 카운터의 설정값 범위는 0 ~ 65535이다. 카운터의 번호도 이중출력 사용금지 조건에 해당되기 때문에 중복으로는 사용할 수 없다. 이제 XBC PLC에서 사용하는 4종류의 카운터에 대해 살펴보자.

❶ 다운 카운터(CTD)

로켓을 발사할 때 발사시점을 카운트하는 것을 보았을 것이다. 사전에 설정시간을 정해 놓고 1초 단위로 시간을 감소시켜가다가, 설정시간이 0이 될 때 로켓 발사장치가 동작해서 로켓을 발사시키는 장치가 다운^{down} 카운터이다. [그림 5-57]은 다운 카운터의 PLC 프로그램을 나타낸 것이다. 다운 카운터의 펄스신호 입력 P00이 ON될 때마다 C0의 현재값이 5에서 1씩 감소하다가, 현재값이 0이 되면 카운터의 출력이 ON되어 P20이 ON된다.

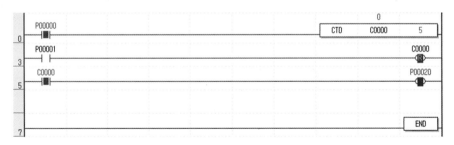

[그림 5-57] 다운 카운터의 PLC 프로그램

❷ 업 카운터(CTU)

업^{up} 카운터는 다운 카운터와 반대되는 동작을 하는 카운터이다. 카운터의 현재값이 설정값과 같을 때 카운터의 출력이 ON된다. 업 카운터의 펄스신호 입력 P00이 ON될 때마다 C0의 현재값이 0에서 1씩 증가하다가, 현재값이 설정값인 5와 같거나 크면 카운터의 출력이 ON되어 P20이 ON된다.

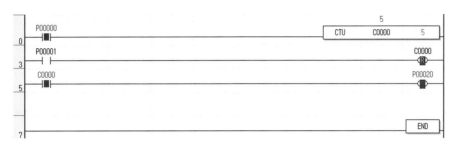

[그림 5-58] **업 카운터의 PLC 프로그램**

❸ 업-다운 카운터(CTUD)

업-다운^{up-down} 카운터의 입력은 업 카운터와 다운 카운터를 조합한 형태로, 카운터의 현재값을 증가 및 감소시킬 수 있다. 그러나 카운터의 출력은 업 카운터와 동일한 방식으로 동작하므로, 현재값이 설정값 이상이 되면 출력이 ON된다.

[그림 5-59]를 살펴보면 카운터의 업 입력신호는 P00, 다운 입력신호는 P01, 카운터의 리셋신호 입력은 P02로 할당되어 있다. 업-다운 카운터에서 현재값이 0인 상태에서는 다운 입력신호가 ON되어도 현재값은 0의 상태를 계속 유지한다. 업 입력신호가 입력될 때마다 현재값은 1씩 증가한다. 이 값은 최대 65535까지 증가하며, 그 이상으로는 증가하지 않는다.

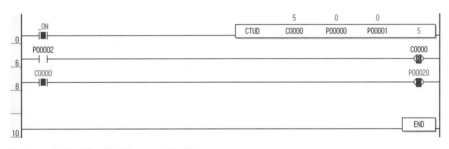

[그림 5-59] **업-다운 카운터의 PLC 프로그램**

❹ 링 카운터(CTR)

링^{ring} 카운터는 카운터의 입력 펄스신호가 ON될 때마다 현재값을 증가시키다가, 현재값과 설정값이 같아지면 [그림 5-60]과 같이 카운터의 출력을 ON한다. 이 상태에서 입력 펄스신호가 ON되면, 카운터의 현재값은 0으로 설정됨과 동시에 카운터의 출력이 OFF된다. 즉 별도의 카운터 리셋입력이 없어도 입력 펄스신호에 의해 카운터가 리셋되는 기능을 가지고 있다고 볼 수 있다.

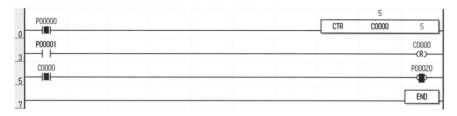

[그림 5-60] 링 카운터의 PLC 프로그램(현재값= 출력값)

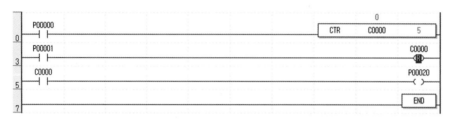

[그림 5-61] 링 카운터의 PLC 프로그램(출력이 ON된 후에 입력펄스가 ON된 상태)

5.3.4 특수 플래그

PLC 프로그램을 작성하다보면, PLC 시스템에서 제공해주는 정보가 필요할 때가 있다. 산업현장에서 사용하는 모든 PLC는 특수 플래그(FLAG) 기능을 제공하는데, 이 특수 플래그 기능을 잘 활용하면 프로그램을 작성하는 데 편리하다. 실습에 사용하는 XGB PLC에서는 워드번지 중 F0000 ~ F0200이 특수 플래그 영역으로 할당되어 있다. 이 워드번지들에는 다시 비트별로 기능이 부여되는데, 이 비트번지는 F0000<u>0</u> ~ F0200<u>F</u>이다. 특수 플래그는 [그림 5-62]처럼 변수/디바이스 입력창에서 플래그 항목을 선택하면 XBC PLC에서 사용할 수 있는 모든 플래그를 확인할 수 있다.

	변수	타입	디바이스	설명문
58	_T20MS	BIT	F00090	20ms 주기 CLOCK
59	_T100MS	BIT	F00091	100ms 주기 CLOCK
60	_T200MS	BIT	F00092	200ms 주기 CLOCK
61	_T1S	BIT	F00093	1s 주기 CLOCK
62	_T2S	BIT	F00094	2s 주기 CLOCK
63	_T10S	BIT	F00095	10s 주기 CLOCK
64	_T20S	BIT	F00096	20s 주기 CLOCK
65	_T60S	BIT	F00097	60s 주기 CLOCK
66	_ON	BIT	F00099	상시 ON
67	_OFF	BIT	F0009A	상시 OFF
68	_1ON	BIT	F0009B	1 스캔 ON
69	_1OFF	BIT	F0009C	1 스캔 OFF
70	_STOG	BIT	F0009D	매 스캔 반전
71	_USR_CLK0	BIT	F00100	DUTY 명령에서 지정된 스캔만큼 ON/OFF 0
72	_USR_CLK1	BIT	F00101	DUTY 명령에서 지정된 스캔만큼 ON/OFF 1
73	_USR_CLK2	BIT	F00102	DUTY 명령에서 지정된 스캔만큼 ON/OFF 2
74	_USR_CLK3	BIT	F00103	DUTY 명령에서 지정된 스캔만큼 ON/OFF 3

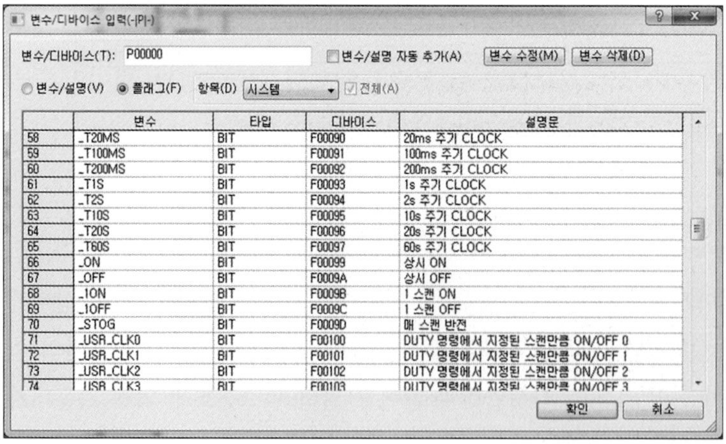

[그림 5-62] XBC PLC의 특수 플래그

5.4 PLC 프로그램 명령어

[실습과제 5-6, 5-7]

5.3절에서 a접점, b접점, 출력을 이용한 자기유지회로와 타이머 및 카운터를 조합하여 시간제어와 횟수제어를 할 수 있는 간단한 PLC 프로그램 작성법에 대해 학습했다. 복잡하지 않는 단순한 제어조건의 경우에는 앞에서 학습한 내용만을 가지고도 주어진 문제를 해결할 수 있지만, 복잡한 제어가 요구되는 기기를 위한 PLC 프로그램을 작성하기 위해서는 PLC에서 제공하는 다양한 명령어의 사용법을 정확하게 이해하고 활용해야 한다.

5.4.1 XBC PLC 명령어 종류

XBC PLC는 프로그램 작성에 사용되는 많은 명령어를 지원하고 있다. XBC PLC의 명령어는 크게 기본명령, 응용명령, 특수명령으로 구분할 수 있다. 기본명령은 접점과 출력코일에 관련한 명령들과 타이머, 카운터, 마스터 컨트롤, 스텝 컨트롤 명령어로 구성되어 있다. 응용명령은 기본명령을 제외한 대부분의 명령어들을 의미한다. 특수명령은 특수모듈 제어 명령어로, 특수모듈 메모리의 읽기/쓰기 명령과 위치제어 명령어로 구성되어 있다.

XBC PLC의 명령어에는 하나의 명령어를 기준으로 앞 첨자와 마지막 첨차를 붙인 파생 명령어가 있다. 파생 명령어를 만드는 규칙은 몇 가지 예외를 제외하고 일반적으로 [표 5-6]과 같다.

[표 5-6] XBC PLC의 파생 명령어 생성규칙 및 의미

XBC PLC 파생 명령어 생성규칙		
⑴ ADD ⑵⑶		
• 기준 명령어 앞에는 하나의 문자만이 올 수 있고(⑴), 뒤에는 1개 또는 2개의 문자가 올 수 있다.		
• ⑴에 올 수 있는 문자 : D, R, L, $, B, G		
• ⑵, ⑶에 올 수 있는 문자 : 4, 8, B, P, U		
• 파생 명령어 생성 예 : DADDBP		
파생 문자의 의미		
D : 더블워드	B : 비트	B : BCD형 데이터
R : 단장형 실수	G : 그룹	P : 펄스 타입 명령
L : 배장형 실수	4 : 니블	U : Unsigned형 데이터
$: 문자열	8 : 바이트	

예를 들어, 사칙연산 명령어 ADD에 대한 다음과 같은 파생 명령어가 만들어질 수 있다.

- ADD → DADD (32비트 크기 덧셈 명령)
- ADD → RADD (32비트 크기 실수 덧셈 명령)

[표 5-7] XBC PLC의 명령어 종류

명령어 구분	명령어 종류
반전명령	NOT
마스터 컨트롤 명령	MCS, MCSCLR
출력명령	OUT, OUT NOT, SET, RST, FF
순차후입 우선명령	SET Sxx.yy, OUT Sxx.xx
종료명령	END
무처리 명령	NOP
타이머 명령	TON, TOFF, TMR, TMON, TRTG
카운터 명령	CTD, CTU, CTUD, CTR
데이터 전송명령	MOV, CMOV, FMOV, BMOV, GBMOV, RMOV, $MOV
코드 변환명령	BCD, BIN, GBCD, GBIN
실수 변환명령	I2R, D2R, R2I, L2I, R2L, L2R, U2R, UD2R, R2U, L2U
출력단 비교명령	CMP, TCMP, GEQ, GGT, GLT, GGE, GLE, GNE, GDE
입력단 비교명령	=, <=, >=, <>, <, >
증감명령	INC, DEC
회전명령	ROL, ROR
이동명령	BSFT, SR, BRR, BRL
교환명령	XCHG, SWAP
BIN 사칙연산 명령	ADD, SUB, MUL, DIV
BCD 사칙연산 명령	ADDB, SUBB, MULB, DIVB
논리연산 명령	WAND, WOR, WXOR, WXNR
표시명령	SEG
데이터 처리명령	BSUM, BRST, ENCO, DECO, DIS, UNI, WTOB, BTOW, IORG, SCH, MAX, MIN, SUM, AVE, MUX, DETECT, RAMP, SORT, TRAMP
데이터 테이블 처리	FIWR, FIRD, FILRD, FIINS, FIDEL
문자열 처리	BINDA, BINHA, BCDDA, DABIN, HABIN, DABCD, LEN, STR, VAL, RSTR, STRR, ASC, HEX, RIGHT, MID, REPLACE, FIND, RBCD, BCDR
특수함수	SIN, ASIN, COS, ACOS, TAN, ATAN, RAD, DEG, SQRT, LN, LOG, EXP, EXPT
데이터 제어	LIMIT, DZONE, VZONE, PIDRUN, PIDPRMT, PIDPAUSE, PIDINIT, PIDAT, PIDHBD, PIDCAS, SCAL, SCAL2

[표 5-7]은 XBC PLC의 프로그램 작성에서 자주 사용하는 명령어를 종류별로 구분하여
나타낸 것이다. [표 5-6]처럼 명령어의 앞뒤로 문자를 붙여서 파생 명령어를 만들어 사

용할 수 있기 때문에, 실제 도표에 나타낸 명령어보다 훨씬 많은 명령어가 존재한다. 실제 PLC 프로그램 작성에 빈번하게 사용되는 명령어는 타이머, 카운터, 산술 사칙연산 명령어들이다. 명령어 각각에 대한 보다 자세한 설명은 LS산전의 'XGK/XGB 명령어집 사용설명서'를 참조하기 바란다.

5.4.2 XBC, 멜섹, Glofa, 지멘스 명령어 비교

XBC PLC에서 사용하는 명령어는 다른 기종의 PLC인 멜섹, Glofa, 지멘스 등에서 사용하는 명령어와 비슷하다. XBC와 멜섹 PLC의 명령어 표현방법이 서로 같고, Glofa와 지멘스의 명령어 표현방법이 서로 같다. 여기서 표현방법이 같다는 말은, 명령어를 표현하는 방법이 서로 다를 뿐 동일한 명령어로 데이터를 처리하는 방식은 동일하다는 의미이다. 데이터를 전송하는 MOVE 명령어를 가지고 각각의 PLC에서 어떻게 표현하고 사용하는지를 [표 5-8]을 통해 비교해보자.

[표 5-8] PLC 기종에 따른 MOVE 명령어 표현법

PLC 기종	MOVE 명령어 표현방법	설명
XBC	[MOV 30 D0000]	십진수 30을 그냥 사용
멜섹	[MOV K30 D0]	십진수를 16진수와 구분하기 위해 K식별자 사용
Glofa	MOVE / EN / 30 — IN OUT — I_VAL	Glofa와 지멘스는 IEC에서 정한 FBD 명령어를 사용하기 때문에 서로 명령어 체계가 유사함. • EN : 명령어 실행 입력 • IN : 입력값(상수 또는 변수) • OUT : 출력값(변수)
지멘스	MOVE / EN / 30 — IN OUT — I_VAL	

5.4.3 XBC PLC 명령어 사용

XBC PLC의 명령어에서 가장 빈번하게 사용하는 명령어는 증감연산, BIN 사칙연산과 입력단 비교명령이다. 이들 명령어를 이용하여 앞에서 학습한 타이머와 카운터 명령어와 동일한 동작을 하는 프로그램을 만들어보면서 명령어 사용법을 학습해보자.

■ 명령어를 이용한 ON 딜레이 타이머 기능 구현

ON 딜레이 타이머의 기능을 응용명령어로 구현하기 위해서는 타이머의 동작원리를 파악해야 한다. ON 딜레이 타이머는 타이머의 입력접점이 ON되면, 0.1초 간격으로 계측한 현재값과 설정값을 비교해, 현재값이 설정값보다 크거나 같으면 출력이 ON되는 기능을 가지고 있다.

[그림 5-63]은 증감명령어를 이용해서 ON 딜레이 타이머 기능을 구현한 PLC 프로그램이다. 앞에서 배운 특수 플래그 비트(_T100MS)를 이용해서 0.1초 간격으로 시간을 계측하도록 하였고, 계측된 현재값과 사용자가 사전에 설정한 설정값과의 비교를 통해서 출력을 ON하도록 구성되어 있다. 사실 ON 딜레이 타이머 명령인 TON 명령도 [그림 5-63]과 같은 방식으로 프로그램을 구성한 후에 프로그램을 하나의 함수로 만들어 놓은 것이라 생각할 수 있다.

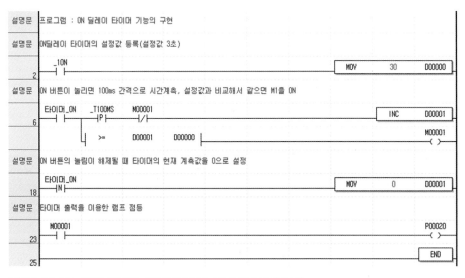

[그림 5-63] INC, MOV 명령어를 이용하여 구현한 ON 딜레이 타이머 기능

■ 사칙연산 명령어를 이용한 카운터 기능 구현

이번에는 사칙연산 명령어를 이용해서 업(UP) 카운터 기능을 구현해보자. 카운터는 입력신호의 ON/OFF 동작 횟수를 계측한 후, 그 값을 사용자가 설정한 설정값과 비교하여, 크거나 같으면 해당 카운터 출력을 ON한다. 이후 카운터의 리셋입력이 ON되면 현재값을 0으로 만들고 출력을 OFF하는 기능을 가지고 있다. 따라서 카운터는 2개의 입력과 1개의 출력을 가진다.

[그림 5-64]는 사칙연산 명령어를 이용해서 작성한, 업 카운터 기능을 가진 PLC 프로그램이다. 프로그램에서 사용한 ADD 명령어를 INC 명령어로 변경해도 된다. 사실 타이머도 일종의 카운터라고 보면 된다. 타이머는 일정한 시간주기를 가지고 있는 입력신호의 ON/OFF 횟수를 계측해서 시간을 측정하는 것이고, 카운터는 특정 시간주기에 관계없는 입력신호 ON/OFF 횟수를 계측하는 것이다. 서로 다른 점이 있다면, 카운터에는 현재값을 0으로 만들기 위한 별도의 리셋입력이 존재하지만, ON 딜레이 타이머는 타이머의 입력신호가 OFF될 때 현재값을 0으로 설정하는 동작을 수행한다는 점이다.

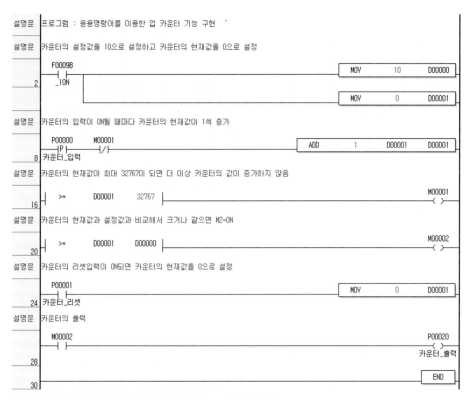

[그림 5-64] **사칙연산 명령어를 이용하여 구현한 UP0 카운터 기능**

5.4.4 디스플레이 유닛

앞에서 학습한 타이머에서 타이머의 설정값을 자유롭게 변경하기 위해 디지털 스위치를 사용했다. 이번에는 타이머 또는 카운터의 현재값을 표시하기 위한 디스플레이 유닛에 대해 살펴보자.

공장자동화 관련 산업현장에서는 생산정보를 표시하기 위해 다양한 정보 표시장치를 사용하고 있다. 최근에는 터치화면의 대중화로 디스플레이 유닛의 사용빈도가 점차 감소하는 추세이지만, 디스플레이 유닛이 가지고 있는 여러 장점 때문에 생산 정보 표시용 기기로 여전히 널리 사용되고 있다.

[그림 5-65] 디스플레이 유닛의 모습

■ 디스플레이 유닛 사용방법

디스플레이 유닛은 BCD 코드를 입력 받아 해당 숫자를 디스플레이하는 제어기기이다. 디스플레이 유닛으로 숫자 1자리를 표현하는 데에는 PLC 출력 4점이 필요하다. 이 책의 실습에서는 (주)오토닉스에서 시판하는 제품 모델 D1SA-RN을 사용하는데, 여기서는 병렬형태의 단순한 숫자 표시용으로만 이 제품을 사용할 것이다.

[표 5-9]는 디스플레이 유닛의 단자번호 및 명칭을 나타낸 것으로, 그 중에서 별색 음영으로 표시된 단자들이 사용된다. 1번, 10번은 DC24V 전원 연결단자이고, 2번, 3번, 4번, 5번 단자들은 숫자를 표시하기 위한 입력부분으로, PLC의 출력과 연결되는 부분이다. 네 개의 입력단자에 PLC 출력을 ON/OFF해서 BCD 코드를 입력하면, 해당되는 숫자가 표시된다.

[표 5-9] 디스플레이 유닛(D1SA-RN)의 핀 배치도

단자번호	1	2	3	4	5	6	7	8	9	10
기능	+24V	D0 (2^0)	D1 (2^1)	D2 (2^2)	D3 (2^3)	BI	BO	LE	DP	0V

[그림 5-66]은 두 자리 수를 표시하기 위해 PLC 출력 P28 ~ P2F에 연결한 디스플레이 유닛의 결선도를 나타낸 것이다.

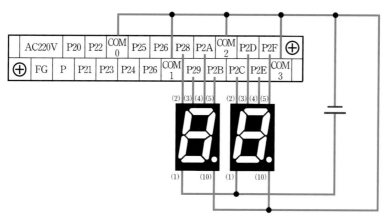

[그림 5-66] 디스플레이 유닛의 결선도

■ 디스플레이 유닛의 숫자 표시를 위한 PLC 명령어

디지털 스위치를 사용해서 타이머의 설정값을 변경할 때에는 BCD 코드 입력을 2진수 값으로 변경하는 BIN 명령어를 사용했다. 디스플레이 유닛에 PLC의 데이터 레지스터에 저장된 2진수 값을 표시하기 위해서는 2진수 값을 BCD 코드로 변환하는 BCD 명령을 사용해야 한다.

[표 5-10]과 같이 10진수 98에 대한 PLC의 표현은 2진수 '1100010'이고, 디스플레이 유 닛에 98에 해당되는 숫자를 표시하기 위해서는 BCD 코드로 '1001 1000'으로 변환되어 야 한다. 2진수로 표현된 값을 BCD 코드로 표현하는 PLC 명령어가 BCD이다. 16비트 처리 BCD 명령어에서 처리할 수 있는 값은 0 ~ 9999이다. 음수 또는 9999보다 큰 값을 BCD 코드로 변환하려면 에러가 발생하니 주의해야 한다.

[표 5-10] 10진수의 BCD 코드 표현

10진수	2진수 표현	BCD 코드 표현
98	1100010	1001 1000

[그림 5-66]의 PLC 결선도로 구현되는 디스플레이 유닛에 2자리 숫자를 표시하기 위해 8비트 크기의 BCD 코드를 만드는 [BCD8 12 P00020.8] 명령을 사용하면, 디스플레이 유닛에 12가 표시된다. 동일한 BCD 명령어라도 앞 첨자 또는 뒤 첨자에 따라 처리 대상 이 달라진다는 사실을 기억하기 바란다.

■ 보행자 및 차량용 신호등 제어   🖉 [Section 5.3]

1장의 [실습과제 1-3]에서 ON 딜레이 타이머를 이용한 신호등 제어회로 설계방법을 학습하였다. 1장에서와 같이 전기스위치와 릴레이를 이용해 제어회로를 제작할 때에는 전기부품 간 결선에 많은 시간이 소요되고, 회로 설계가 잘못되거나 회로 수정이 필요할 때에는 기존에 결선한 것을 해체한 후에 새롭게 결선해야 하는 문제점이 있다. 반면에 PLC를 이용하면, 전기회로의 결선에 문제가 없는 한, 동작조건을 추가하거나 회로를 수정할 때 컴퓨터에서 작성한 PLC 프로그램만 수정하면 되기 때문에 큰 어려움 없이 신속하고 정확하게 문제점을 해결할 수 있다. [실습과제 5-1]에서는 [실습과제 1-3]의 실습에 차량용 신호등 동작제어까지 포함한 신호등 제어 PLC 프로그램 작성법에 대해 학습한다.

보행자가 신호등 기둥에 설치되어 있는 통행버튼을 누르면 일정시간 후에 보행자용 신호등이 점등되어 보행자가 안전하게 횡단보도를 건널 수 있다. 이때 보행자용 신호등에 따라 차량용 신호등도 동작해야 한다. 보행자용 신호등과 차량용 신호등은 서로 반대로 동작하고, 차량용 신호등에는 보행자용 신호등에 없는 황색등이 하나 더 존재한다. [그림 5-67]에 주어진 신호등의 동작 순서대로 동작하는 신호등 제어용 PLC 프로그램을 작성해보자. [표 5-11]은 보행자 신호등 제어를 위한 PLC의 입력과 출력에 연결된 입출력 장치를 나타낸 것이다.

동작조건

① 초기조건에서 차량용 신호등은 녹색 점등, 보행자용 신호등은 적색 점등이다.

② 보행자 통행버튼을 누르면 20초 후 차량용 신호등의 황색등이 점등되고, 이 상태가 10초간 지속되다가 적색등이 점등된다.

③ 차량용 신호등의 적색등이 점등됨과 동시에 보행자용 녹색등이 2분간 점등된다.

④ 보행자 통행버튼을 눌러 보행자용 신호등 변경을 위한 동작이 이루어지는 동안(통행버튼을 누른 후 2분 30초 동안)에는 통행버튼을 눌러도 해당 입력신호를 무시한다.

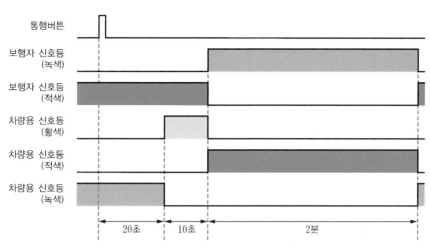

[그림 5-67] **신호등 동작 타임차트**

[표 5-11] PLC **입출력 할당**

입력번호	넘버링	기능	출력번호	넘버링	기능
P00	PB1	보행자 푸시버튼	P20	L1	보행자 녹색등
P01			P21	L2	보행자 적색등
P02			P22	L3	차량용 녹색등
P03			P23	L4	차량용 황색등
P04			P24	L5	차량용 적색등

PLC 프로그램 작성

■ 정해진 순서대로 동작해야 할 동작의 개수를 확인한다.

[그림 5-67]의 신호등 동작 타임차트를 보면, 3가지 동작이 순차적으로 이루어진다. 첫 번째는 20초 타이머 동작, 두 번째는 10초 타이머 동작, 세 번째는 2분 타이머 동작이다. 2장의 시퀀스 제어 기초에서 배운 시퀀스 제어회로 설계방법에 의하면, 동작이 3개인 경우에는 자기유지 3개와 1개의 작업종료 신호로 회로가 만들어진다.

■ 필요한 개수의 자기유지회로를 만든 후에, 정해진 시간 순서대로 동작하도록 자기유지회로와 타이머를 조합한다.

보행자가 통행버튼을 누르면 3개의 자기유지회로에 의해 20초, 10초, 2분 간격을 가진 타이머가 순차적으로 동작한다. [그림 5-67]의 타임차트를 살펴보면, 보행자용 녹색등과 보행자 및 차량용 적색등은 서로 반대되는 동작을 2분간 지속한다. 따라서 이들 신호등은 세 번째 자기유지회로와 타이머에 의해 2분간 유지되는 내부비트 접점인 M3에 의해 동작하게 된다.

차량용 황색 신호등은 두 번째 자기유지회로와 타이머에 의해 10초간 유지되는 내부비트 접점인 M2에 의해 동작한다. 차량용 녹색등은 10초 구간과 2분 구간에서만 동작하지 않고, 나머지 구간에서는 항상 동작한다.

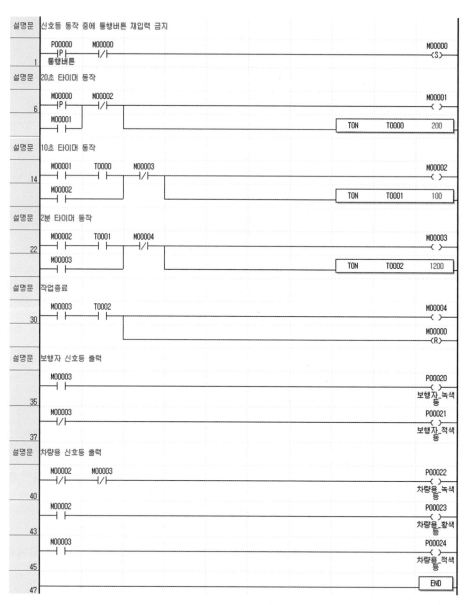

[그림 5-68] **타이머를 이용한 보행자 신호등 제어 PLC 프로그램**

■ 보행자 신호등에 경고를 위한 점멸동작 추가   [Section 5.3]

[실습과제 5-1]의 보행자 신호등 제어 PLC 프로그램은 타이머와 자기유지회로를 사용하여 쉽게 해결할 수 있는 문제이다. [실습과제 5-1]의 동작조건에 기능을 더 추가해보자. 추가된 기능은 보행자의 안전을 위해 녹색등의 점등시간 2분 중에서 소등되기 전 30초간 점멸동작(1초 ON, 1초 OFF)을 두는 것이다. 이는 보행자가 횡단보도를 건널 때, 녹색등의 점등시간이 얼마 남지 않았음을 보여주는 것이다. [그림 5-69]에 나타낸 신호동작 순서대로 보행자 녹색 신호등이 점멸하는 동작을 하는 PLC 프로그램을 작성해보자.

동작조건

동작조건 및 입출력 조건은 [실습과제 5-1]과 동일하다.

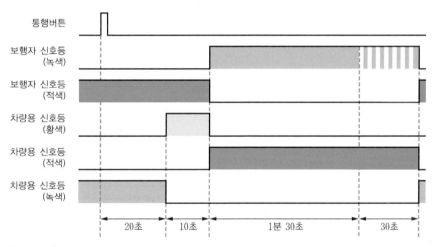

[그림 5-69] 보행자 신호등에 점멸 동작이 추가된 타임차트

PLC 프로그램 작성

1 정해진 순서대로 동작해야 할 동작의 개수를 확인한다.

[실습과제 5-2]는 [그림 5-69]에 나타낸 것처럼 총 4개의 동작(30초, 10초, 1분 30초, 30초)으로 시스템이 동작하기 때문에, PLC 프로그램은 4개의 자기유지회로와 1개의 작업종료 신호로 구성되어야 한다.

2 자기유지회로 동작과 함께 별도로 동작해야 할 동작조건을 확인한다.

네 번째 동작에서는 플리커 타이머 동작에 의한 램프 점멸동작이 이루어져야 한다.

3 필요한 개수의 자기유지회로를 만든 후에 정해진 시간 순서대로 동작하게 자기유지회로와 타이머를 조합한다.

[그림 5-70]은 주어진 동작조건을 만족하는 PLC 프로그램이다. 신호등 제어를 위한 동작을 4개로 구분하여 순차동작 자기유지를 만들어 사용하고 있음을 확인할 수 있다. 그리고 녹색등이 점멸해야 하는 동작구간에서 내부비트 M4가 ON되면 플리커 타이머 동작회로가 동작한다.

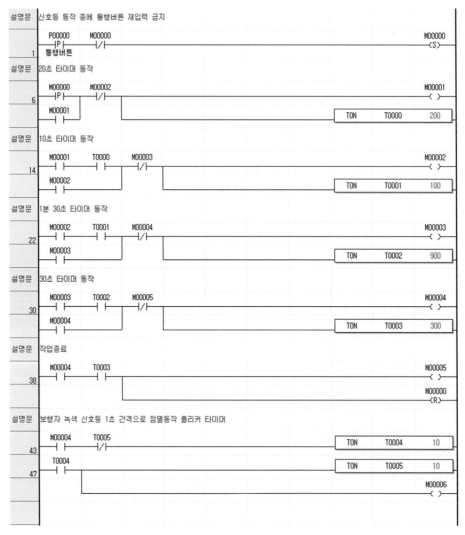

(계속)

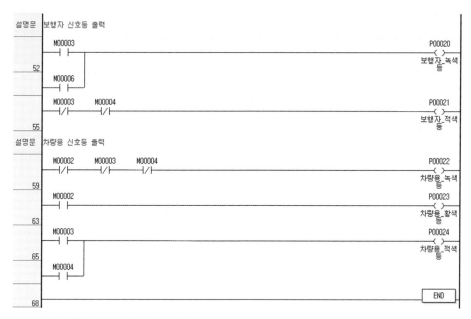

[그림 5-70] 보행자 신호등 제어 PLC 프로그램

[그림 5-71]은 보행자 신호등이 동작하지 않는 대기구간까지 나타낸 신호등 동작 타임차트이다. [그림 5-71]에서 보행자용 적색등은 M3, M4 동작구간을 제외한 나머지 구간에서는 항상 ON되어 있어야 한다. 따라서 PLC 프로그램에서 보행자 적색등 출력부분을 살펴보면, M3, M4가 b접점을 이용해서 직렬로 연결되어 있음을 알 수 있다. [그림 5-68]과 [그림 5-70]에 나타낸 PLC 프로그램과 비교해보면, 신호등의 출력부분의 구성에 대해 이해할 수 있을 것이다.

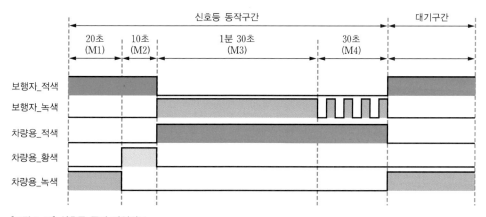

[그림 5-71] 신호등 동작 타임차트

[Section 5.3]

1장의 [실습과제 1-5]에서는 단순하게 빔 프로젝트의 램프와 팬의 동작을 전기 시퀀스 회로로 구성하였다. [실습과제 5-3]에서는 빔 프로젝트의 램프 수명을 좀 더 효율적으로 관리할 수 있도록 동작 표시등과 램프 교체 표시등을 추가해본다.

빔 프로젝트는 선명한 화면을 만들기 위해 고온의 열이 발생하는 할로겐 계열의 램프를 사용한다. 따라서 빔 프로젝트에는 램프에서 발생하는 고온의 열을 냉각시키기 위한 냉각팬이 설치되어 있다. 또한 램프의 수명시간이 있기 때문에 램프 수명이 다 했을 경우, 램프 교체 표시등을 점멸해 램프의 수명이 다 되었음을 알리는 기능도 있어야 한다. 앞에서 학습한 여러 종류의 타이머 동작을 이용해 주어진 동작조건을 만족하는 PLC 프로그램을 작성해보자.

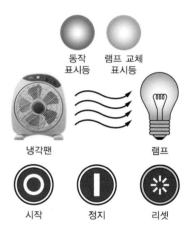

[그림 5-72] **빔 프로젝트 제어 조작패널**

동작조건

① 빔 프로젝트는 [표 5-12]처럼 3개의 입력과 4개의 출력을 가진다.

② 시작버튼과 정지버튼의 조작에 의해 빔 프로젝트는 ON/OFF된다.

③ 시작버튼을 누르면 램프와 팬은 즉시 ON되고, 동작 표시등도 ON된다.

④ 빔 프로젝트 동작 중에 정지버튼을 누르면 램프는 즉시 소등되고, 팬은 열을 냉각하기 위해 램프가 소등된 이후에도 10초간 더 동작 후에 정지한다. 램프는 소등되고 팬만 동작하고 있는 동안에 동작 표시등은 점멸동작(0.5초 ON, 0.5초 OFF)을 한다.

⑤ 빔 프로젝트의 램프 교체시기를 알려주기 위해 빔 프로젝트의 사용시간이 180초(빠른 시간에 동작을 확인하기 위해 180초로 설정함) 이상이 되면 램프 교체 표시등이 점멸동작(0.5초 ON, 0.5초 OFF)을 한다. 이때 리셋버튼을 누르면 빔 프로젝트의 사용시간이 초기화되고, 램프 교체 표시등은 소등된다.

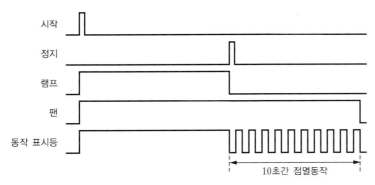

[그림 5-73] 빔 프로젝트 동작 타임차트

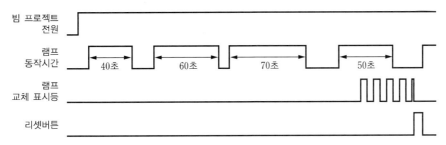

[그림 5-74] 램프 교체 표시등 동작

[표 5-12] PLC 입출력 할당

입력번호	넘버링	기능	출력번호	넘버링	기능
P00	ST	시작	P20	L1	빔 프로젝트 램프
P01	SP	정지	P21	L2	냉각 팬
P02	RST	리셋	P22	L3	동작 표시등
P03			P23	L4	램프 교체 표시등

PLC 프로그램 작성

이 실습과제의 해결과제 중 하나는 빔 프로젝트의 동작시간을 누적해서 램프의 사용시간이 완료되면 램프 교체 표시등을 점멸해야 한다는 것이다. 램프의 사용시간을 누적하기위해 적산 타이머 TMR을 사용한다. 그리고 동작 표시등 및 램프 교체 표시등을 점멸하기 위해서는 ON 딜레이 타이머로 구성된 플리커 타이머의 동작도 필요하다.

1 램프는 시작버튼과 정지버튼에 의해 동작하는 자기유지회로에 의해 동작한다.

2 팬은 램프를 동작시키는 자기유지회로를 이용한 OFF 딜레이 타이머로 동작한다.

3 동작 표시등은 램프가 정지해있고 팬만 동작할 때 점멸한다.

4 램프의 동작시간을 누적하기 위한 적산 타이머를 준비한다.

5 적산 타이머의 램프 동작 적산시간이 180초가 되면, 적산 타이머 출력을 이용해 램프 교체 표시등을 점멸하고, 리셋입력에 의해 적산 타이머의 적산시간을 클리어한다.

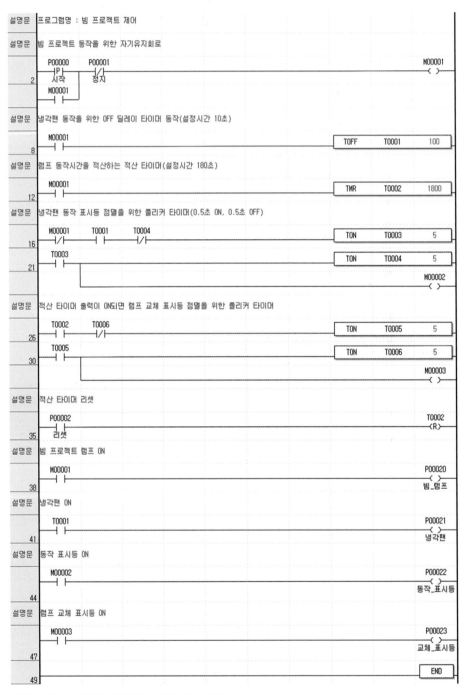

[그림 5-75] **빔 프로젝트 동작제어를 위한 PLC 프로그램**

[Section 5.3]

2장의 [실습과제 2-3]에서 1개의 푸시버튼으로 토글 기능의 전기회로를 설계하는 방법을 학습했다. 시퀀스 제어회로에서 토글 기능을 구현하기 위해서는 3개의 전기릴레이를 사용했지만, PLC에서는 'FF' 명령어로 토글 기능을 쉽게 구현할 수 있다.

디지털 스위치를 사용해서 타이머의 설정시간을 변경하려면, 먼저 디지털 스위치를 PLC 의 입력에 결선해야 한다. 10진수 한 자리를 표시하는 데 4개의 스위치 접점이 필요하므로, 10진수 두 자리를 표시하기 위해서는 8비트의 입력이 필요하다. PLC 입력에 연결된 디지털 스위치를 이용해서 타이머의 설정시간을 변경하는 PLC 프로그램을 작성해보자.

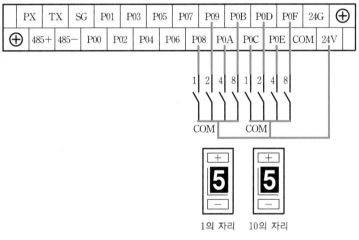

[그림 5-76] **디지털 스위치의 PLC 입력 결선도**

동작조건

① PLC의 전원을 ON했을 때, 램프는 소등된 상태이다.

② 디지털 스위치를 이용해 '0.1초 ~ 9.9초'까지의 동작시간을 설정한 다음, 시작/정지 버튼(P00) 을 누르면 설정한 시간만큼 램프가 점등되었다가 소등된다. 단, 디지털 스위치의 설정시간이 '00'인 상태에서는 시작/정지 버튼을 눌러도 동작하지 않는다.

③ 램프가 점등된 상태에서 시작/정지 버튼을 다시 누르면, 타이머의 남은 시간에 관계없이 램프는 즉시 소등된다.

④ 램프가 점등된 상태에서는 설정시간을 변경해도 변경된 시간이 적용되지 않는다. 설정시간은 시
작/정지 버튼을 누를 때에만 타이머에 적용된다.

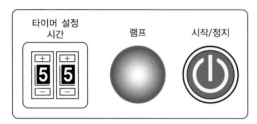

[그림 5-77] **디지털 스위치를 이용한 타이머 시간설정 조작패널**

[표 5-13] **PLC 입출력 할당**

입력번호	기능	출력번호	기능
P00	시작/정지 버튼	P20	램프
P08 ~ P0F	디지털 스위치		

PLC 프로그램 작성

1개의 푸시버튼을 이용해서 시작버튼 및 정지버튼을 구현하려면 어떻게 해야 할까? 2장
의 [실습과제 2-3]에서 학습한, 1개의 푸시버튼으로 토글 기능을 구현한 [그림 2-24]의
시퀀스 제어회로를 PLC 프로그램으로 변경해보자.

1 시퀀스 제어회로와 동일하게 PLC 프로그램을 작성한다.

[그림 5-78]은 [실습과제 2-3]의 릴레이 시퀀스 회로를 PLC 프로그램으로 변경한 것
이다. [실습과제 2-3]의 회로는 복잡해보였지만, XBC PLC에서는 1개의 푸시버튼으
로 토글 기능을 수행하는 전용 명령어를 제공하기 때문에 이러한 기능을 간단하게 구
현할 수 있다. [그림 5-79]는 FF 명령어를 사용하여 1개의 푸시버튼으로 토글 기능을
구현한 것이다. 이러한 기능은 가전제품의 전원버튼 등에 많이 사용되므로 잘 기억해
두기 바란다.

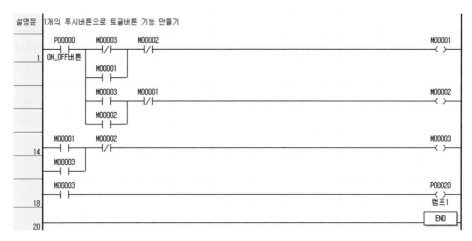

[그림 5-78] 접점 명령어를 사용한 토글 기능 구현 PLC 프로그램

2 시퀀스 제어회로의 기능을 대체할 수 있는 명령어(FF)가 있는지 확인한다.

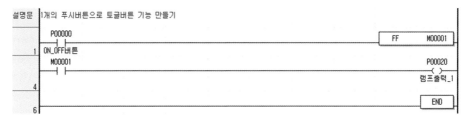

[그림 5-79] FF 명령어를 사용한 토글 기능 구현 PLC 프로그램

휴대전화의 경우, 전원버튼을 일정시간 계속 누르면 전원이 ON되고, 전원이 ON된 상태에서 전원버튼을 일정시간 계속 누르면 전원이 OFF된다. 이러한 기능은 타이머와 FF 명령어의 조합으로 구현 가능하다.

3 명령어(FF)를 사용한 다양한 사례를 조사하고, PLC 프로그램으로 작성한다.

[그림 5-80]은 전원버튼을 2초 이상 누르면 전원램프의 ON/OFF를 제어할 수 있는 PLC 프로그램이다. 이러한 제어 프로그램은 휴대전화의 전원버튼 동작에도 사용된다.

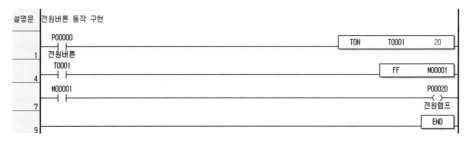

[그림 5-80] 전원버튼을 2초 이상 눌렀을 때 동작하는 토글 기능 구현 PLC 프로그램

4 필요에 따라 이중출력(코일)의 사용 여부를 조사한다.

[그림 5-81]은 앞에서 살펴본 PLC 프로그램을 참고하여 실습과제를 풀이한 PLC 프로그램이다. 이 프로그램을 작성해서 PLC에서 실행하면, XG5000의 파라미터 설정에 따라 이중출력 사용으로 인한 에러 또는 경고가 발생할 수 있다. 그 이유는 M0001의 접점을 3곳에서 사용하기 때문이다.

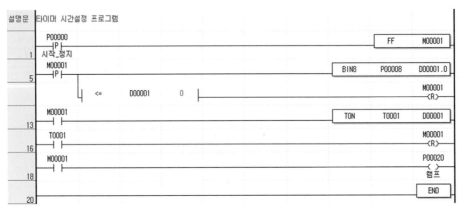

[그림 5-81] **디지털 스위치를 이용한 타이머 설정시간 변경 PLC 프로그램**

그러나 셋출력과 리셋출력의 경우에는 프로그래머가 필요에 따라 의도적으로 이중출력(코일)을 사용할 때가 많다. [그림 5-81]도 조건에 따라 M0001 출력을 리셋시키기 위한 용도로 리셋출력을 두 곳에서 사용하고 있는 경우이다. 이런 경우에 프로그램 컴파일 도중에 에러가 발생하지 않게 하려면, 다음과 같은 절차를 거쳐 이중출력을 경고로 변경하는 작업이 필요하다.

[그림 5-82]와 같이 메인메뉴에서 [보기] → [프로그램 검사]를 선택하여 프로그램 검사 창이 생성되면, '이중 코일 에러' 항목을 '경고'로 변경한다. 그러면 이중코일 검사 부분에서 에러가 발생하지 않고 경고가 발생하기 때문에 프로그램의 실행이 가능하다. 하지만 이런 경우, 프로그래머가 의도하지 않는 이중출력이 일어나도 에러가 아닌 경고가 발생하기 때문에, 경고 메시지를 신중하게 확인할 필요가 있다.

[그림 5-82] **이중출력(코일) 검사방법**

[Section 5.3]

디지털 스위치를 사용해서 타이머와 카운터의 설정값을 변경해보자. [실습과제 5-4]에서는 디지털 스위치 2개를 사용하여 10진수의 1의 자리와 10의 자리를 표현했지만, 이번 실습과제에서는 디지털 스위치 2개를 각각 카운터의 설정값과 타이머의 설정값을 설정하는 용도로 사용한다. [그림 5-83]에서 첫 번째 디지털 스위치(P08 ~ P0B)는 타이머의 시간설정 용도로 사용하고, 두 번째 디지털 스위치는 카운터의 설정값을 설정하는 용도로 사용한다.

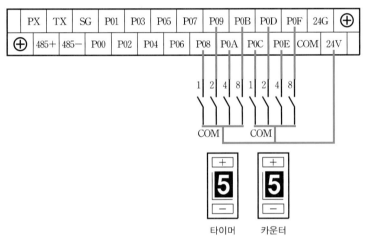

[그림 5-83] **디지털 스위치의 PLC 입력 결선도**

동작조건

① PLC의 전원을 ON했을 때, 램프는 소등된 상태이다.

② 첫 번째 디지털 스위치를 이용해서 타이머의 설정값을 변경한다. 디지털 스위치의 숫자가 1 ~ 9로 표시될 때, 설정시간은 0.1초 ~ 0.9초이다.

③ 두 번째 디지털 스위치를 이용해서 카운터의 설정값을 변경한다. 디지털 스위치의 숫자가 1 ~ 9로 표시될 때, 설정 횟수는 1 ~ 9회이다.

④ 시작/정지 버튼을 누르면, 램프는 정해진 시간간격으로 정해진 횟수만큼 점멸동작을 한다. 점멸동작 중에 시작/정지 버튼을 누르면, 남은 점멸 횟수에 관계없이 램프는 즉시 소등된다.

⑤ 타이머 또는 카운터의 설정값이 0이면, 시작/정지 버튼을 눌러도 동작하지 않는다.

[그림 5-84] 타이머 및 카운터 설정값 변경 조작패널

[표 5-14] PLC 입출력 할당

입력번호	기능	출력번호	기능
P00	시작/정지 버튼	P20	램프
P08 ~ P0B	타이머 설정용		
P0C ~ P0F	카운터 설정용		

PLC 프로그램 작성

이번 과제에서는 4비트 단위로 디지털 스위치의 입력을 읽어야 한다. 디지털 스위치는 4개의 스위치를 사용해서 1 ~ 9까지의 한 자리 수에 해당하는 BCD 코드를 생성하는 장치이다. 디지털 스위치 여러 개를 조합하여 숫자를 표시하는 경우에는 BIN 명령어를 사용해서 BCD 코드를 2진수 값으로 변환하는 절차가 필요하겠지만, 1개의 디지털 스위치를 사용하는 경우에는 BCD 코드와 2진수 값이 일치하기 때문에 별도의 BIN 명령을 사용할 필요가 없다. 따라서 이번 과제는 4비트 단위의 데이터를 처리할 수 있는 MOV4 명령을 사용해서 프로그램을 작성한다.

1 **명령어로 처리해야 할 데이터의 크기를 사전에 파악하고, 적합한 명령어를 사용한다.**
[그림 5-85]의 완성된 PLC 프로그램을 살펴보면, 타이머의 설정값과 카운터의 설정값을 MOV4 명령어를 사용해서 16비트 크기의 워드 데이터 레지스터 D1과 D2에 저장한 후, 비교연산을 통해서 설정값이 0인지를 검사한다.

2 **동작조건에 따라 상승펄스 신호(|P|)와 하강펄스 신호(|N|)를 구분해서 사용한다.**
플리커 타이머의 설정값 자리에 데이터 레지스터 D1을 지정했기 때문에, 디지털 스위치를 조작하면 타이머의 동작시간을 변경할 수 있다. 또한 플리커 타이머에 의해 동작하는 램프 점멸횟수 카운터 부분을 살펴보면, M02 비트의 하강펄스를 이용해서 점멸횟수를 카운트하고 있음을 확인할 수 있다. 그 이유는 플리커 타이머에 의해 만들어지는 램프 점멸 펄스가 L(낮은 전압) → H(높은 전압) 순으로 동작하기 때문이다.

이때 카운터의 리셋 조건은 두 가지이다. 하나는 카운터의 설정값만큼 카운트되었을 때, 카운터의 출력에 의해 리셋이 발생한다. 또 다른 하나는 램프 점멸동작 중에 시작/정지 버튼을 눌러 동작이 정지될 때, 카운터의 현재값이 리셋된다. 그래야 다음에 동작할 때 설정횟수만큼 동작할 수 있기 때문이다.

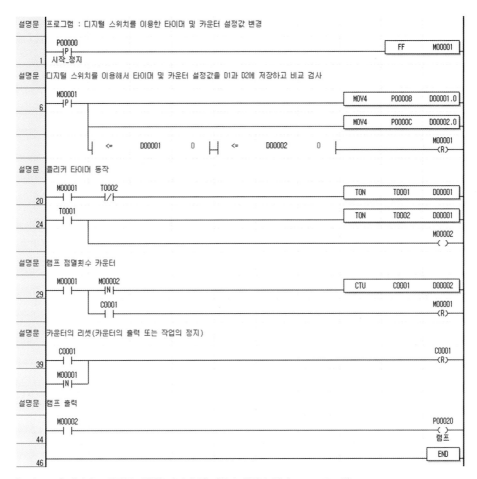

[그림 5-85] **디지털 스위치를 이용한 타이머 및 카운터 설정값 변경 PLC 프로그램**

[Section 5.4]

[실습과제 5-5]에서 디지털 스위치를 이용하여 타이머와 카운터의 설정값을 변경하는 방법에 대해 학습해보았다. 이번 실습과제에서는 디스플레이 유닛과 스위치의 조합으로 타이머와 카운터의 설정값을 변경한 후, 시작/정지 버튼을 조작해서 램프의 점멸횟수를 제어하는 PLC 프로그램을 작성해보자.

동작조건

① PLC의 전원을 ON했을 때 램프는 소등된 상태이고, 타이머 설정값 3과 카운터 설정값 5가 디스플레이 유닛에 표시된다.

② 타이머 및 카운터의 증가버튼을 누를 때마다 설정값이 1씩 증가한다. 설정값이 9인 상태에서 증가버튼을 누르면 1로 변경된다. 타이머에는 1초 단위로 설정시간이 표시된다. 즉 8이면 8초가 설정되었다는 의미이다.

③ 시작/정지 버튼을 누르면, 램프는 타이머에 설정된 시간간격으로 점멸동작을 시작한다. 램프는 카운터에 설정된 횟수만큼 점멸동작을 한 후에 소등된다.

④ 램프의 점멸동작 중에 시작/정지 버튼을 다시 누르면, 점멸동작은 즉시 정지한다.

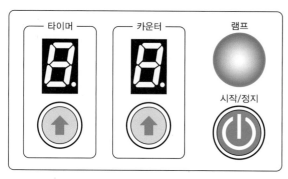

[그림 5-86] **타이머 및 카운터 설정값 변경을 위한 조작패널**

[표 5-15] PLC 입출력 할당

입력번호	기능	출력번호	기능
P00	시작/정지 버튼	P20	램프
P01	타이머 증가버튼	P2B ~ P28	타이머 설정값 표시
P02	카운터 증가버튼	P2F ~ P2C	카운터 설정값 표시

PLC 프로그램 작성

1 **타이머 번호에 따라 타이머 동작 기준시간이 다르다.**

[그림 5-87]은 디스플레이 유닛을 사용하여 타이머 및 카운터의 설정값을 변경하는 PLC 프로그램이다. 이 프로그램의 작성 시, XBC PLC에서 사용하는 타이머의 기준시간은 타이머의 번호에 따라 다르다는 점을 유념해야 한다. 실습과제에서 제시된 동작조건에서는 타이머의 설정시간을 1초 단위로 설정한다고 되어 있다. 기준시간 0.1초 타이머를 사용했을 경우에 1초를 설정하기 위해서는 타이머의 설정값이 10이어야 한다. 0.1 × 10 = 1에 해당되기 때문에, PLC 프로그램에서 사용하는 타이머 설정값은 디스플레이 유닛에 표시된 값에 10을 곱해야 1초 단위의 시간을 설정할 수 있는 것이다.

2 **명령어로 처리해야 할 데이터의 크기를 사전에 파악하고, 적합한 명령어를 사용한다.**

BCD4 명령을 사용하여 D0와 D1에 저장된 값을 BCD 코드로 변경할 때, 실습과제에서는 디스플레이 유닛을 타이머와 카운터에 각각 1개씩 사용하고 있으므로, 표시 가능한 숫자는 1 ~ 9이다. 따라서 BCD4 명령을 사용하지 않고 MOV4 명령을 사용해도 된다.

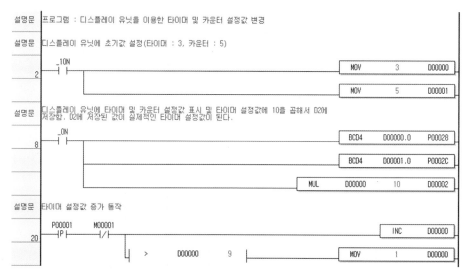

(계속)

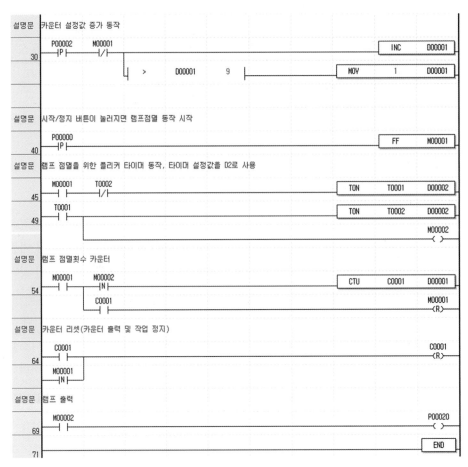

[그림 5-87] 디스플레이 유닛과 스위치 조합의 PLC 프로그램

⟡ [Section 5.4]

[실습과제 5-2]에서는 보행자 안전을 위해 보행시간이 30초가 남았을 때부터 녹색등의 점멸동작을 통해 보행자에게 경고할 수 있는 램프 점멸동작을 구현했다. [실습과제 5-7]에서는 디스플레이 유닛을 이용하여 보행시간의 경과시간을 표시하는 신호등을 만들어본다.

응용명령어를 이용하여 보행자 신호등 제어를 위한 PLC 프로그램을 작성해보려고 한다. 보행자 녹색 신호등이 점등되고 1분 30초가 지난 후에, 시간이 얼마 남지 않았음을 경고 하기 위해 녹색등을 점멸한다. 하지만 점멸신호만 가지고는 녹색등의 동작시간이 얼마나 남았는지는 파악하기 힘들다. 따라서 사람의 통행이 많은 횡단보도의 신호등에는 녹색등의 남은 동작시간을 표시하여, 혹시나 발생할 수 있는 보행자 교통사고를 예방하고 있다.

동작조건

동작조건은 [실습과제 5-1]과 동일하다. 다만 보행자 신호등의 시간이 30초가 남았을 때부터 디스플레이 유닛에 30초가 표시되고, 1초 간격으로 1씩 숫자가 감소하는 동작을 한다.

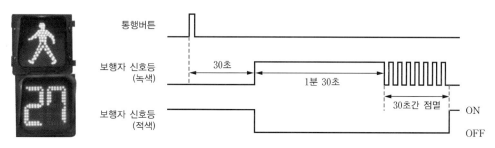

[그림 5-88] **보행자 신호등 동작 타임차트**

[표 5-16] PLC 입출력 할당

입력번호	기능	출력번호	기능
P00	보행자 푸시버튼	P20	보행자 녹색등
		P21	보행자 적색등
		P22	차량용 녹색등
		P23	차량용 황색등
		P24	차량용 적색등
		P25	시간표시 램프 ON
		P2F ~ P28	보행자 시간표시

PLC 프로그램 작성

1 정해진 순서대로 동작해야 할 동작의 개수를 확인한다.

앞에서 풀어본 실습과제와 동일하게 차량용 신호등의 황색등을 제어하기 위한 10초라는 시간을 포함하여 총 4개의 동작(30초, 10초, 1분 30초, 30초)으로 시스템이 동작하기 때문에, PLC 프로그램은 4개의 자기유지회로와 1개의 작업종료 신호로 구성된다. 네 번째 동작에서 플리커 타이머 동작에 의한 램프 점멸동작과 함께 신호등에 시간이 표시되어야 한다. 따라서 네 번째 동작은 30초 타이머를 사용하지 않고, 1초 단위로 점멸동작을 하는 플리커 타이머의 동작횟수를 계측해서 30회가 되면 동작을 정지하는 형태로 프로그램을 작성한다.

2 자기유지회로의 동작에 의해 별도로 동작해야 할 부분은 작업종료 신호 이후에 별도로 프로그램을 작성한다.

[그림 5-89]의 프로그램에서 네 번째의 자기유지회로 동작부분(30번 라인)을 살펴보면, 타이머를 사용하지 않고 MOVP 명령을 사용하고 있다. 그 이유는 M4가 30초 동안 계속해서 ON되어 있기 때문에, D0에 설정한 30의 값이 M4가 ON되는 순간만 동작해서, 프로그램 라인 53번에 나타낸 시간이 30, 29, 28, … 순으로 감소동작을 할 수 있도록 하기 위함이다. 만약 MOVP 명령 대신 MOV 명령을 사용하면, 시간이 감소되지 않고 계속해서 30으로 유지되어버린다. 이처럼 PLC 프로그램을 작성할 때에는 해당 명령어가 언제 실행되어야 하고, 언제까지 그 작업 상태를 유지해야 하는지를 면밀하게 파악해서 해당 시간 동안만 동작할 수 있도록 해야 한다.

프로그램 라인 53번은 보행자의 신호등이 점멸할 때 뺄셈(SUB) 명령을 이용해서 D0의 설정값을 1씩 감소시키고, 보행자 녹색 신호등의 남은 동작시간을 표시한다.

설명문 | 신호등 동작 중에 통행버튼 재입력 금지

```
        P00000        M00000                                                    M00000
  1  ───┤P├──────────┤/├─────────────────────────────────────────────────────<S>──
        통행버튼
```

설명문 | 20초 타이머 동작

```
        M00000        M00002                                                    M00001
  6  ───┤P├──────────┤/├────────┬───────────────────────────────────────────<  >──
        M00001                   │
     ───┤ ├───────────────────   └─────────────────────────[TON    T0000    200]──
```

설명문 | 10초 타이머 동작

```
        M00001        T0000     M00003                                          M00002
 14  ───┤ ├──────────┤ ├───────┤/├──────┬─────────────────────────────────────<  >──
        M00002                           │
     ───┤ ├─────────────────────────     └──────────────────[TON    T0001    100]──
```

설명문 | 1분 30초 타이머 동작

```
        M00002        T0001     M00004                                          M00003
 22  ───┤ ├──────────┤ ├───────┤/├──────┬─────────────────────────────────────<  >──
        M00003                           │
     ───┤ ├─────────────────────────     └──────────────────[TON    T0002    900]──
```

설명문 | 30초간 보행자 녹색등 점멸동작 및 녹색등 동작이 남은 시간 표시, M4가 ON되는
         순간(MOVP명령어 사용)D0의 설정값을 30으로 설정

```
        M00003        T0002     M00005                                          M00004
 30  ───┤ ├──────────┤ ├───────┤/├──────┬─────────────────────────────────────<  >──
        M00004                           │
     ───┤ ├─────────────────────────     └──────────────────[MOVP    30    D00000]──
```

설명문 | 녹색등 점멸횟수가 30회(30초에 해당)가 되면 작업종료

```
        M00004        M00007                                                    M00005
 39  ───┤ ├──────────┤ ├─────────┬───────────────────────────────────────────<  >──
                                   │                                            M00000
                                   └─────────────────────────────────────────<R>──
```

설명문 | 보행자 녹색 신호등 1초 간격으로 점멸동작 플리커 타이머

```
        M00004        T0005                                              [TON    T0004    5]
 44  ───┤ ├──────────┤/├─────────────────────────────────────────────
        T0004                                                           [TON    T0005    5]
 48  ───┤ ├──────────┬────────────────────────────────────────────
                      │                                                         M00006
                      └───────────────────────────────────────────────────────<  >──
```

설명문 | 녹색등 점멸할 때마다 시간을 1초 단위로 감소해서 00이 되는 순간 M7을 ON

```
        M00004        M00006                                       [SUB    D00000    1    D00000]
 53  ───┤ ├──────────┤N├──────┬──────────────────────────────
                              │                                                 M00007
                              ├──┤ <=    D00000    0 ├─────────────────────────<  >──
                              │
                              └──────────────────────────────[BCD8    D00000.0    P00028]──
```

설명문 | 보행자 녹색 신호등 출력

```
        M00003                                                                  P00020
 70  ───┤ ├──────────┬───────────────────────────────────────────────────────<  >──
        M00006        │                                                       보행자_녹색등
     ───┤ ├───────────┘

        M00003        M00004                                                    P00021
 73  ───┤/├──────────┤/├───────────────────────────────────────────────────────<  >──
                                                                              보행자_적색등
```

(계속)

Chapter 05 ▶ 실습과제   205

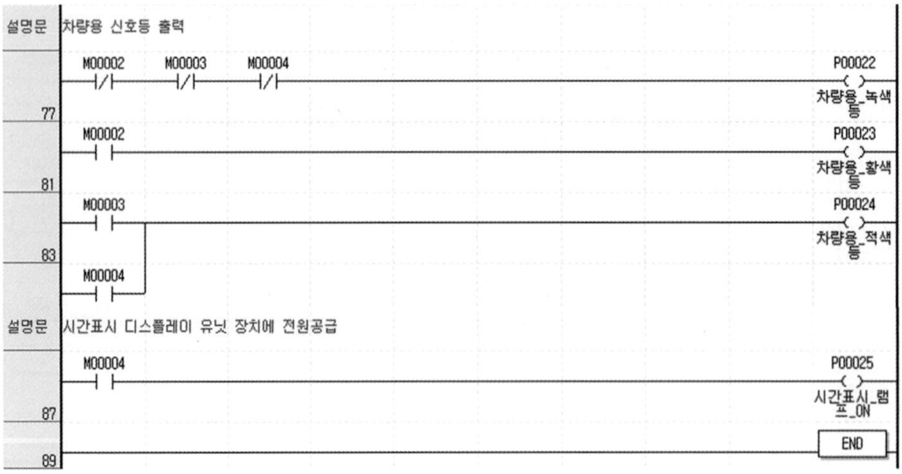

설명문 | 차량용 신호등 출력

```
         M00002   M00003   M00004                                    P00022
          ─┤/├─────┤/├─────┤/├─                                      ─( )─
   77                                                               차량용_녹색
                                                                        등
         M00002                                                      P00023
          ─┤ ├─                                                      ─( )─
   81                                                               차량용_황색
                                                                        등
         M00003                                                      P00024
          ─┤ ├─┬─                                                    ─( )─
   83               │                                               차량용_적색
         M00004     │                                                   등
          ─┤ ├──────┘
```

설명문 | 시간표시 디스플레이 유닛 장치에 전원공급

```
         M00004                                                      P00025
          ─┤ ├─                                                      ─( )─
   87                                                               시간표시_램
                                                                      프_ON
   89                                                                 ┌─────┐
                                                                      │ END │
                                                                      └─────┘
```

[그림 5-89] **보행자 신호등 제어 PLC 프로그램**

PLC를 이용한 공압실린더 제어

이 장에서는 공압실린더의 동작을 제어하는 PLC 프로그램 작성법에 대해 살펴본다. PLC로 공압실린더를 제어하는 기본원리는 3장에서 학습한 릴레이 시퀀스 회로를 사용한 전기공압 제어방법과 크게 다르지 않지만, PLC를 이용하면 릴레이 시퀀스에서 구현하지 못하는 다양한 동작제어도 쉽게 구현할 수 있다.

6.1 오토스위치

공압실린더의 제어를 위해서는 실린더의 위치를 감지하는 센서를 사용하는데, 이 센서를 '오토스위치auto switch'라고 한다.

6.1.1 오토스위치의 분류

오토스위치는 고정하는 방법에 따라, 또는 센서의 출력접점에 따라 구분한다. 고정방법에 따라서는 [그림 6-1]과 같이 밴드 고정형, 레일 고정형, 타이로드tie rod 고정형, 직접 고정형으로 분류되고, 오토스위치의 출력접점에 따라서는 리드 스위치reed switch를 이용한 유접점 방식과, 홀 센서를 사용한 무접점 방식으로 분류된다. 무접점 방식은 2선식과 3선식 센서로 구분된다.

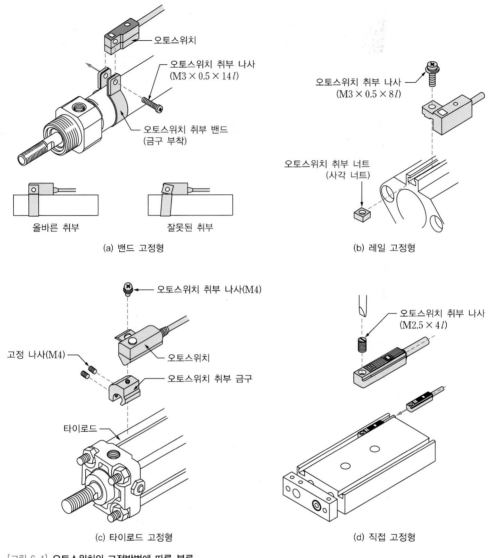

오토스위치

오토스위치 취부 나사
(M3 × 0.5 × 14*l*)

오토스위치 취부 밴드
(금구 부착)

올바른 취부   잘못된 취부

(a) 밴드 고정형

오토스위치 취부 나사
(M3 × 0.5 × 8*l*)

오토스위치 취부 너트
(사각 너트)

(b) 레일 고정형

오토스위치 취부 나사(M4)

고정 나사(M4)

오토스위치

오토스위치 취부 금구

타이로드

(c) 타이로드 고정형

오토스위치 취부 나사
(M2.5 × 4*l*)

(d) 직접 고정형

[그림 6-1] **오토스위치의 고정방법에 따른 분류**

6.1.2 오토스위치의 배선방법

오토스위치는 사용되는 전기접점의 종류에 따라 유접점과 무접점으로 구분된다. 유접점
방식은 오토스위치 내부에 리드 스위치를 사용해 실린더 로드에 있는 자석의 위치를 감
지하는 방식을 의미한다. 무접점 방식은 자석을 감지하는 반도체 타입의 홀^{hall} 센서를 이
용한 것으로, 감지하려는 자석의 감도를 조절할 수 있다. 따라서 홀 센서를 이용한 무접
점 오토스위치는 주변 자력의 영향을 많이 받는 장소에서 사용한다. 예를 들면, 여러 개
의 실린더가 밀착되어 설치되어 있어서 다른 실린더 로드의 자석에 의한 영향을 받거나,

또는 모터 등 유도기기에서 발생되는 자력선에 의한 영향을 받는 장소에서는 무접점 오토스위치를 사용하면 오동작을 줄일 수 있다.

유접점 방식은 주변 자력의 영향을 받지 않은 장소에서 사용된다. 현장에서 사용되는 대부분의 오토스위치는 유접점 방식이다. 유접점 방식이 무접점 방식에 비해 가격이 저렴하면서 배선이 쉽고, 고장 빈도가 낮기 때문이다. 현장실무에 임할 때는 유접점과 무접점의 차이를 잘 파악하고 사용하기를 권한다.

오토스위치는 센서에 연결된 전선의 개수에 따라 2선식과 3선식으로 구분된다. 일반적으로 2선식 센서는 리드 스위치를 이용한 것이 대부분이지만, 일부는 트랜지스터를 이용한 센서도 있기 때문에 배선을 할 때 주의해야 한다. 오토스위치의 배선방법에 대해 살펴보자.

■ 부하(릴레이 또는 램프) 구동을 위한 오토스위치 배선방법

❶ 무접점 3선식 NPN
오토스위치 무접점 3선식 NPN은 싱크 방식의 배선을 이용한다.

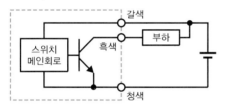
(a) 오토스위치 동작전원과 부하전원이 동일한 경우

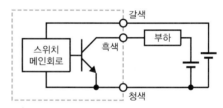
(b) 오토스위치 동작전원과 부하전원이 별도인 경우

[그림 6-2] 무접점 3선식 타입 배선방법

❷ 무접점 2선식 NPN
오토스위치 무접점 2선식 NPN은 싱크 방식의 배선을 이용한다.

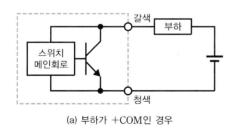
(a) 부하가 +COM인 경우

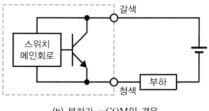
(b) 부하가 −COM인 경우

[그림 6-3] 무접점 2선식 타입 배선방법

❸ 유접점 2선식

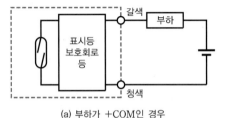 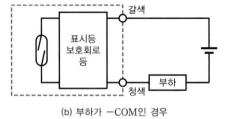

(a) 부하가 +COM인 경우   (b) 부하가 −COM인 경우

[그림 6-4] 유접점 2선식 타입 배선방법

■ 오토스위치의 PLC 입력 배선방법

❶ PLC 입력모듈이 +COM인 경우

PLC 입력모듈이 +COM일 때, 오토스위치 NPN 타입은 싱크 방식의 배선을 이용한다.

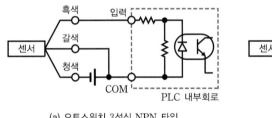 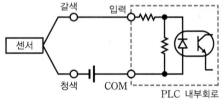

(a) 오토스위치 3선식 NPN 타입   (b) 오토스위치 2선식 타입

[그림 6-5] PLC 입력모듈이 +COM인 경우 배선방법

❷ PLC 입력모듈이 −COM인 경우

PLC 입력모듈이 −COM일 때, 오토스위치 PNP 타입은 소스 방식의 배선을 이용한다.

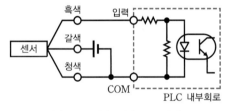 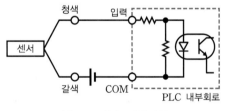

(a) 오토스위치 3선식 PNP 타입   (b) 오토스위치 2선식 타입

[그림 6-6] PLC 입력모듈이 −COM인 경우 배선방법

이 책의 공압실린더 제어 실습에는 2선식 유접점의 오토스위치를 사용한다. 2선식 유접점 방식의 경우, PLC 입력모듈의 COM 선택에 따라 배선방법이 달라지기 때문에 XBC PLC의 COM 전원을 결정한 후에 싱크 방식 또는 소스 방식을 선택해서 배선한다.

6.2 편솔 및 양솔 제어

3장에서 살펴보았듯이 전기적으로 공압실린더를 제어하기 위해서는 솔레노이드 밸브를 사용하고, 이 솔레노이드 밸브에는 편솔(편솔레노이드 밸브)과 양솔(양솔레노이드 밸브)이 있음을 배웠다. 릴레이 시퀀스를 설계할 때에는 솔밸브 자체가 자기유지 타입인 양솔을 사용하여 제어회로를 설계했다. PLC에서는 전기시퀀스 회로와 다르게 제어회로가 프로그램으로 처리되기 때문에 양솔과 편솔의 구분없이 제어가 가능하다. 이번에는 PLC를 이용하여 공압실린더를 제어하는 시퀀스 프로그램을 만들어보자. 우선은 편솔과 양솔 사용 유무에 상관없이 동일하게 프로그램을 작성한 후, 출력에서 양솔과 편솔의 제어방법을 구분할 것이다.

6.2.1 편솔 및 양솔의 전·후진 제어

[표 6-1] 편솔과 양솔의 제어 차이점

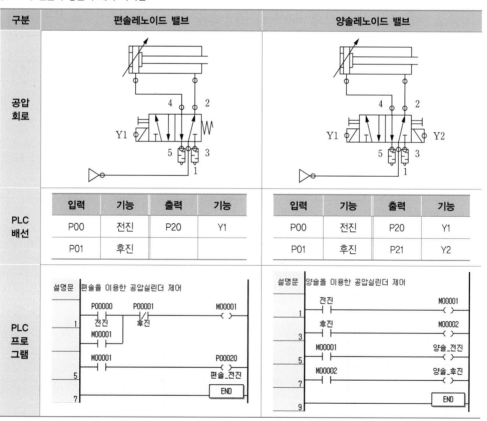

6.2 편솔 및 양솔 제어　211

공압실린더의 위치를 확인하는 센서 없이 단순히 실린더의 전·후진 동작을 제어하는 방법을 통해 편솔과 양솔의 제어 차이점을 살펴보자. 두 개의 푸시버튼을 이용해서 실린더의 전진과 후진동작을 제어한다. 전진버튼을 누르면 실린더는 전진상태를 유지하고, 후진버튼을 누르면 실린더는 후진상태를 유지하게 된다.

[표 6-1]에 편솔과 양솔의 제어 차이점을 간단하게 나타내었다. 편솔에서 전진동작을 계속 유지하기 위해서는 편솔의 ON 상태가 유지되어야 하기 때문에 자기유지회로를 이용한 제어가 필요하다. 반면 양솔의 경우에는 솔밸브 자체가 자기유지 기능을 가지고 있기 때문에, 별도의 자기유지회로를 사용할 필요 없이 단순하게 해당 솔밸브의 ON/OFF 동작만으로 전진 및 후진동작을 제어할 수 있다.

6.2.2 편솔 및 양솔의 시퀀스 제어

이번에는 시퀀스 제어방식에서 편솔과 양솔의 차이점을 살펴보자. [그림 6-7]처럼 시작 버튼을 누르면 공압실린더는 전진동작을 시작, 완료하고 3초간 전진상태를 유지하다가, 후진동작을 시작, 완료하는 것으로 전체 동작을 완료한다. 전체 동작은 3단계로 구성되어 있기 때문에 시퀀스 제어 PLC 프로그램은 3개의 자기유지회로와 1개의 작업종료 회로로 구성된다.

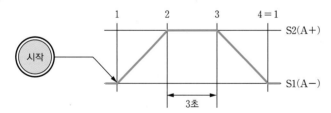

[그림 6-7] **공압실린더의 동작조건**

[표 6-2]를 살펴보자. 이 표에서 공압 회로도를 살펴보면, 시퀀스 제어를 위해 실린더의 전진 및 후진 위치를 감지할 수 있는 센서나 리미트 스위치를 사용해서 PLC 입력에 연결했음을 알 수 있다. 또한 편솔과 양솔을 사용한 공압실린더 제어 PLC 프로그램을 살펴보면, 제어부분이 두 경우 모두 동일하게 3개의 자기유지회로와 1개의 작업종료회로로 구성되어 있음을 확인할 수 있다. 두 프로그램의 차이점은 출력에서 찾을 수 있다.

[표 6-2] 편솔 및 양솔 제어 PLC 프로그램

구분	편솔레노이드 밸브	양솔레노이드 밸브
공압 회로도	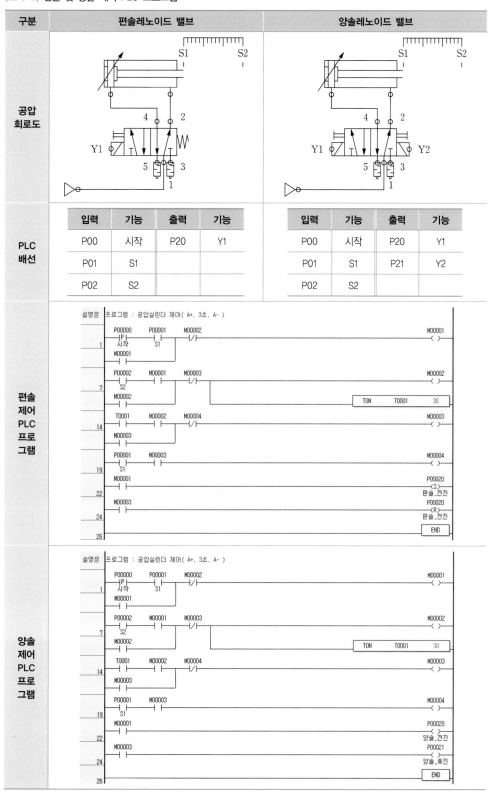	

PLC 배선	입력	기능	출력	기능	입력	기능	출력	기능
	P00	시작	P20	Y1	P00	시작	P20	Y1
	P01	S1			P01	S1	P21	Y2
	P02	S2			P02	S2		

편솔
제어
PLC
프로
그램

양솔
제어
PLC
프로
그램

편솔의 경우, 실린더가 전진한 후 3초간 전진동작 상태를 지속하기 위해서는 출력이 계속 ON되어 있어야 한다. 하지만 실린더 전진동작을 제어하는 M1은 실린더의 전진동작이 완료되고 M2가 ON되는 순간 OFF된다. 따라서 출력 P20은 M2가 OFF될 때까지 ON 상태를 유지해야 하기 때문에 셋출력(S)을 이용해서 ON 상태를 유지하도록 만든다. 따라서 P20의 출력을 ON 상태로 만드는 M1이 M2에 의해 OFF되어도 P20은 M1의 OFF에 관계없이 ON 상태를 유지하기 때문에 [그림 6-7]과 같은 실린더의 동작조건을 만족할 수 있다. 반면 양솔의 경우에는 솔밸브 자체가 자기유지 기능을 가지고 있기 때문에 셋(S)과 리셋(R) 출력접점이 아닌 단순 출력접점을 이용하고 있다.

PLC에서는 전기시퀀스 제어와는 달리 편솔과 양솔의 기능적 차이점 때문에 제어 프로그램을 각각 다르게 작성할 필요는 없다. 실린더를 제어하는 프로그램은 전기시퀀스 회로 설계방법과 동일한 방법으로 작성하고, 출력에서 셋과 리셋을 사용해서 편솔을 제어하면 좀 더 쉽게 공압실린더를 제어할 수 있다. 아주 단순하지만, 편솔과 양솔을 혼합해서 제어하는 경우에 유용하게 사용할 수 있는 방법이므로 잘 기억해두기 바란다.

이 실습과제에서는 실린더가 전진한 후 정지해
있는 시간을 1초 단위로 사용자가 설정할 수 있
도록 하는 PLC 프로그램을 작성해보려고 한다.
시간설정을 위해 디스플레이 유닛을 사용한 시
스템을 구성한다.

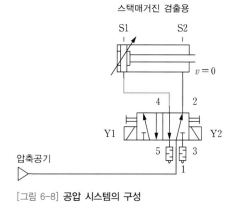

[그림 6-8] **공압 시스템의 구성**

동작조건

① 공압 시스템의 구성 및 조작 스위치 패널, I/O 리스트를 참고하여 주어진 동작조건에 맞는 PLC
   프로그램을 작성한다.

② 공압 솔레노이드 밸브의 수동조작 스위치를 이용해 공압실린더가 후진위치에 있도록 한다. 그리
   고 공압실린더에 설치되어 있는 스피드 컨트롤러 밸브를 조절해서 공압실린더의 전·후진 속도
   를 적절하게 조절한다. 이러한 초기설정이 끝나면 PLC의 입출력 모니터링 기능을 이용해 I/O
   리스트에 나타낸 입력번호에 맞게 신호가 ON/OFF되는지 확인한다.

③ PLC의 전원이 ON되면, 수동모드/자동모드 선택에 관계없이 시간표시 숫자 FND에는 '03'이
   표시되어야 한다. 수동모드에서는 시간 증가/감소 버튼을 사용할 수 없고, 자동모드에서만 시간
   증가/감소 버튼을 사용해서 시간을 설정할 수 있다. 시간설정 중에 설정을 수정하고 싶을 때에
   는 리셋버튼을 누르면 설정시간이 '01'이 된다.

④ 자동모드에서 시간 증가/감소 버튼을 누를 때마다 1씩 감소 또는 증가한다. 단, 동작시간 범위
   는 1 ~ 99초까지이다. 즉 동작시간이 1일 때에는 감소버튼을 눌러도 더 이상 시간 감소는 되지
   않는다. 99초가 표시되어 있을 때에도 증가버튼을 눌러봤자 더 이상의 시간 증가는 일어나지 않
   는다.

⑤ 시간 증가/감소 버튼을 누를 때마다 시간이 1초씩 증가 또는 감소하지만, 시간 증가/감소 버튼
   을 1.5초 이상 계속 누르고 있으면 0.1초 간격으로 설정시간이 감소 또는 증가한다.

⑥ 시작버튼을 누르면 [그림 6-9]의 변위선도와 같이 공압실린더가 전진 후, 설정시간 동안 전진
   상태를 유지하다가 후진한다.

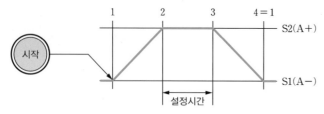

[그림 6-9]

[그림 6-10]은 시스템을 조작하기 위한 조작패널이다. 조작패널의 모든 조건을 사용할 필요는 없으며, 일부는 사용하지 않을 수도 있다. 터치스크린의 사용이 가능한 환경에서는 터치스크린을 사용하는 게 좋다.

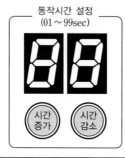

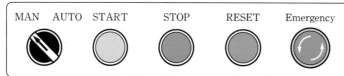

[그림 6-10] **타이머를 이용한 공압실린더 조작패널**

[표 6-3] **PLC 입출력 할당**

입력번호	넘버링	기능		출력번호	넘버링	기능
P00	M/A	수동_자동 모드 선택	OFF: 수동	P20	Y1	전진동작 SOL
			ON : 자동			
P01	START	시작버튼		P21	Y2	후진동작 SOL
P02	STOP	정지버튼				
P03	RESET	리셋버튼		P2F~P28		설정시간 표시 FND
P06	UP	시간 증가버튼				
P07	DOWN	시간 감소버튼				
P08	S1	실린더 후진감지 센서				
P09	S2	실린더 전진감지 센서				

PLC 프로그램 작성

① 설정 단위가 다른 경우 : 곱셈과 나눗셈 연산 이용

타이머의 설정시간은 0.1초 간격으로 설정 가능하고, 설정시간 표시는 1초 단위로 표시된다. 설정시간 단위와 표시되는 단위가 다르기 때문에 곱셈 또는 나눗셈 명령을 이용해서 단위를 통일해야 한다. 앞에서 학습한 내용처럼 표시 단위에 10을 곱해서 타이머의 설정시간으로 사용한다.

② 스위치를 계속 누르고 있는 동안 일정시간 간격으로 시간 증가 동작

전자기기의 설정값을 설정할 때 일정시간 이상 버튼을 누르고 있으면 설정값이 증가하는 기능을 볼 수 있다. 이처럼 시간 증가/감소 버튼을 일정시간 계속 눌렀을 때 0.1초 단위로 설정시간이 증가 또는 감소하는 기능은 [그림 6-11]의 프로그램으로 구현할 수 있다.

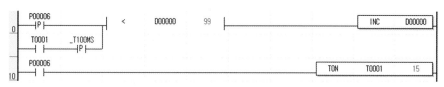

[그림 6-11] **타이머와 0.1초 단위의 클록 플래그를 이용한 설정값 변경방법**

[그림 6-11]을 살펴보면, 타이머의 설정값 증가버튼을 상승펄스 신호와 a접점으로 구분해서 사용하고 있음을 확인할 수 있다. 그 이유는 증가버튼이 계속 눌러진 상태를 감지하기 위해 증가버튼의 a접점과, 1.5초 이상의 시간을 계측할 수 있는 타이머를 조합해서 사용해야 하기 때문이다. 타이머 T1이 ON되면, 증가버튼이 1.5초 이상 눌린 것이기 때문에 0.1초 클록 플래그를 이용해서 설정값을 0.1초 단위로 증가시키는 것이다. [실습과제 6-1]의 PLC 프로그램은 [그림 6-12]와 같다.

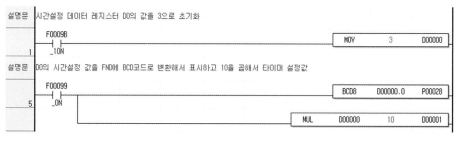

(계속)

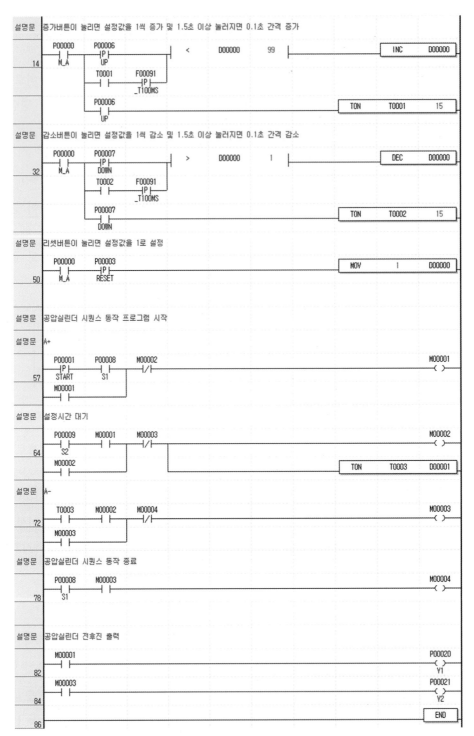

설명문	증가버튼이 눌리면 설정값을 1씩 증가 및 1.5초 이상 눌러지면 0.1초 간격 증가

14
```
  P00000    P00006                    <    D00000    99          INC    D00000
  ─┤ ├──┬──┤P├────────┬──┤
   M_A    │  UP        │
          │  T0001 F00091│
          ├──┤ ├──┤P├──┤
          │       _T100MS
          │  P00006                                              TON    T0001    15
          └──┤P├
               UP
```

설명문	감소버튼이 눌리면 설정값을 1씩 감소 및 1.5초 이상 눌러지면 0.1초 간격 감소

32
```
  P00000    P00007                    >    D00000    1           DEC    D00000
  ─┤ ├──┬──┤P├────────┬──┤
   M_A    │  DOWN      │
          │  T0002 F00091│
          ├──┤ ├──┤P├──┤
          │       _T100MS
          │  P00007                                              TON    T0002    15
          └──┤P├
               DOWN
```

설명문	리셋버튼이 눌리면 설정값을 1로 설정

50
```
  P00000    P00003                                               MOV    1    D00000
  ─┤ ├──┤P├
   M_A    RESET
```

설명문	공압실린더 시퀀스 동작 프로그램 시작
설명문	A+

57
```
  P00001    P00008    M00002                                            M00001
  ─┤P├──┬──┤ ├──┤/├───────────────────────────( )
  START │    S1
  M00001 │
  ─┤ ├──┘
```

설명문	설정시간 대기

64
```
  P00009    M00001    M00003                                            M00002
  ─┤ ├──┬──┤ ├──┤/├──┬─────────────────────( )
   S2    │            │
  M00002 │            │
  ─┤ ├──┘            └──────────────────  TON    T0003    D00001
```

설명문	A-

72
```
  T0003    M00002    M00004                                            M00003
  ─┤ ├──┬──┤ ├──┤/├───────────────────────────( )
  M00003 │
  ─┤ ├──┘
```

설명문	공압실린더 시퀀스 동작 종료

78
```
  P00008    M00003                                                     M00004
  ─┤ ├──┤ ├───────────────────────────────────( )
   S1
```

설명문	공압실린더 전후진 출력

82
```
  M00001                                                               P00020
  ─┤ ├──────────────────────────────────────────( )
                                                                        Y1
```

84
```
  M00003                                                               P00021
  ─┤ ├──────────────────────────────────────────( )
                                                                        Y2
```

86
```
                                                                       END
```

[그림 6-12] 타이머의 설정시간 조작을 이용한 공압실린더 동작제어 PLC 프로그램

→ 실습과제 6-2 시작/정지 버튼을 이용한 무한 반복동작 구현

여기서는 [실습과제 6-1]의 동작에 이어서, 시작버튼(P01)을 누르면 시작되어 정지버튼 (P02)을 누를 때까지 무한히 반복되는 프로그램을 작성하려고 한다. 자동화 시스템에서 공압실린더 또는 다른 액추에이터를 이용해서 시스템을 구동시킬 때, 여러 번 동일한 동작을 반복하는 시스템의 구성을 흔히 볼 수 있다. 이번 실습과제에서는 카운터를 사용하기 전 단계로, 무한반복동작을 구현해보자.

동작조건

동작조건 및 입출력 조건은 [실습과제 6-1]과 동일하다.

PLC 프로그램 작성

■ 반복동작의 구현 원리

[실습과제 6-1]에서 작성한 PLC 프로그램에서 공압실린더는 [그림 6-13]과 같이 [A+(M1) → 대기(M2) → A-(M3) → 작업종료(M4)]의 순서대로 동작한다. 작업종료 신호는 1스캔타임만 ON되는 신호로, 진행 중인 작업의 종료신호이기도 하지만 새로운 작업을 시작하는 시작신호로도 사용될 수 있다. 따라서 M4의 신호를 M1의 동작을 개시하는 시작신호로 사용할 수 있다.

[그림 6-13] **반복동작의 구현 원리**

■ 반복동작 구현을 위해 시작조건에 작업종료 신호를 추가한 PLC 프로그램

[실습과제 6-1]의 PLC 프로그램의 M1을 제어하는 부분에서 M4의 신호를 [그림 6-14]와 같이 변경한 후에 시작버튼을 누른다.

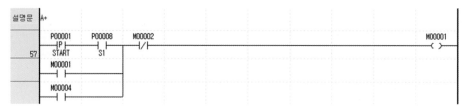

[그림 6-14] **시작조건에 반복동작 조건을 추가한 PLC 프로그램**

작업종료 신호인 M4를 M1의 시작신호로 사용했기 때문에, 시작버튼을 누르면 공압
실린더는 전·후진 동작을 무한히 반복하게 된다. 공압실린더의 동작을 정지시킬 수
있는 유일한 방법은 PLC의 전원을 OFF하거나 CPU를 리셋하는 방법 외에는 없다.
이러한 무한루프 동작을 피하는 방법은 M4 신호를 반복동작의 시작신호로 사용할 것
인지 아닌지를 필요에 따라 선택할 수 있도록 만드는 것이다.

3 반복동작 신호인 작업종료 신호제어를 위한 시작조건 수정

[그림 6-15]를 살펴보면 M4와 M0가 직렬로 연결되어 있는데, 이는 M4의 신호를 제
어하기 위해 M0을 추가한 것이다. M0이 OFF되어 있으면 M4의 신호를 사용할 수
없게 된다. 또한 M4의 신호는 1스캔타임만 ON이 되기 때문에, M0의 신호를 사용해
서 M4의 신호를 제어할 수 있다. 시작/정지 버튼으로 M0의 ON/OFF를 제어하면,
공압실린더의 반복동작을 제어할 수 있다.

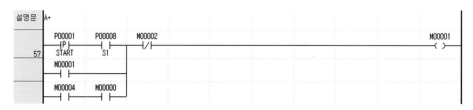

[그림 6-15] **작업종료 신호제어를 위해 시작조건에 M0 접점을 추가한 PLC 프로그램**

[그림 6-16]은 시작/정지 버튼으로 M0의 ON/OFF를 제어하기 위한 자기유지회로이
다. 시작버튼을 누르면 M0 비트가 ON되어 M4에 의해 반복동작이 이루어진다. 반복
동작 중에 정지버튼을 누르면, M0 비트가 OFF되어 M4에 의한 반복동작이 정지된다.
시퀀스 동작제어 PLC 프로그램에 다른 좋은 반복동작 구현방법들이 있겠지만, 필자
가 사용하는 이 방법도 상당히 유용하다. 공정별 동작의 작업종료 신호를 만들고, 이
작업종료 신호를 사용하여 손쉽게 반복동작을 구현할 수 있다.

[그림 6-16] **작업종료 신호제어를 위한 M0 접점 제어 PLC 프로그램**

[그림 6-17]은 [실습과제 6-1]의 PLC 프로그램 중에서 시간을 설정하는 부분을 제외하고 공압실린더의 시퀀스 동작 프로그램만을 나타낸 것이다. [실습과제 6-1]의 PLC 프로그램을 수정하여 시작/정지 버튼에 의한 공압실린더의 반복동작을 구현한다.

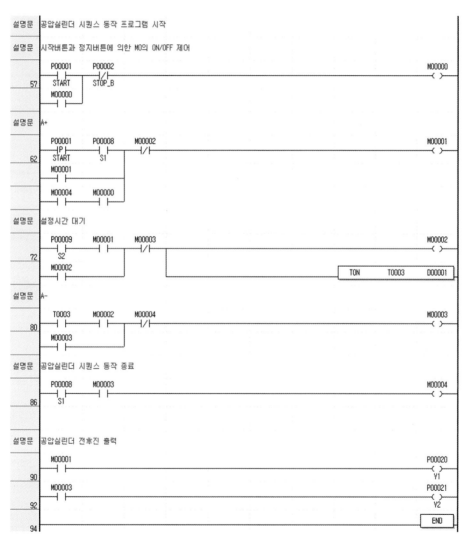

[그림 6-17] **시작/정지 버튼에 의해 동작하는 반복동작 PLC 프로그램**

→ 실습과제 6-3 반복동작이 이루어지지 않는 PLC 프로그램

[실습과제 6-2]에서 작업종료 신호를 사용하여 반복동작을 제어하는 PLC 프로그램 작성법을 살펴보았다. 이제는 앞에서 설명한 바와 동일한 방법으로 PLC 프로그램을 작성했는데도 반복동작이 이루지지지 않는 PLC 프로그램을 살펴보고, 문제점과 해결방법에 대해 살펴보자.

동작조건

① 시작버튼을 누르면 공압실린더는 정지버튼을 누를 때까지 A+, A- 동작을 무한 반복한다.
② 정지버튼을 누르면, 현재 진행 중인 사이클을 완료한 후에 정지한다.

[표 6-4] 동작 시스템의 구성

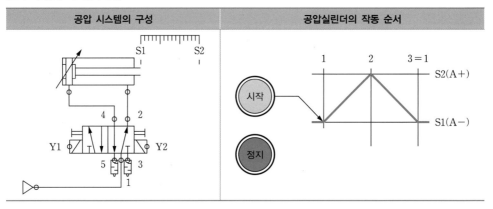

[표 6-5] PLC 입출력 할당

입력번호	넘버링	기능	출력번호	넘버링	기능
P01	START	시작버튼	P20	Y1	전진동작 SOL
P02	STOP	정지버튼	P21	Y2	후진동작 SOL
P08	S1	실린더 후진감지 센서			
P09	S2	실린더 전진감지 센서			

PLC 프로그램 작성

주어진 동작조건을 살펴보면, 공압실린더의 동작이 2개로 이루어져 있기 때문에 2개의 자기유지회로와 1개의 작업종료 신호가 필요하다. 그리고 작업종료 신호를 반복동작을 위한 피드백 신호로 사용한다.

[그림 6-18]은 2장의 '2.1절. 시퀀스 제어회로 설계'에서 학습한 방식으로 작성한 PLC 프로그램이다.

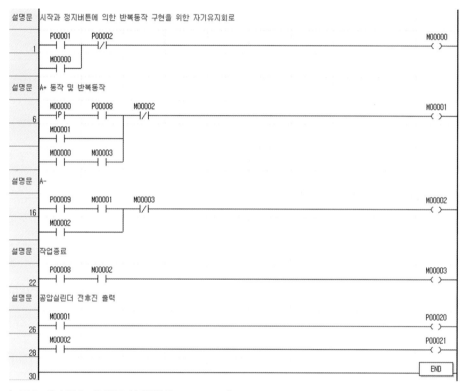

[그림 6-18] **시퀀스 제어회로 설계방식의 PLC 프로그램**

이 프로그램을 작성해서 시작버튼을 눌러보면, 단 1사이클만 동작하고 더 이상 동작하지 않는다. 그 이유는 무엇일까? PLC 프로그램이 스캔동작을 통해 프로그램을 실행한다는 것은 앞에서 배웠다. [그림 6-18]의 프로그램은 스캔동작에 의한 문제점으로 인해 동작을 하지 않는 것이다. PLC 프로그램이 스캔동작에 의해 실행된다는 것은 프로그램의 첫 번째 명령의 실행에서부터 END라는 종료명령이 처리될 때까지 모든 명령이 순차적으로 처리된다는 의미이다. 다시 말하면, 프로그램의 처리 도중에는 프로그램의 이전 명령어 처리를 위해 되돌아가지 않는다는 뜻이다. 그러면 [그림 6-18]의 프로그램이 어떻게 동작하는지를 살펴보자.

[그림 6-19]는 [그림 6-18]의 프로그램이 1사이클만 동작하고 더 이상 동작을 하지 않는 원인을 나타낸 것이다. PLC의 전원이 ON되면, 내부 비트 메모리 M0, M1, M2, M3는 전부 OFF된 상태를 유지한다. 이 상태에서 공압실린더가 후진하여 S1센서가 ON된 상태에서 시작버튼(P01)을 누르면, M0과 M1이 ON되고 공압실린더가 전진하게 된다(그림에서 ①에 해당). 공압실린더가 전진동작을 하는 동안에 수십 번의 스캔동작이 진행되며, 공압실린더가 전진동작을 완료하여 S2센서가 ON되면(그림에서 ②에 해당), M0, M1, M2가 ON 상태를 유지하게 된다.

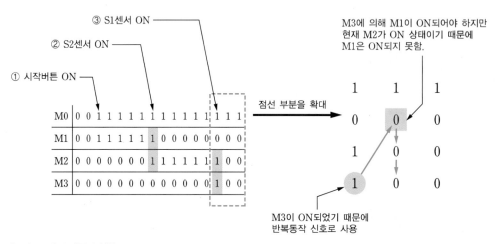

[그림 6-19] **스캔동작 분석**

M0 비트는 정지버튼(P02)을 누르기 전까지 계속 ON 상태를 유지하는 게 당연하지만, M1은 M2가 ON되면 당연히 OFF되어야 한다고 생각할 수도 있을 것이다. PLC 프로그램 실행은 스캔동작에 의해 위에서 아래로 순차적으로 처리되기 때문에, M1이 ON 상태에 머물 때 M2가 ON되고, 다음 스캔동작에서 M1이 OFF되는 것이다. M2가 ON되었기 때문에 공압실린더는 후진동작을 하게 되며, 이 후진동작 중에 수십 번의 스캔동작이 실행된다. 공압실린더의 후진동작이 완료되어 S1 센서가 ON되면(그림에서 ③에 해당), M2와 M3이 한 스캔타임 동안 동시에 ON된다. M3 신호가 ON된 후, 다음 스캔타임에 M3 신호로 반복동작을 일으키려 해도, 현재 그 상태에서는 M2가 ON 상태를 유지하고 있기 때문에 반복동작이 이루어지지 않는다. 이후 M2, M3가 차례로 OFF되고 작업이 종료된다.

그렇다면 어떻게 해야 우리가 원하는 반복동작이 이루어질까? 답은 간단하다. [그림 6-20]처럼 M1의 시작조건에서 M3의 신호를 하강펄스 신호로 대체하면 된다.

[그림 6-20] **반복동작 신호에 하강펄스 신호 사용**

전체 프로그램의 형태는 그대로 유지하면서 M3의 신호만 하강펄스 신호로 변경했더니 드디어 반복동작이 이루어진다. 그 이유는 무엇일까?

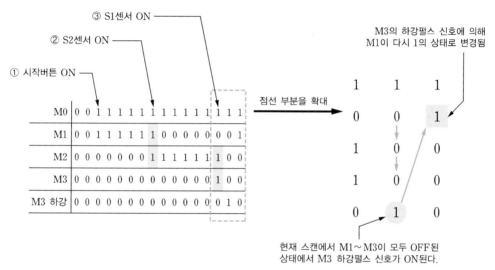

[그림 6-21] **스캔동작에서 하강펄스 신호 ON 시점**

M3의 하강펄스 신호는 M1 ~ M3이 모두 OFF된 상태에서 ON 상태를 유지하기 때문에, 다음 스캔타임에 M1을 ON할 수 있으므로 반복동작을 구현할 수 있다. PLC 프로그램을 작성할 때에는 이러한 스캔동작을 잘 이해해야 문제가 발생하지 않는 프로그램을 작성할 수 있다.

시작버튼 및 정지버튼에 의해 무한 반복동작을 하는 프로그램은 현장에서 잘 사용하지 않는다. 현장에서는 당일 생산할 수량을 사전에 설정한 후에 그 수량만큼만 생산하는 방식을 주로 사용한다. 이처럼 정해진 횟수만큼의 반복동작을 구현하기 위해 카운터를 이용한다. 이번에는 카운터에서 설정한 횟수만큼 반복동작을 하는 PLC 프로그램 작성법에 대해 살펴보자. [실습과제 6-4]에서는 두 종류의 동작조건을 적용하여 카운터를 이용한 반복동작 PLC 프로그램을 작성해보겠다.

1. 시작버튼에 의한 반복동작

동작조건

시작버튼을 누르면, 공압실린더는 A+, A− 동작을 카운터에서 설정한 횟수(10회)만큼 실행한 후에 정지한다.

[표 6-6] 시스템의 구성

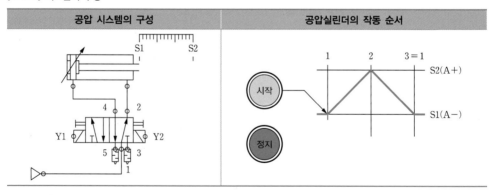

공압 시스템의 구성	공압실린더의 작동 순서

[표 6-7] PLC 입출력 할당

입력번호	넘버링	기능	출력번호	넘버링	기능
P01	START	시작버튼	P20	Y1	전진동작 SOL
P02	STOP	정지버튼	P21	Y2	후진동작 SOL
P08	S1	실린더 후진감지 센서			
P09	S2	실린더 전진감지 센서			

PLC 프로그램 작성

▌1 반복동작 구현을 위한 작업종료 신호를 하강신호로 적용한다.

[그림 6-22]는 카운터를 이용하여 반복동작을 구현한 프로그램이다. 업 카운터(CTU)
의 입력신호로 M3의 하강펄스 신호를 사용함에 주의하기 바란다. 반복동작 신호로 M3
의 하강펄스 신호를 사용하기 때문에, 카운터의 입력신호도 이 신호를 사용해야 한다.
만약 카운터의 입력신호로 M3의 a접점을 사용하면, 무한 반복동작이 발생할 것이다.

▌2 카운터 출력으로 카운터 리셋을 위해서는 리셋 명령을 카운터 앞에 위치시킨다.

카운터의 자체 출력을 이용해 카운터 자체를 리셋하는 동작을 구현하기 위해서는 [그림
6-22]처럼 카운터의 리셋을 카운터 앞에 위치시켜야 함을 기억하기 바란다. 만약 카운
터의 리셋이 카운터의 뒷부분에 위치하면, 무한 반복동작이 발생할 것이다. 이러한 문제
가 발생하는 이유는 PLC 프로그램이 스캔동작에 의해 순차적으로 처리되기 때문이다.

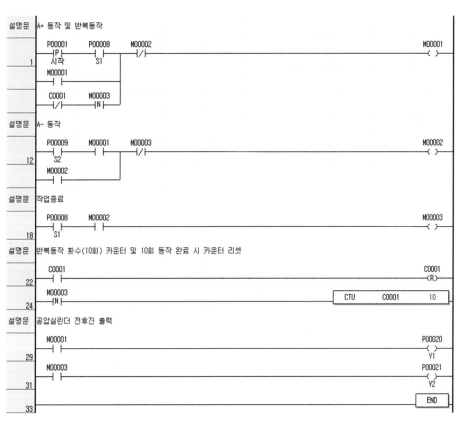

[그림 6-22] **카운터를 이용한 반복동작 PLC 프로그램**

이번에는 정지버튼 기능을 추가한 카운터를 이용하여 반복동작을 구현해보자. 동작조
건이 다음과 같을 때, [그림 6-22]의 프로그램은 어떻게 변경될까?

2. 시작버튼과 정지버튼에 의한 반복동작

동작조건

① 시작버튼을 누르면, 공압실린더는 A+, A- 동작을 카운터에서 설정한 횟수(10회)만큼 실행한 후에 정지한다.

② 카운터에서 설정한 횟수만큼 반복동작을 실행하는 중에 정지버튼을 누르면, 현재 진행 중인 사이클을 종료한 후에 정지한다.

③ 정지된 상태에서 다시 시작버튼을 누르면, 카운터에 남은 횟수만큼 반복동작을 한 후에 정지한다.

PLC 프로그램 작성

1 시작버튼과 정지버튼에 의한 반복동작 제어용 접점(M0)을 추가한다.

주어진 동작조건을 만족하는 PLC 프로그램 작성을 위해서는 [그림 6-22]의 프로그램에 [그림 6-23]의 내용을 추가 및 수정하면 된다. 시작/정지 버튼에 의한 반복동작을 제어하기 위해 자기유지회로 M0 비트를 이용해서 M1의 시작신호와 반복동작의 시작신호를 제어한다. 접점 M0에 의해 작업종료 신호를 제어할 수 있기 때문에 정지버튼에 의한 정지동작이 구현될 수 있는 것이다.

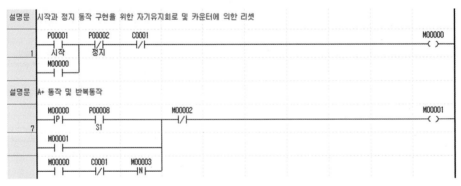

[그림 6-23] **카운터를 이용한 반복동작 PLC 프로그램**

➜ 실습과제 6-5 카운터를 이용한 이중 반복동작 구현

[실습과제 6-4]에서 카운터를 이용한 반복동작을 구현해보았다. 여기서는 앞에서 학습한 내용을 응용하여 이중 반복동작을 구현해보자.

동작조건

① PLC의 전원이 ON되면 반복횟수 설정 FND에 '3'이 표시된다.

② 증가버튼을 누를 때마다 설정값이 1씩 증가하는데, 설정값 9에서 증가버튼을 누르면 설정값이 1로 변경된다.

③ 모드 선택버튼이 단속모드에 있을 때 시작버튼을 누르면, 반복횟수 설정과 관계없이 주어진 공압실린더의 작동 순서 1사이클만 진행한 후에 정지한다.

④ 모드 선택버튼이 연속모드에 있으면, 반복횟수 설정 FND에 표시된 횟수만큼 공압실린더의 작동순서를 반복동작한다.

⑤ 연속모드에서 시작버튼을 눌러 반복동작이 실행되던 중에 정지버튼을 누르면, 현재 진행 중인 사이클을 종료한 후 정지된다. 정지한 후에 다시 시작버튼을 누르면, 남은 반복동작을 완료한 후에 자동 정지한다.

⑥ 공압실린더의 1사이클 작동 순서는 시작버튼이 눌러지면 [A+ → (B+, B−)×3회 → A−]로, 선택 모드에 따라 이 사이클을 반복횟수 설정만큼 반복동작한다.

[표 6-8] 시스템의 구성

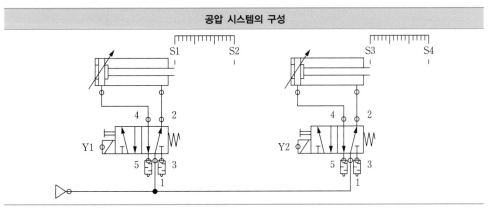

(계속)

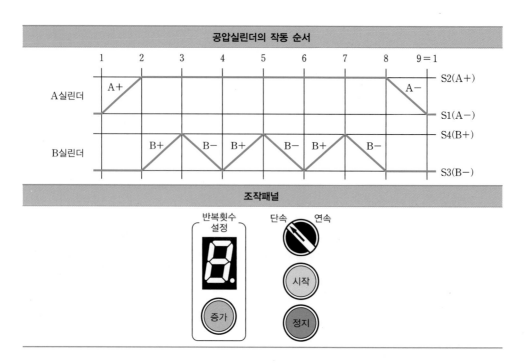

[표 6-9] PLC 입출력 할당

입력번호	넘버링	기능		출력번호	넘버링	기능
P00	MODE	OFF	단속	P20	Y1	A실린더 전진동작 SOL
		ON	연속			
P01	START	시작버튼		P21	Y2	B실린더 전진동작 SOL
P02	STOP	정지버튼				
P03	UP	증가버튼		P2B~P28	FND	설정값 표시 FND
P08	S1	A실린더 후진감지 센서				
P09	S2	A실린더 전진감지 센서				
P0A	S3	B실린더 후진감지 센서				
P0B	S4	B실린더 전진감지 센서				

PLC 프로그램 작성

주어진 공압실린더의 작동 순서를 살펴보면, A실린더 전진 후에 B실린더의 전후진동작 3회 반복, 그 다음으로 A실린더 후진동작까지가 1사이클에 해당된다. 전체 동작은 8개의 동작으로 구분되기 때문에, 앞에서 배운 내용을 바탕으로 한다면 8개의 자기유지회로와 1개의 작업종료 신호회로를 사용하여 PLC 프로그램을 구성할 수 있다. 그러나 카운터를 사용하면 PLC 프로그램을 더욱 단순하게 작성할 수 있다.

① **전체 동작 순서를 분석하여 반복구간의 작업종료 신호를 만든다.**

주어진 동작조건을 만족하는 PLC 프로그램을 작성하기 위해서는 전체 반복동작을 위한 카운터와, 전체 동작 중에 B실린더의 반복동작만을 위한 카운터를 사용해야 한다. B실린더는 1사이클마다 3회의 정해진 횟수만큼 반복동작을 하는데, 이는 전체 반복동작 내에 존재하는 또 다른 작은 반복동작으로, 이중 반복동작의 조건이 된다.

② **이중 반복동작에 대한 PLC 프로그램을 작성한다.**

[표 6-10]은 이중 반복동작 순서와 [그림 6-24]의 PLC 프로그램 동작 순서를 비교해서 나타낸 것이다.

[표 6-10] **이중 반복동작의 실행 순서와 프로그램 실행 순서의 비교**

이중 반복동작의 실행 순서

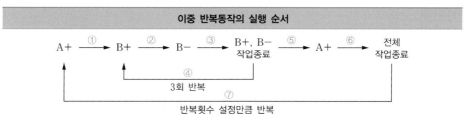

이중 반복동작 PLC 프로그램의 실행 순서				
동작 구분			**접점번호**	**기능**
순번	**내부반복 구간**	**전체반복 구간**		
①		⑦반복신호	M1	A+
②	④반복신호		M2	B+
③			M3	B-
④			M4	(B+, B-) 작업종료 신호
④			C0	M4 신호 카운터
⑤			M5	(B+, B-)×3회 반복종료 신호
⑥			M6	A-
⑦			M7	[A+,(B+, B-)×3회, A-] 작업종료
			M8	전체 작업종료 신호

[그림 6-24]의 PLC 프로그램을 살펴보면, 반복동작의 횟수를 설정하기 위해 D0 변수를 사용했기 때문에 변수의 초기화 및 변수 설정값 변경 부분, 그리고 변수값 표시를 위한 부분이 프로그램에 포함되어 있다. 프로그램에서 M4는 B+, B- 동작의 작업종료 신호이기 때문에, B+, B- 동작의 반복 시작신호로 사용하였다. M4가 ON되는 순간 M3의 신호도 ON되기 때문에, M4 신호를 하강펄스 신호로 사용하고 있음을 확인할 수 있다. M5는 B+, B- 동작의 3회 반복완료 신호로, 이 M5를 다음 작

업인 A- 동작의 시작신호로 사용하고 있다. 그리고 M7 신호는 전체 동작의 1사이클 작업완료 신호이다. 이 신호를 새로운 사이클의 시작신호로 사용한다.

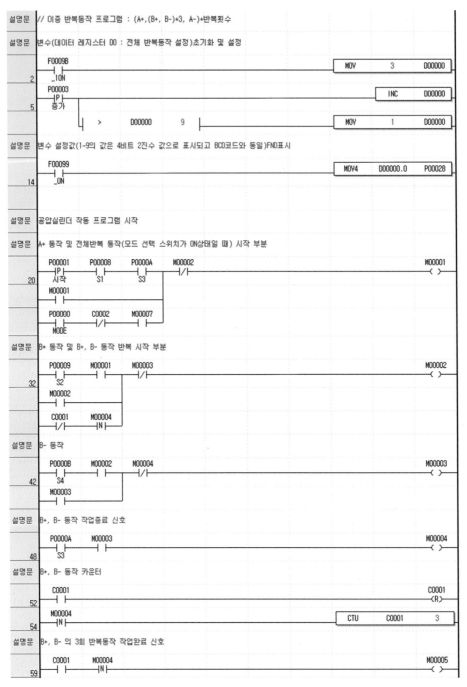

(계속)

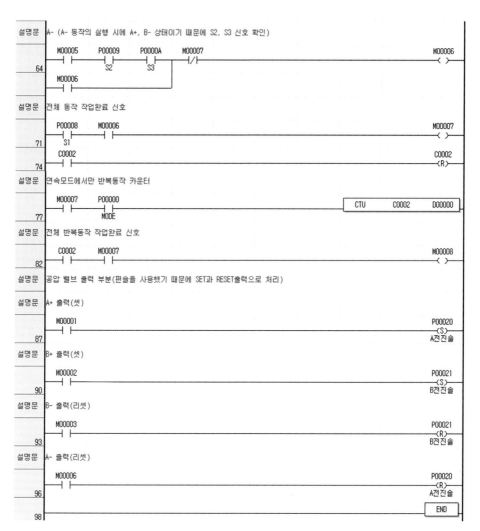

설명문 A- (A- 동작의 실행 시에 A+, B- 상태이기 때문에 S2, S3 신호 확인)

```
       M00005    P00009    P0000A    M00007                                   M00006
  64 ┤ ├──────┤ ├──────┤ ├──────┤/├────────────────────────────────────( )
                  S2        S3
       M00006
     ┤ ├────────────────────────┘
```

설명문 전체 동작 작업완료 신호

```
       P00008    M00006                                                       M00007
  71 ┤ ├──────┤ ├──────────────────────────────────────────────────────( )
         S1
       C0002                                                                  C0002
  74 ┤ ├──────────────────────────────────────────────────────────────(R)
```

설명문 연속모드에서만 반복동작 카운터

```
       M00007    P00000
  77 ┤ ├──────┤ ├────────────────────────────────┌─CTU────C0002────D00000─┐
                  MODE                            └───────────────────────┘
```

설명문 전체 반복동작 작업완료 신호

```
       C0002     M00007                                                       M00008
  82 ┤ ├──────┤ ├──────────────────────────────────────────────────────( )
```

설명문 공압 밸브 출력 부분(편솔을 사용했기 때문에 SET과 RESET출력으로 처리)

설명문 A+ 출력(셋)

```
       M00001                                                                 P00020
  87 ┤ ├──────────────────────────────────────────────────────────────(S)
                                                                         A전진솔
```

설명문 B+ 출력(셋)

```
       M00002                                                                 P00021
  90 ┤ ├──────────────────────────────────────────────────────────────(S)
                                                                         B전진솔
```

설명문 B- 출력(리셋)

```
       M00003                                                                 P00021
  93 ┤ ├──────────────────────────────────────────────────────────────(R)
                                                                         B전진솔
```

설명문 A- 출력(리셋)

```
       M00006                                                                 P00020
  96 ┤ ├──────────────────────────────────────────────────────────────(R)
                                                                         A전진솔
                                                                    ┌─END─┐
  98                                                                └─────┘
```

[그림 6-24] 이중 반복동작 PLC 프로그램

PART 3

PLC 응용 제어

산업현장에서 사용하는 수많은 자동화 장치의 동작을 제어하는 액추에이터는 크게 구분하여 공압실린더와 모터, 두 가지로 나눌 수 있다. 모터의 종류는 여러 가지가 있지만 그 중에서도 정밀한 위치제어가 가능한 스테핑 모터에 PLC 입출력과 XBC PLC의 고속펄스 출력 기능을 적용한 다양한 위치제어 방법에 대해 학습한다. 이 장의 학습을 마치고 나면, 자동제어 분야의 핵심 제어기술인 스테핑 모터를 이용한 정밀한 위치제어의 동작원리를 이해하고 사용할 수 있을 것이다.

PLC 입출력을 이용한 스테핑 모터 제어

기계장치를 움직이기 위해서는 전기에너지를 기계 에너지로 변환하는 장치인 모터가 필요하다. 모터를 이용한 위치제어 기술은 자동화 산업현장의 핵심 제어기술에 해당된다. 7장에서는 자동화 장치에 사용되는 모터의 종류와 각각의 제어방법을 살펴보고, 그 중에서 기계장치의 정밀한 위치제어가 가능한 스테핑 모터에 PLC의 트랜지스터 출력을 이용한 제어방법에 대해 학습한다. 또한 펄스출력 기능을 이용한, 위치제어에 필요한 다양한 제어방법을 살펴보고, 그 원리를 [실습과제]를 통해 이해한다.

7.1 자동화 시스템의 모터

자동화 기계장치를 구동하는 대표적인 액추에이터(구동기)^{actuator}로는 3장에서 학습한 실린더와 모터가 있다. 실린더는 유압실린더와 공압실린더로 구분되고, 모터는 AC 전기로 구동되는 AC 모터와, DC 전기로 구동되는 DC 모터로 구분된다. AC 모터는 또 다시 AC 단상 모터와 AC 삼상 모터로 구분된다.

모터^{motor}란 전류가 흐르는 도체가 자기장 속에서 받는 힘을 이용해 전기에너지를 역학적 에너지로 바꾸는 장치로, 산업현장에서 기계장치를 구동하기 위해 사용되는 주된 동력원이다. 모터는 세탁기, 믹서, 선풍기, 전기면도기와 같은 가전제품과 엘리베이터, 전철, 펌프 등을 구동시키는 대표적인 구동기로, 회전운동을 통해 얻을 수 있는 대부분의 동력을 생산한다. 모터는 공해가 적고, 조작이 간편하며, 고속 및 정밀 구동도 가능하기 때문에 일상생활뿐만 아니라 선반, 머시닝 센터와 같은 산업기기와, 로봇, 반도체, 디스플레이 제조공정 등 정밀제어가 요구되는 환경에서도 널리 사용되고 있다.

(a) 3상 유도 모터

(b) 서보 모터

(c) 스칼라 로봇

[그림 7-1] 모터의 종류와 응용 예

모터의 역사는 1831년 패러데이^{Faraday}가 전자기 유도법칙을 발견하면서 시작되었다. 코일 안에서 자석이 움직이면 코일에 전류가 흐르게 된다. 코일에 흐르는 전류(I), 자석에서 발생하는 자기장(B), 그리고 이때 발생되는 힘의 크기(F)와 방향은 플레밍의 왼손법칙으로 정리된다.

[그림 7-2]와 같이 자기장의 방향과 수직으로 도체를 놓고 이 도체에 화살표 방향으로 전류를 흘리면, 도체는 위쪽 방향으로 힘을 받는다. 이와 같이 자기장과 전류와의 관계에서 발생하는 힘을 전자력(로렌츠의 힘)이라 한다. 이때 전자력 F의 방향은 항상 전류 I 및 자기장 B의 방향에 수직이며, 자기장과 전류의 방향이 이루는 각을 θ라 할 때 전자력의 크기는 $F = IBl \sin\theta$로 표현된다. 즉 전자력의 크기는 전류와 자기장의 세기 및 코일의 길이에 비례한다.

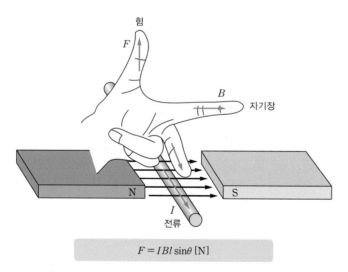

$$F = IBl \sin\theta \, [\mathrm{N}]$$

[그림 7-2] 플레밍의 왼손법칙

7.2 모터의 종류

7.2.1 DC 모터

■ DC 모터의 구동원리

DC 모터의 구동원리를 통해 모터의 기초적인 회전원리를 알 수 있다. [그림 7-3]은 DC 모터의 외형을, [그림 7-4]는 플레밍의 왼손법칙을 이용해 제작된 DC 모터의 회전원리를 나타낸 것이다.

[그림 7-3] DC 모터의 외형

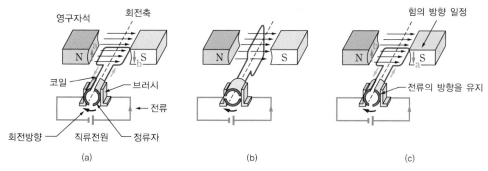

[그림 7-4] DC 모터의 구조와 회전원리

[그림 7-4(a)]에서 직류전원에서 공급되는 전류는 브러시[brush]와 정류자[commutator]를 거쳐 코일[coil]로 공급된다. 이때 영구자석에 의해 발생하는 자계를 전기자가 통과하면서 전자력이 발생된다. 플레밍의 왼손법칙을 적용하면, 회전축을 기준으로 왼쪽에는 수직 상단 방향으로, 오른쪽에는 수직 하단 방향으로 힘이 발생되므로, 모터는 [그림 7-4(b)]를 거쳐 (c)와 같이 시계방향으로 회전하게 된다.

이번에는 전기자에 공급되는 직류전원의 극성을 반대로 연결해보자. 플레밍의 왼손법칙에서 전류의 방향이 반대가 되면 힘의 방향도 반대가 되므로, 모터의 회전방향이 반대로 바뀌게 된다. 그러나 전류 방향이 반대로 바뀐 상태에서 [그림 7-4]의 (a)에서 (c)로 모터가 회전하면, 두 가지 문제가 발생하게 된다. 첫 번째 문제는 전기자에 전류를 공급하는 선이 꼬이게 되어 지속적인 회전이 불가능하다는 것이다. 두 번째 문제는 코일이 180도 회전하면 전류의 방향이 반대가 된다는 것이다. 전류가 흐르는 방향이 반대가 되면, 플레밍의 왼손법칙에 의해 힘의 방향이 반대로 바뀌게 되어 다시 역회전을 하게 된다. 따라서 DC 모터는 회전운동을 계속하지 못하고, 180도만을 왕복하는 요동운동을 하게 된다.

이 두 가지 문제를 해결하기 위해 DC 모터에 정류자와 브러시를 장착하였다. [그림 7-5]를 보면, 정류자는 모터의 회전축에 부착되어 2개의 단자를 통해 코일과 연결되어 있다. 브러시는 정류자 바깥에서 정류자와의 기계적인 접촉을 통해 정류자에 전류를 공급한다. 모터 축이 회전하면, 브러시와 접속하는 전원의 극이 자동적으로 바뀌게 된다. 따라서 모터가 회전해도 전원 공급선이 꼬이지 않으며, 전류가 흐르는 방향도 일정하게 유지되어, 모터의 회전방향 또한 일정하게 유지시킬 수 있다.

정류자

브러시

[그림 7-5] DC 모터의 내부 구조

정류자와 브러시 구조를 이용해 모터 회전 시 발생하는 문제점을 해결했으나, 한편으로는 이 구조가 DC 모터의 최대의 약점으로 작용한다. 브러시와 정류자는 기계적으로 접촉되어 있으므로, 모터가 1회전할 때 두 번의 단락과 접속을 반복하게 된다(실제로는 코일이 여러 개 존재하기 때문에 수십 번의 단락과 접속을 반복하는 구조임). 그 결과 브러시가 계속 마모되기 때문에, 지속적이고 정기적인 점검과 교체가 필요하게 된다. 또한 전류가 흐르는 상태에서 일어나는 스위칭 동작(단락과 접속을 반복하는 동작)은 전기 스파크를 발생시키는 등 전기 노이즈의 발생 원인으로 작용한다. 따라서 많은 수의 DC 모터를 장시간 지속적으로 동작시키는 자동화 공정에 사용하는 것은 부적절할 수 있다.

그러나 DC 모터는 구조가 간단하고, 다루기 쉬우며, 소형에 저가이다. 또한 DC 모터는 건전지 등 휴대용 전원을 이용하는 장비에 손쉽게 적용할 수 있어, 외부 전원 공급 없이 동작해야 하는 모바일 로봇을 비롯해 자동차 내부의 구동장치, 휴대용 전기면도기나 RC 모형 자동차 등 완구에서도 많이 사용되고 있다.

■ DC 모터의 제어방법

❶ ON/OFF 제어

DC 모터의 제어방법은 모든 모터 제어회로의 기본이 되기 때문에 숙지할 필요가 있다. 단방향으로 DC 모터의 회전과 정지를 제어하기 위해서는 [그림 7-6]과 같은 회로를 많이 사용한다. 전원의 (+) 단자에 연결된 DC 모터는 트랜지스터 스위칭 소자를 거쳐 (−) 단자로 연결된다. 트랜지스터의 베이스(B) 단자에 제어신호가 인가되면, 트랜지스터의 C, E 단자가 닫히면서 모터가 회전하고, 제어신호가 사라지면 모터의 회전은 정지한다.

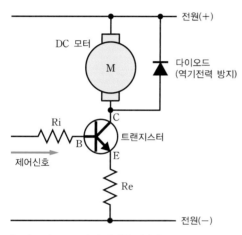

[그림 7-6] DC 모터의 단방향 제어회로

이러한 원리로 작은 전류의 마이크로컴퓨터나 PLC 출력의 제어신호로 큰 전류가 흐르는 DC 모터를 손쉽게 제어할 수 있는 것이다.

한편 모터에 갑자기 전력이 차단되면, 코일에서 순간적으로 수백에서 수천 볼트에 이르는 역기전력이 전류 반대 방향으로 발생한다. 바로 전기 노이즈[noise]이다. 전기 노이즈가 심한 경우에는 스위칭 소자가 파괴되기도 한다. 이를 막기 위해 DC 모터와 병렬로 역방향 다이오드를 연결한다. 이 다이오드는 역기전력을 상쇄시키는 역할을 함으로써, 매우 효과적으로 노이즈를 방지한다. 단, 다이오드의 부착 방향에 주의한다.

❷ 방향제어

DC 모터는 구조상 모터에 공급되는 전원의 방향이 바뀌면 반대로 회전한다. 이러한 성질을 이용해 스위칭 소자 4개로 [그림 7-7]과 같이 H-Bridge 회로를 구성하면, 모터에 공급되는 전류의 방향을 변경할 수 있다. 그림에서 트랜지스터 Q2, Q3를 닫고

(OFF), Q1, Q4를 열면(ON), 전류는 모터의 오른쪽에서 왼쪽으로 흐르면서 시계방향(CW)[Clock Wise]으로 회전한다. 반면 트랜지스터 Q1, Q4를 닫고, Q2, Q3를 열면, 전류는 모터의 왼쪽에서 오른쪽으로 흐르면서 반시계방향(CCW)[Counter Clock Wise]으로 회전하게 된다. 정리하면 [표 7-1]과 같다.

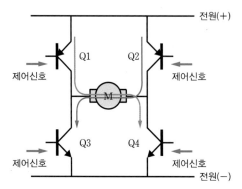

[그림 7-7] DC 모터의 H-Bridge 회로

[표 7-1] H-Bridge 회로의 제어 패턴

방향	Q1	Q2	Q3	Q4
CW	OFF	ON	ON	OFF
CCW	ON	OFF	OFF	ON

H-Bridge 회로를 이용해 DC 모터를 제어할 때, Q1과 Q3, 또는 Q2와 Q4가 동시에 닫히면, 전류가 모터를 거치지 않고 곧바로 단락되어 모터가 회전하지 못할 뿐만 아니라 과전류로 인해 모터 제어회로가 손상을 입을 수 있다. 따라서 회전방향을 바꿀 때, 스위칭 소자가 OFF된 후에 충분한 시간 간격을 두고 ON하는 등 각별히 주의할 필요가 있다.

❸ 속도제어

모터의 회전속도를 제어한다는 말은 모터 내부의 전자력의 크기를 제어한다는 의미이다. 플레밍의 왼손법칙에 의하면, 전자력의 크기는 자속의 세기, 전류의 크기, 코일 길이의 곱으로 표현된다. 이중에서 가장 제어하기 쉬운 요소가 전류의 크기이므로, 이를 조절하여 모터의 회전속도를 제어할 수 있다.

일반적으로 전기회로에 흐르는 전류의 크기를 조절하기 위해 [그림 7-8(a)]와 같이 회로에 직렬로 연결된 저항의 크기를 변화시킨다. 즉 가변저항의 크기를 조절하여 모터에 흐르는 전류를 제어함으로써 모터의 회전속도를 제어한다는 것이다. 그러나 모터의 용량이 커짐에 따라 가변저항의 용량도 같이 커져야 한다는 문제가 있으며, 마이크로컴퓨터나 PLC를 이용해 자동으로 전류를 제어하기도 어렵다.

다른 방법으로는 [그림 7-8(b)]와 같이 트랜지스터의 베이스(B)에 공급되는 제어신호 전류의 크기를 제어함으로써 모터에 흐르는 전류의 크기를 제어할 수 있다. 이 방식은 가변저항을 이용하는 방법보다는 많은 다양한 장점을 가지고 있다. 이러 방식의 제어를 PAM(펄스 진폭 변조)$^{\text{Pulse Amplitude Modulation}}$ 방식이라고 한다. 그러나 정밀한 전류량 제어를 위해서는 제어신호 또한 정밀하게 제어되어야 하는데, 그러기 위해서는 전기회로가 복잡해진다. 특히 마이크로컴퓨터 등의 디지털 제어기를 이용하는 경우에는 D/A 컨버터 등 부가적으로 값비싼 부품이 많이 필요하다.

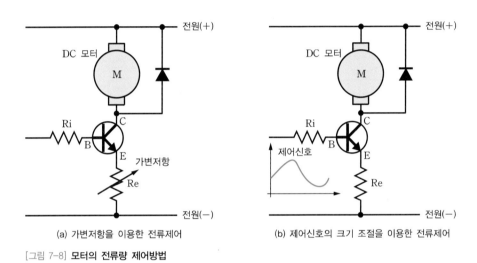

(a) 가변저항을 이용한 전류제어   (b) 제어신호의 크기 조절을 이용한 전류제어

[그림 7-8] **모터의 전류량 제어방법**

따라서 실용적인 DC 모터 제어회로에서는 PWM$^{\text{Pulse Width Modulation}}$ 제어방식을 많이 사용한다. PWM은 펄스폭을 변조하는 방식이다. 이는 [그림 7-9]와 같이 일정한 크기와 주기(T)를 가지는 파형에 ON되어 있는 시간 t_{ON} 을 조절하는 것이다. t_{ON} 이 커지면 스위칭 소자가 ON되는 시간이 많아져 전류가 많이 공급되고, 반대로 t_{ON} 이 작아지면 스위칭 소자가 OFF되는 시간이 많아져 전류가 조금만 공급된다. 이때 전체 주기 T에 대해 ON되는 시간 t_{ON} 의 비를 듀티비$^{\text{duty ratio}}$라 하며, 퍼센트(%)로 나타낸다.

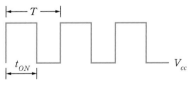

[그림 7-9] **PWM 파형과 듀티비**

$$\text{듀티비} = \frac{t_{ON}}{T} \times 100(\%) \tag{7.1}$$

예를 들어 [그림 7-10]과 같이, 듀티비 75%는 주기 T 중에서 제어신호가 75%는 켜져(ON) 있고 25%는 꺼져(OFF) 있음을 의미하고, 듀티비 25%는 주기 T 중 25%는 켜져 있고 75%는 꺼져 있음을 의미한다. 이때 주기 T가 길면 모터는 정지와 회전을 주기만큼 반복하게 되지만, 주기 T가 충분히 짧아지면 모터의 관성과 모터 회로의 지연에 의해 부드럽게 회전하게 된다.

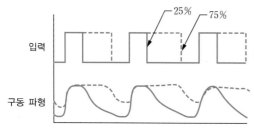

[그림 7-10] **PWM 입력과 실제 구동 파형**

따라서 제어장치는 [그림 7-11]과 같이 원하는 제어신호의 진폭이 높을 경우에는 PWM의 듀티비를 높게, 진폭이 낮을 경우에는 듀티비를 낮게 설정하여 출력을 내보냄으로써 모터를 제어한다.

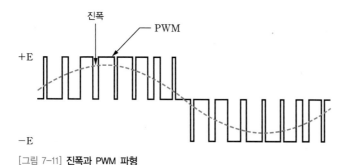

[그림 7-11] **진폭과 PWM 파형**

PWM 제어방식은 간단한 구조로, 디지털 제어장비를 이용해 아날로그 제어를 편리하게 구현할 수 있기 때문에, 모터 제어뿐만 아니라 여러 제어기기의 제어방식으로 폭넓게 사용되고 있다.

7.2.2 스테핑 모터

■ 스테핑 모터의 구조

[그림 7-12]와 같은 스테핑 모터는 입력펄스에 따라 구조적으로 정해진 크기의 스텝 각만큼만 구동하는 모터이다. 스테핑 모터는 별도의 장치가 없어도 비교적 저가로 간편하게 위치와 속도를 제어할 수 있어서, 정밀제어를 요하는 공정이나 잉크젯 프린터,

(a) 스테핑 모터   (b) 스테핑 모터 드라이브

[그림 7-12] **스테핑 모터와 드라이브**

로봇 등에 사용되고 있다. 또한 디지털적인 인터페이스 방법(전기 펄스신호를 이용한 제어방법)으로 제어되기 때문에, 마이크로프로세서나 PLC, 별도의 디지털/아날로그 변환장치D/A converter 없이도 제어가 가능하고, 제어방법도 간편하다. 그러나 제어방식과 구조의 한계로, 고정밀 제어용으로는 스테핑 모터가 아닌 고가의 서보모터가 사용된다. 한편 스테핑 모터stepping motor, 스텝 모터step motor, 스텝퍼 모터stepper motor, 펄스 모터pulse motor는 모두 같은 의미로 사용되는 용어이다.

스테핑 모터의 구조를 살펴보면, [그림 7-13]처럼 회전자rotor에 영구자석이 일정한 간격으로 배치되어 있으며, 고정자에는 여러 개의 상phase으로 전자석이 구성되어 있다. 스테핑 모터의 경우, 코일과 영구자석이 DC 모터와는 반대로 배치되어 있다. 따라서 DC 모터의 단점으로 부각되어온 정류자와 브러시가 필요하지 않기 때문에 유지보수 측면에서도 매우 우수한 특성을 얻을 수 있다.

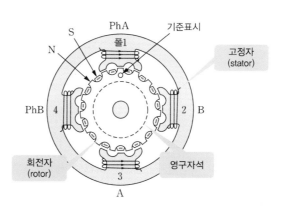

[그림 7-13] **스테핑 모터의 내부 구조**

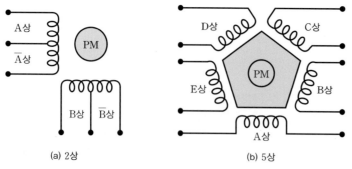

(a) 2상   (b) 5상

[그림 7-14] 스테핑 모터의 상(phase)

대신 고정자에 부착된 전자석을 제어해야 하기 때문에 모터 드라이브가 필요하다. 또한 모터가 정지한 상태에서도 고정자의 전자석을 작동시켜 그 위치를 유지할 수 있기 때문에, 브레이크 없이 큰 정지토크를 만들어 낼 수 있다는 게 장점이다. 정지토크는 정지 상태를 유지하는 힘으로, 중력방향의 하중을 받는 부품 등과 같이 정지 시에도 힘을 받는 부하의 제어에 유용하게 사용할 수 있다.

■ 스테핑 모터의 특징

스테핑 모터를 천천히 동작시켜보면, [그림 7-15]의 아날로그시계의 초침과 같이 특정 각도를 스텝을 밟듯이 움직인다. 따라서 이를 스테핑 모터^{stepping motor}라 한다.

$$\text{아날로그시계 초침이 움직이는 각도} = \frac{360°}{60초} = 6°$$

[그림 7-15] 아날로그시계 및 초침이 움직이는 각도

스테핑 모터는 모터의 외부로부터 입력되는 전기적 펄스신호와 동기해서 아날로그시계의 초침처럼 정해진 STEP 각만큼 회전하는 모터이다. 예를 들면 시계의 초침이 1초에 한번씩 6도(°)만큼 움직이는 것처럼, 5상 스테핑 모터는 [그림 7-16]과 같이 전기적 PULSE 1개에 0.72도만큼 회전하고, 2상 스테핑 모터는 1.8도 단위로 회전한다.

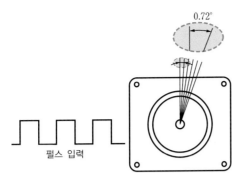

[그림 7-16] **스테핑 모터의 회전각도**

❶ 간단한 각도제어

스테핑 모터는 입력되는 펄스신호에 동기해서 정해진 각도만큼 회전하는 모터이다. 스테핑 모터는 펄스당 움직이는 회전각도가 정해져 있기 때문에, 각도제어를 쉽게 구현할 수 있다. 스테핑 모터가 움직인 회전각도(°)를 구하는 식은 식 (7.2)와 같다.

$$\text{스테핑 모터의 회전각도} = \frac{\text{기본 스텝}}{\text{펄스}} \times \text{입력 펄스 수} \tag{7.2}$$

펄스당 0.72도 간격으로 움직이는 스테핑 모터를 1회전시키기 위해 필요한 펄스 수는 식 (7.2)에 따르면 500개이다.

❷ 간단한 속도제어

스테핑 모터의 회전속도는 펄스신호의 주파수 속도에 정확히 비례한다. 펄스의 속도가 빠르면 스테핑 모터도 빠르게 회전하고, 펄스의 속도가 느리면 스테핑 모터도 느리게 회전한다.

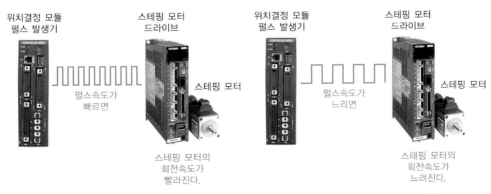

(a) 고속의 모터 속도(펄스도 고속임)   (b) 저속의 모터 속도(펄스도 저속임)

[그림 7-17] **스테핑 모터의 속도제어 방식**

스테핑 모터의 회전속도는 다음의 식으로 구할 수 있다.

$$스테핑\ 모터의\ 회전속도 = \frac{스텝\ 각(°/펄스)}{360°} \times 펄스속도(Hz) \times 60 \qquad (7.3)$$

5상 스테핑 모터를 펄스당 0.72도, 60rpm의 속도로 운전시킬 경우, 필요한 펄스속도
를 위의 수식을 이용해서 계산하면 다음과 같다.

$$펄스속도 = \frac{모터의\ 회전속도 \times 360°}{스텝\ 각} = \frac{60(rpm) \times 360°}{0.72° \times 60} = 500(Hz) \qquad (7.4)$$

5상 스테핑 모터를 60rpm으로 회전시키기 위해서는 펄스속도가 500Hz가 되어야 함
을 할 수 있다. 따라서 스테핑 모터의 회전속도는 펄스신호의 주파수 속도에 정확히
비례한다.

❸ 정밀한 위치결정

5상 스테핑 모터를 이용하면, 정밀한 위치결정을 간단히 할 수 있다. 5상 스테핑 모터
의 정지 정도[1]는 무부하 시에 ±3분[2]의 오차를 보인다. 이러한 오차는 여러 번의 회전
에도 누적되지 않는 특징을 가지고 있다.

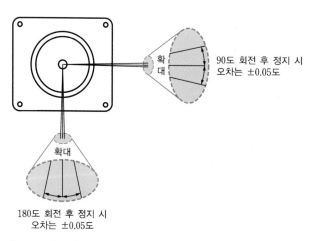

[그림 7-18] **스테핑 모터의 정지 정도**

❹ 자기 유지력

스테핑 모터는 정지 시에 큰 유지력[3]을 가지고 있다. 그렇기 때문에 기계 브레이크 장

---

1 드라이브를 이용하여 5상 스테핑 모터를 회전시키다 정지했을 때, 이론상의 정지 위치에서 어긋난 정도를 나타낸다.
2 분은 1°를 60으로 나눈 각도의 단위이다. 즉 60분＝1°이다. 여기서 ±3분＝ ±0.05°를 의미한다.
3 스테핑 모터가 정지한 상태에서 SHIFT에 외력을 가했을 때, 모터가 회전하지 않고 그 위치를 유지하려는 힘
(TORQUE)을 일컫는다.

치를 사용하지 않더라도 정지 위치를 유지할 수 있다. [그림 7-19]의 회전 인덱스 장치와 같은 곳에 스테핑 모터를 사용하면 간단하게 위치제어를 할 수 있을 뿐 아니라, 정지 시에도 별도로 정지 상태를 유지하기 위한 장치를 구비할 필요가 없다.

[그림 7-19] **인덱스 장치**

❺ **개방 루프 제어**

개방 루프 제어open loop control는 출력이 직접 입력에 의해 제어된다. 스테핑 모터는 위치제어에 많이 사용하는 서보 모터와 달리, 모터의 속도나 위치 검출기를 사용하지 않아도 펄스신호에 정확히 비례하여 동작하므로, 모터의 회전을 검출하기 위한 엔코더 센서 없이 정밀한 위치제어를 위한 용도로 사용될 수 있다.

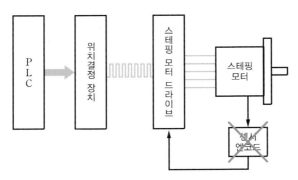

[그림 7-20] **개방 루프 제어**

7.2.3 BLDC 모터

기존의 DC 모터가 저렴한 가격에 비교적 제어하기 쉬운 구조임에도 불구하고 산업용으로 많이 사용되지 못한 이유는 브러시의 취약성 때문이었다. [그림 7-21]과 같은 BLDC 모터는 이러한 단점을 보완하여 브러시를 없앤 직류용brushless DC 모터이다.

[그림 7-21] **BLDC 모터**

BLDC 모터는 회전자에 영구자석을 배치하고 고정자에 전자석을 배치한 형태로, 스테핑 모터와 유사한 구조를 가진다. 또한 홀센서라는 영구자석의 위치를 측정하는 센서가 부착되어 있다. BLDC 모터의 드라이브는 홀센서로

부터 현재 회전자의 영구자석 위치를 파악하고, 각각의 코일 상에 적절한 전류파형을 전달함으로써 모터가 회전할 수 있게 한다.

따라서 BLDC 모터는 기존의 DC 모터에 비해 고속, 고정밀 구동이 가능하다. 또한 브러시가 없기 때문에 전기적, 기계적 노이즈가 적고, 신뢰성과 유지보수성이 매우 높다. 그러나 모터를 구동하기 위해서는 모터 드라이브가 반드시 필요하고, 모터 내부에도 센서를 부착해야하므로, 가격이 비싸고 배선이 증가하는 단점이 있다.

7.2.4 리니어 모터

리니어 모터linear motor는 직선 이동을 목적으로 개발된 모터이다. 일반적으로 모터는 회전운동을 하는 구조로 설계되어 있으나, 실제 환경에서는 직선운동을 요구하는 경우가 많다. 그래서 [그림 7-22(a)]와 같이 회전형 모터에 커플링을 이용해 볼 스크루ball screw를 부착하고, 볼 스크루에 선형 이동부를 부착해서 사용한다. 그러나 이렇게 하면 복잡한 기계 구조에서 발생하는 마찰과 백래시backlash가 제어 정밀도에 큰 영향을 주게 되어, 마이크로미터 또는 그 이하 급의 고정밀 위치제어 공정에서는 사용이 불가능하다.

리니어 모터는 이러한 기계 부품 없이 직선운동을 구현하기 위해 [그림 7-22(b)]와 같이 고정된 마그네틱 플레이트magnetic plate 위 이동부에 코일을 설치하였다. 이 코일에 적절한 전류를 공급하면 직선운동을 할 수 있다. 여기서 리니어 스케일linear scale은 현재 이동부의 위치를 계측하는 센서로, 제어장치가 위치제어를 정밀하게 구현하기 위해 필요하다. 리니어 모터의 원리는 일반적인 회전형 모터와 같으나, 구동방향이 직선이라는 게 특징이다. 또한 리니어 모터에는 마찰과 백래시가 없으므로, 고정밀, 고속 선형이동(직선운동)에 리니어 모터가 사용된다.

(a) 볼 스크루와 회전형 모터

(b) 리니어 모터

[그림 7-22] 회전형 모터와 리니어 모터의 비교

한편 볼 스크루의 경우에는 선형 구동구간이 길어질 때, 무게에 의해 중간 처짐이 발생해 정밀도가 더욱 나빠지거나 진동과 소음이 크게 발생한다. 그러나 리니어 모터는 길이와 상관없이 기계적 특성을 균질하게 유지할 수 있다. 그러나 리니어 모터의 양쪽 끝단에는 마그네틱 플레이트가 존재하지 않으므로, 특성이 약간 나빠지는 경우도 있다.

[표 7-2]는 리니어 모터와 회전형 모터의 선형 구동장치의 특징을 비교한 것이다. 리니어 모터의 여러 단점을 보완하고 성능을 개선하기 위하여 계속해서 활발한 연구가 진행 중이다.

[표 7-2] 리니어 모터와 회전형 모터의 직선 이동장치의 비교

특징	리니어 모터	회전형 모터 + 회전/선형 변환장치
기계부품	간단	볼 스크루, 커플링 등 구조 복잡
정밀도	높음(고정밀 고속운행)	기구 간의 마찰과 백래시로 불리
특성	양쪽 끝단에서 불리	전 구간 동일
에너지 손실	적음	큼(소음, 진동 큼)
가격	비쌈	상대적으로 저렴

7.2.5 초음파 모터

초음파란 가청주파수(20Hz~20kHz) 이상의 주파수를 가지는 음파를 말한다. 초음파 모터ultrasonic motor는 압전소자piezoceramic를 구동기로 사용한 모터로, 초음파로 고속 구동이 가능하다. 압전소자는 [그림 7-23(a)]와 같이 전류가 공급되지 않을 때에는 일정한 크기를 가지고 있다가, 전류가 공급되면 그 길이가 늘어나는 특징을 가지고 있다. 그 응답속도가 매우 빠르기 때문에, 압전소자는 초음파를 발생시키는 용도로 많이 이용된다.

초음파 모터의 구동원리는 [그림 7-23(b)]처럼 고정자에 부착된 압전소자가 전류를 공급받아 회전자에 접촉하면서, 마찰력으로 회전자를 이동시킴으로써 회전자를 회전시키는 것이다. 또한 압전소자가 회전자에 접촉한 상태를 유지하는 것 자체가 브레이크의 역할을 하게 되므로, 스테핑 모터와 같이 정지 토크를 발생시킬 수 있다.

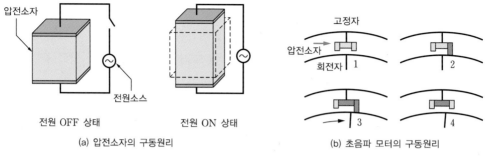

[그림 7-23] **압전소자 및 초음파 모터의 구동원리**

초음파 모터의 일반적인 특징은 저속에서도 큰 토크를 낼 수 있으며, 응답속도가 빠르고, 정밀 위치제어가 가능하다는 것이다. 또한 초음파 모터는 자체 정지 기능을 가지고 있고, 백래시도 없는 무소음의 경량 모터이다. 구조적으로도 기존의 모터와 완전히 달라서 자계나 고주파의 영향 또한 받지 않는다. 응용 범위는 광학, 반도체 장비, 소형 로봇, 시계, 자동차 등 주로 소형 정밀 위치제어용으로 사용되고 있으며, 그밖에 군사용, 항공우주 산업용, 프린터와 복사기 등의 특수 환경에서도 사용되고 있다.

7.3 입출력을 이용한 스테핑 모터 제어　　　　⊘ [실습과제 7-1]

이제부터 XBC PLC에 내장된 고속펄스 출력을 이용한 위치제어 기능을 사용하지 않고, 입출력만을 이용해서 스테핑 모터를 제어하는 PLC 프로그램 작성법에 대해 살펴보자. 실제 산업현장에서 스테핑 모터를 제어할 때에는 별도의 위치결정 제어모듈을 사용하거나, 또는 XBC PLC처럼 프로그램에 내장된 고속펄스 출력 기능을 사용한다. 그럼에도 불구하고 입출력을 이용하여 스테핑 모터를 제어하는 방법에 대해 학습하는 이유는 위치제어를 위한 PLC 프로그램 작성법을 배울 수 있기 때문이다.

7.3.1 입출력을 이용한 스테핑 모터 제어 시스템

[그림 7-24]는 입출력을 이용해서 스테핑 모터를 제어하는 시스템을 구성하는 데 필요한 구성품을 보여준다. 트랜지스터 출력을 갖춘 PLC(릴레이 출력을 갖춘 PLC는 사용할 수 없음)와 유니폴라(단극성)unipolar 구동방식의 2상 스테핑 모터 드라이브, 스테핑 모터이다.

(a) 트랜지스터 출력용 PLC

(b) 스테핑 모터 드라이브

(c) 스테핑 모터

[그림 7-24] **입출력을 이용한 스테핑 모터 제어를 위한 구성품**

■ PLC와 스테핑 드라이브의 결선

이 책의 실습에서 사용하는 스
테핑 모터 및 드라이브(MD2U-
MD20)는 오토닉스 사에서 시
판하는 마이크로 스텝 구동의
유니폴라 2상 스테핑 모터 드
라이브이다.

제품의 특징을 살펴보면, 기능
스위치를 이용해서 펄스 입력
방식을 선택하거나, 마이크로

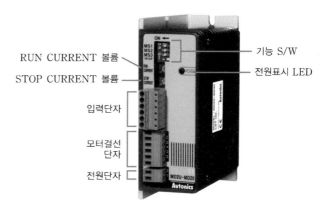

[그림 7-25] **스테핑 모터 드라이브**

스텝 동작의 스테핑 모터의 각도를 분할하는 분해능을 설정할 수 있다.

❶ 기능 스위치로 선택하는 펄스 입력방식

[그림 7-26]은 1펄스 입력방식과 2펄스 입력방식의 차이점을 나타내었다. 현장에서는
2펄스 입력방식을 선호하므로, 이 책의 실습에서도 2펄스 입력방식을 사용한다.

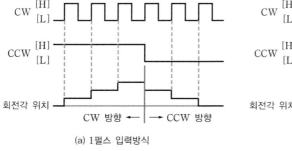
(a) 1펄스 입력방식

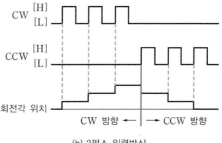
(b) 2펄스 입력방식

[그림 7-26] **펄스 입력방식**

❷ 기능 스위치로 선택하는 마이크로 스텝 설정

실습에 사용하는 2상 스테핑 모터는 펄스당 1.8도를 이동한다. 드라이브의 기능 스위치에서 마이크로 스텝 설정 기능을 사용하면, 최대 20분할까지 스텝 각도를 분할할 수 있다. 마이크로 스텝 분해능이 10분할이면, $1.8° ÷ 10 = 0.18°$로, 펄스당 0.18도 간격으로 스테핑 모터가 회전한다는 의미이다. 실습에서는 5분할을 사용한다.

[표 7-3] 스테핑 모터 드라이브의 기능 스위치 설정 조건

스위치 기능	스위치 설정에 따른 마이크로 스텝 분해능			
	MS1	MS2	MS3	분해능
	ON	ON	ON	1분할
	ON	ON	OFF	2분할
	ON	OFF	ON	4분할
	ON	OFF	OFF	5분할
1번 스위치 : MS1	OFF	ON	ON	8분할
2번 스위칭 : MS2	OFF	ON	OFF	10분할
3번 스위치 : MS3	OFF	OFF	ON	16분할
4번 스위치 : 1P/2P	OFF	OFF	OFF	20분할

❸ PLC 출력과 스테핑 모터 드라이브와의 신호 연결

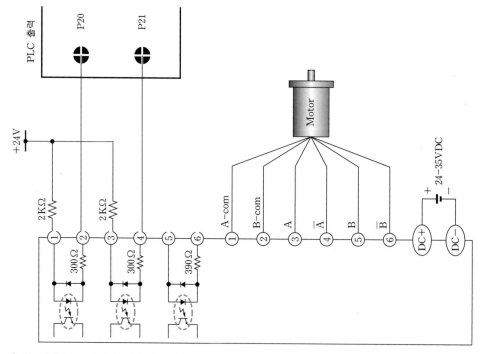

[그림 7-27] 스테핑 모터 드라이브와 PLC 출력의 연결

실습에 사용하는 PLC의 트랜지스터 출력이 NPN 타입이기 때문에 싱크 방식으로 전기회로를 결선해야 한다. 따라서 [그림 7-27]의 1번과 3번 단자는 2KΩ 저항을 사용해서 +24V 전원에 연결하고, 2번과 4번 단자는 각각 PLC의 출력 P20과 P21에 연결한다. 2KΩ 저항을 사용하는 이유는, 스테핑 모터 드라이브의 CW 및 CCW의 입력단자가 DC5V 전원에서 작동하도록 설계되어 있어서 입력단자로 들어가는 전압을 저항으로 낮추어야 하기 때문이다. 2상 스테핑 모터는 선의 색깔에 맞추어 모터 결선단자에 연결하면 된다. 모터의 결선이 바뀌면 스테핑 모터가 제대로 회전하지 않는다.

■ 결선 테스트

결선과 드라이브의 기능 스위치 설정을 마쳤으면, PLC 프로그램을 작성해서 스테핑 모터를 회전시켜보자. 스테핑 모터의 회전은 정말로 간단하다. 정회전을 위해서는 PLC의 출력 P20을 통해서, 역회전을 위해서는 PLC의 출력 P21을 통해서 전기 펄스신호를 드라이브로 전송하면 된다. 스테핑 모터의 정역회전을 위한 PLC 프로그램을 작성해보자.

[표 7-4] **PLC 입출력 할당**

입력번호	넘버링	기능	출력번호	넘버링	기능
P00	PB1	정회전 버튼	P20	CW	정회전 펄스 출력
P01	PB2	역회전 버튼	P21	CCW	역회전 펄스 출력

[그림 7-29]의 스테핑 모터의 정역회전을 위한 PLC 프로그램을 먼저 살펴보면, 프로그램 라인 1번에서 스테핑 모터 회전을 위한 전기 펄스신호를 만들기 위해 타이머를 이용한 플리커 기능을 만들어 사용하고 있다. XBC PLC 타이머의 경우, 사용하는 타이머의 번호에 따라 설정 기준시간이 각각 다르다. 따라서 XG5000에서는 [그림 7-28]처럼 기본 파라미터 설정에서 타이머의 번호에 따른 타이머 기준시간을 확인해서 사용한다. 타이머 번호 T1000~T1023까지는

[그림 7-28] **타이머 기준시간**

타이머 기준시간이 1ms 단위이다. 즉 1주기에 2ms에 해당되는 펄스신호가 만들어지게 되는 것이다. 입력 P00에 연결된 푸시버튼을 누르고 있으면, 출력 P20으로 전기 펄스신호가 출력되어 스테핑 모터는 시계방향으로 회전하게 된다.

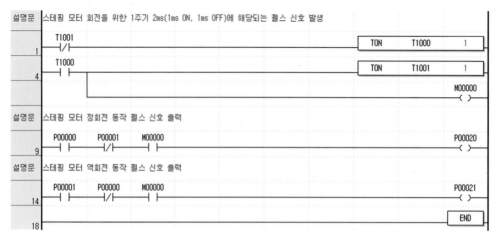

[그림 7-29] **스테핑 모터 동작 확인용 PLC 프로그램**

스테핑 모터 회전을 위한 전기 펄스신호는 고속으로 ON/OFF되기 때문에, PLC의 출력
은 릴레이가 아닌 트랜지스터 출력을 사용한다.

7.3.2 스테핑 모터의 회전제어 실습

스테핑 모터는 펄스당 회전하는 각도가 정해져 있기 때문에 1바퀴, 즉 360도를 회전하는
데 펄스의 개수가 정해져 있다. 앞의 스테핑 모터 드라이브의 설정에서 분주비를 5로 설
정해 놓았기 때문에, 실습에 사용하는 2상 스테핑 모터는 1회전하는 데 1000개의 펄스신
호를 필요로 한다. 즉 1개의 펄스당 0.36도 단위로 회전하게 된다는 의미이다. 다만 최
소 단위가 0.36도이기 때문에, 발생할 수 있는 오차 범위도 ±0.36도가 된다.

■ 스테핑 모터의 각도제어를 위한 PLC 프로그램

입력 P00에 연결된 푸시버튼을 누를 때마다 스테핑 모터가 시계방향으로 45도 각도 단
위씩 회전하는 기능을 가진 PLC 프로그램을 작성해보자. 스테핑 모터가 360도 1회전을
하는 데 필요한 전기 펄스신호의 개수는 1000개이다. 따라서 45도 회전을 위해서는
1000 ÷ 8등분 = 125(개)의 펄스가 필요하다. 즉 PLC 출력 P20으로 전기펄스 125개를
발생시키면, 스테핑 모터가 45도 회전하게 되는 것이다.

[그림 7-30]은 산술연산과 비교연산 명령어를 이용해서 P20으로 출력되는 펄스신호를
카운트하고, 125개의 펄스만을 출력하도록 하고 있다. 이러한 방법 대신에 UP 카운터를
이용하여 45도 단위로 스테핑 모터를 회전하게 할 수도 있다.

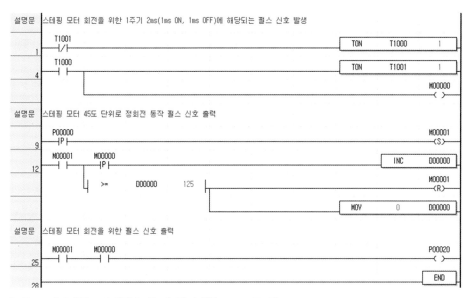

[그림 7-30] 스테핑 모터 회전각도를 제어하기 위한 PLC 프로그램

[그림 7-31]은 [그림 7-30]의 PLC 프로그램을 가산(UP) 카운터를 이용해서 작성한 것으로, 두 그림은 동일한 동작을 하는 프로그램이다. PLC에서는 주어진 동작조건에 단 하나의 정답만 존재하는 게 아니라 수십 개의 정답이 존재할 수 있기 때문에 다양한 방법으로 프로그램을 작성할 수 있어야 한다.

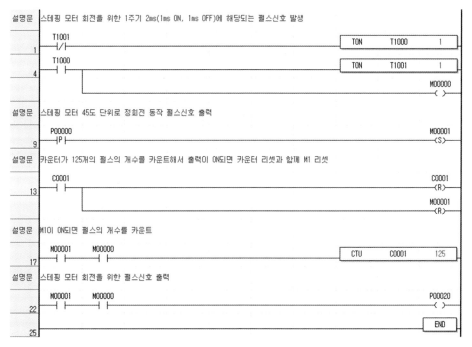

[그림 7-31] 스테핑 모터 회전각도를 제어하기 위한 PLC 프로그램

스테핑 모터의 회전을 제어하기 위해서는 PLC에서 스테핑 모터 드라이브로 회전해야 할 각도에 비례하는 전기 펄스신호를 전송해야 함을 앞의 예제를 통해서 확인했다. 이 내용을 바탕으로, [실습과제 7-1]에서 스테핑 모터의 각도를 제어해볼 것이다.

7.4 스테핑 모터를 이용한 위치제어 실습

[실습과제 7-2, 7-3]

이 절에서는 XBC PLC의 고속 펄스 출력을 이용한 위치제어 기능을 사용하기 전에 입출력만을 이용해서 위치제어 동작을 구현해보려고 한다. 스테핑 모터는 자동화 산업현장에서 다양한 용도로 사용되고 있지만, 특히 펄스 출력신호만으로도 위치제어를 할 수 있다는 장점 때문에 저렴한 가격으로 위치제어를 해야 하는 곳에서 널리 사용되고 있다. 최근에는 기존의 스테핑 모터의 단점을 보완한 엔코더가 부착된 스테핑 모터 제어 시스템이 개발되어, AC 서보와 더불어 정밀한 위치제어가 필요한 자동제어 산업현장에서 널리 사용되고 있다.

7.4.1 위치제어를 위한 실습장치

[그림 7-32]는 스테핑 모터를 이용하여 위치제어 동작을 구현하기 위한 실습장치의 모습을 나타낸 것이다. 그림에서 알 수 있듯이 이 장치는 스테핑 모터의 정역회전 제어를 통해 볼 스크루에 설치된 이동 테이블의 위치를 좌우로 이동시킨다. 모터의 회전운동을 직선운동으로 변환하는 장치는 전체 이동거리에 한계가 있기 때문에, 센서 또는 리미트 스위치 등을 이용해 이동 가능 거리를 벗어나지 않도록 감시해야 한다. 하한 및 상한 검출센서가 이 역할을 담당한다. 또한 위치제어를 위해서는 기준점이 존재해야 하는데, 근사원점 검출센서가 그 역할을 담당한다.

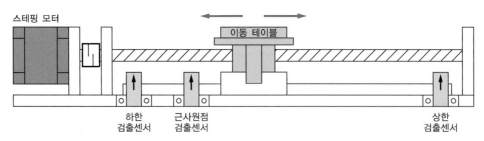

[그림 7-32] **위치제어를 위한 실습장치**

[그림 7-33]의 상하한 검출 및 근사원점 검출을 위해 사용된 광센서를 '포토 마이크로센서photo microsensor'라 한다. 포토 마이크로센서는 소형 앰프 내장형 광센서로, 일반 광센서와 동일하게 물체의 통과 검출, 위치결정을 위해 '도그'라는 금속편을 사용한다. 포토 마이크로센서의 형상은 사용 용도에 따라 다양하지만, 그 중에서는 [그림 7-33]과 같은 T, L, K 타입이 널리 사용된다.

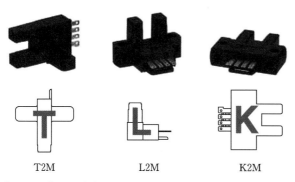

T2M   L2M   K2M

[그림 7-33] **포토 마이크로센서의 형상**

광센서는 기본적으로 빛을 발생하는 발광부와 빛을 검출하는 수광부로 구성되어 있다. 포토 마이크로센서는 발광부와 수광부가 일체형으로 제작된 제품으로, 발광부에서는 전원이 ON되면 항상 빛을 발생하고, 수광부에서는 빛을 검출하여 센서의 출력을 ON/OFF하게 된다.

포토 마이크로센서의 동작모드는 [그림 7-34]에 나타낸 것처럼 발광부에서 발생한 광선을 수광부에서 검출했을 때 센서의 출력을 ON으로 할 것인지, 또는 발광부에서 발생한 광선을 수광부에서 검출하지 못했을 때 센서의 출력을 ON으로 할 것인지의 2가지가 있다. 대부분의 광전센서에는 이러한 동작모드를 선택하는 기능이 들어 있다.

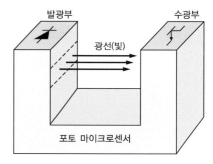

[그림 7-34] **포토 마이크로센서의 동작원리**

[그림 7-35]와 같이 포토 마이크로센서는 4개의 전기단자를 가지고 있는데, 센서를 동작시키기 위한 외부 전원입력 단자 2개, 센서의 출력신호 단자 1개, 그리고 포토 마이크로센서의 동작모드를 결정하는 Control 단자이다. Control 단자가 개방되어 있으면, 발광부의 빛을 수광부에서 검출하지 못했을 때 센서의 출력이 ON(Dark ON 모드)된다. 반면 Control 단자가 전원의 (+) 전압에 연결되어 있으면, 발광부의 빛을 수광부에서 검출했을 때 센서의 출력이 ON(Light ON 모드)된다. 이러한 두 가지 동작모드가 광센서에 필

요한 이유는 무엇일까?

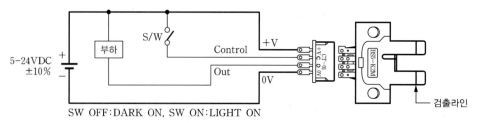

[그림 7-35] 포토 마이크로센서의 결선도

센서는 전기제품에 사용된다. 기존에 수작업으로 동작시키던 전기제품의 스위치를 대체하기 위해 만들어진 장치가 바로 센서라 생각할 수 있다. 스위치는 기본적으로 [그림 7-36]과 같은 2가지 접점으로 모든 전기의 흐름을 제어한다.

[그림 7-36] 스위치 접점의 종류

NO 접점Normally Open contact은 상시 열림형 접점 또는 a접점이라 부르며, 평상시 OFF되어 있다가 스위치가 동작하면 접점이 ON되는 스위치이다. NC 접점Normally Closed contact은 b 접점이라 하며, 평상시 ON되어 있다가 스위치가 동작하면 접점이 OFF되는 스위치이다. a접점은 전기 공급이 차단된 전기회로에 전기를 공급하는 역할을 하고, b접점은 전기가 공급되어 동작하던 전기회로의 전원을 차단하여 동작을 중지시키는 역할을 한다. 따라서 일반 전기제품의 경우, a접점은 주로 ON하는 용도의 스위치로, b접점은 OFF하는 용도의 스위치로 사용된다.

포토 마이크로센서는 특히 기존의 리미트 스위치를 대체하기 위해서 만들어진 제품이기 때문에, 두 가지 동작모드가 필요한 것이다. 이 센서는 리미트 스위치의 a접점/b접점 선택 사용 기능을 제공하기 위한 Control 단자를 가지고 있다. 포토 마이크로센서의 Control 단자가 개방되면 센서는 리미트 스위치의 a접점 역할을 하게 되고, Control 단자가 전원의 (+) 단자에 연결되면 리미트 스위치의 b접점 역할을 하게 되는 것이다.

[그림 7-37]은 포토 마이크로센서의 Control 단자가 개방된 상태, 즉 Dark ON 상태에서 동작하는 모습을 나타낸 것이다. 수광부에서 빛이 검출되면 센서의 출력이 OFF되어 램프가 소등된 상태를 유지하고, 장애물에 의해 수광부에서 빛이 검출되지 않으면 센서

의 출력이 ON되어 램프가 점등된 상태가 유지된다. 즉 이는 스위치의 a접점을 이용해
램프를 ON/OFF하는 동작과 같다.

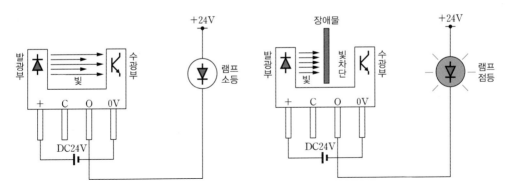

[그림 7-37] Control 단자가 개방된 상태의 Dark ON 모드 동작 상태

[그림 7-38]은 Control 단자가 +24V 전원에 연결되었을 때 포토 마이크로센서의 동작
모습을 나타낸 것이다. 그림의 수광부에서 빛이 검출되면 센서의 출력이 ON되어 램프가
점등되고, 수광부에서 빛이 검출되지 않으면 센서의 출력이 OFF되어 램프가 소등됨을
알 수 있다. 즉 이는 스위치의 b접점을 이용해 램프를 ON/OFF하는 동작과 같다.

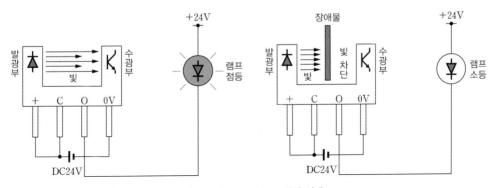

[그림 7-38] Control 단자가 전원에 연결된 상태의 Light ON 모드 동작 상태

한편 [그림 7-32]의 스테핑 모터를 회전시키면, 이동 테이블은 왼쪽 또는 오른쪽으로 계
속 이동하다가 상한 또는 하한 검출센서를 만나게 된다. 만약 상한 또는 하한 검출센서가
동작하면, 즉시 스테핑 모터의 회전동작을 멈추게 해야 한다. 만약 상한 또는 하한 검출
센서가 고장 났거나 연결된 전선이 끊어졌을 때 모터를 계속 회전시키면 어떻게 될까?
이런 경우에는 상한과 하한의 위치를 검출할 수 없기 때문에 기계의 파손, 또는 과전류로
인한 모터의 손상과 같은 문제가 발생할 수 있다. 따라서 산업현장에서는 이러한 문제점
을 해결하기 위해 비상정지 입력(여기에서는 상한과 하한 검출센서)의 신호접점을 반드시

b접점으로 사용한다. 그럼으로써 센서의 고장이나 센서와 연결된 전선의 단선으로 센서의 신호가 검출되지 않을 때에는 모터가 회전하지 않도록 하는 것이다.

[그림 7-39]의 (a), (c)는 a접점을 사용하여 PLC의 입력을 ON/OFF하는 그림이고, (b), (d)는 b접점을 사용하여 PLC의 입력을 ON/OFF하는 그림이다. a접점을 사용하는 경우에는 전선의 끊어짐이나 스위치의 불량을 확인하기 위해서는 스위치를 조작해봐야 한다. 반면 b접점을 사용하는 경우에는 스위치를 조작하지 않아도 평상시 입력이 ON 상태를 유지하기 때문에 전선의 끊김 또는 스위치의 고장이 발생하는 즉시 입력신호가 OFF된다. 따라서 PLC의 입력신호로 b접점을 사용할 경우에는 입력에 연결된 센서나 스위치의 고장 및 전선의 끊김을 바로 검출할 수 있다.

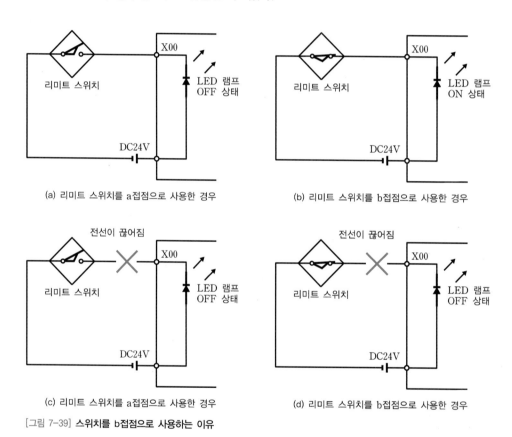

(a) 리미트 스위치를 a접점으로 사용한 경우   (b) 리미트 스위치를 b접점으로 사용한 경우

(c) 리미트 스위치를 a접점으로 사용한 경우   (d) 리미트 스위치를 b접점으로 사용한 경우

[그림 7-39] **스위치를 b접점으로 사용하는 이유**

따라서 산업현장에서는 비상정지 조건의 입력에 센서 또는 스위치를 사용할 경우에는 반드시 b접점을 이용한다. 따라서 [그림 7-32]의 스테핑 모터 제어 실습장치에서도 위치를 검출하는 센서는 a접점으로, 상한과 하한 리미트로 사용되는 센서는 b접점으로 PLC 입력에 연결하여 사용해야 한다. 광센서는 이러한 동작조건을 사용자가 선택하여 사용할 수 있도록 Control 단자를 제공하는 것이다.

7.4.2 위치제어

넓은 의미에서, 위치제어란 정지된 물체를 목적 위치로 적절한 속도로 이동시키고, 정지 동작을 정밀하게 수행하는 동작을 의미한다. 이러한 동작에는 모터, 유공압 실린더 등의 다양한 구동장치가 사용된다. 자동화 산업현장에서는 정밀한 위치제어를 위해 이동 및 정지 정밀도가 높은 스테핑 모터 또는 서보모터를 사용한 시스템을 사용하며, 이러한 모터를 제어하기 위해 PLC와 같은 제어기기를 사용하고 있다.

■ JOG 운전 및 기계 원점복귀

정밀한 위치제어를 위해서는 사용자의 필요에 따라 모터의 정역회전 방향을 제어해서 이동 테이블을 원하는 위치로 이동시킬 수 있는 JOG 운전 기능 동작과, 위치제어 좌표의 기준점을 확립할 수 있는 기계 원점복귀 동작을 구현할 수 있어야 한다.

위치제어 동작에서 **JOG 운전**은 정회전 JOG 기동신호 또는 역회전 JOG 기동신호가 ON되어 있는 동안, 스테핑 모터를 회전시켜 지정된 방향으로 이동 테이블을 이동시키는 동작을 의미한다.

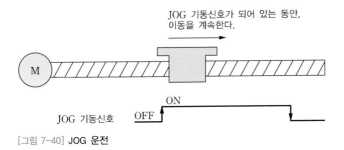

[그림 7-40] **JOG 운전**

원점복귀 제어는 위치결정 제어를 할 때 기점이 되는 위치(원점)를 확립하고, 그 기점을 기준으로 위치결정을 하는 제어를 의미한다.

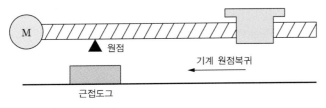

[그림 7-41] **원점복귀 제어**

산업현장에서는 기계장치의 위치제어 방식으로 절대좌표absolute 방식과 상대좌표increment 방식을 사용하고 있다. 절대좌표 위치제어 방식은 [그림 7-42]처럼 원점을 기준으로 위치를 지정해서 위치제어를 하는 방법으로, 사전에 원점을 기준으로 한 위치 값이 미리 정해져 있다. 이때 위치제어를 위해 항상 정해진 원점을 잡는 동작을 기계 원점복귀라고 한다. 위치제어 동작을 위해서는 우선적으로 기계 원점을 확정한 후에 위치제어 동작을 실행해야 한다. 만약 원점이 확정되어 있지 않은 상태에서 위치제어를 하면, 작업자가 생각하는 위치와 PLC 프로그램에서 이동하는 위치가 달라질 수 있기 때문에 기계장치가 파손되는 사태가 발생할 수도 있다.

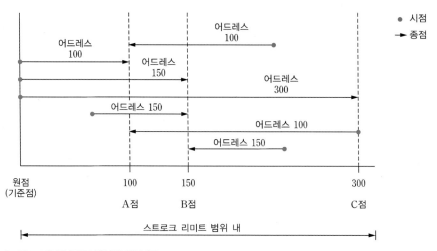

[그림 7-42] **절대좌표 방식의 위치제어**

기계 원점복귀 지령이 입력되면 스테핑 모터는 사전에 정해진 방향으로 회전하며, 이동 테이블에 설치된 도그에 의해 원점센서가 동작하는 위치에 정지한다. 정지된 지점이 원점으로 확정되고 절대좌표 '0'의 위치로 정해진다. 실습에 사용하는 [그림 7-32]의 시스템의 기계 원점복귀 동작에서는 이동 테이블이 오른쪽에서 왼쪽으로 이동하다가 원점센서가 동작하는 위치를 원점으로 사용한다.

'오른쪽에서 왼쪽으로'라고 방향을 정한 이유는 [그림 7-43]처럼 이동 테이블이 왼쪽에서 오른쪽으로 이동할 때와, 오른쪽에서 왼쪽으로 이동할 때의 원점센서 검출 위치가 서로 다르기 때문이다. μm 단위의 위치정밀도를 유지해야 하는 정밀시스템에서 원점복귀 방법에 따라 위치 오차가 발생하면 정밀한 제어를 할 수 없다. 그렇기 때문에 원점을 확정하기 위한 원점복귀 방향을 한쪽 방향, 즉 오른쪽에서 왼쪽으로 정한 것이다.

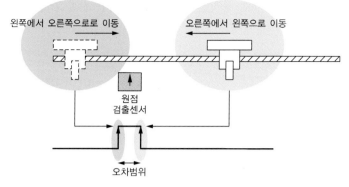

[그림 7-43] **원점복귀 방법에 따른 센서의 오차 발생**

그러나 원점복귀 방향으로 항상 한쪽 방향만을 사용하기 때문에 발생하는 문제도 있다. [표 7-5]와 같이 원점이 확립된 상태에서 다시 원점복귀 동작을 실행하면, 이동 테이블이 오른쪽에서 왼쪽으로 무조건 이동하기 때문에 원점보다 더 왼쪽으로 이동하게 된다. 그 결과 하한 검출센서를 동작시키게 된다. 하한 검출센서가 동작하면 더 이상 왼쪽으로 이동할 수 없기 때문에, 스테핑 모터는 즉시 정지하고 알람이 발생한다.

[표 7-5] **원점복귀 순서**

순서	동작방법	동작 그림
1	원점이 확립된 상태에서 원점복귀 동작을 실행하면 이동 테이블은 왼쪽으로 이동하고, 이동 중에 하한 검출센서를 동작시킨다.	원점 확립 / 하한 검출센서 / 원점 검출센서
2	하한 검출 위치에서 이동 테이블을 오른쪽 방향으로 이동시켜 원점 검출센서의 동작 위치를 벗어난 곳에 위치시킨다.	하한 검출센서 / 원점 검출센서
3	테이블이 오른쪽에서 왼쪽으로 이동하면서 원점 검출센서의 위치에 정지하면 원점이 확립된다.	하한 검출센서 / 원점 검출센서

이러한 문제를 해결하기 위해 원점복귀 동작을 하다가 이동 테이블이 하한 검출센서를 만나면, 스테핑 모터는 즉지 정지한 후에 다시 테이블을 왼쪽에서 오른쪽으로 이동시키는 동작이 필요하다. 테이블이 원점 검출센서의 위치를 벗어난 오른쪽 위치에서 다시 왼

쪽으로 이동하면서 원점센서 검출 위치를 찾는 동작을 하면, 항상 고정된 원점 위치를 설정할 수 있다.

■ 위치제어에 필요한 사항

원점을 확정한 후에 사용자가 설정한 위치로 이동 테이블을 이동시키는 위치제어 동작을 구현해보려고 한다. 우선 위치제어를 위한 PLC 프로그램을 작성하기 위해 사전에 파악해야 할 내용이 무엇인지 살펴보자.

❶ 스테핑 모터 회전당 이동 테이블의 이동거리 계산

[실습과제 7-1]처럼 스테핑 모터를 이용해 각도를 제어하기 위해서는 펄스당 회전각도를 알아야 하듯이, 위치제어를 위해서는 스테핑 모터 1회전당 이동거리를 알아야 한다. 위치제어를 위한 기계구조를 살펴보면, 스테핑 모터의 회전운동을 직선운동으로 변환하는, 스크루와 너트의 조합으로 구성된 장치가 사용된다. 스크루를 스테핑 모터에 연결하여 회전시키면 너트가 이동하게 된다. 이때 스크루 1회전당 너트의 이동거리를 리드lead라고 한다.

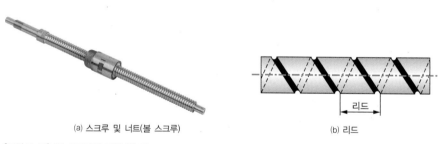

(a) 스크루 및 너트(볼 스크루)　　　　　　　(b) 리드

[그림 7-44] 볼 스크루의 외형 및 리드

실습에서 사용하는 스크루는 위치정밀도와 백래시 제거를 위한 볼 스크루로, 리드는 8mm이다. 즉 볼 스크루가 1회전할 때 너트는 8mm를 이동한다는 의미이다. 스테핑 모터가 회전당 800개의 펄스를 필요로 한다고 하고, 볼 스크루 리드가 8mm이면, 펄스당 이동거리는 $8000\mu m\,(8mm) \div 800pulse = 10\mu m / 1pulse$가 된다. 스테핑 모터를 이용해서 위치제어를 하는 경우에는 펄스당 이동거리가 10의 배수가 되도록 설정하면, 전자기어비 설정을 손쉽게 할 수 있다.

실습에 사용하는 스테핑 모터가 2상 모터이기 때문에 펄스당 1.8° 단위로 회전하고, 회전당 200개의 펄스를 필요로 한다. 스테핑 모터 드라이브에서 분해능을 4로 설정하면, 모터의 회전당 800개의 펄스를 필요로 하게 되어 위의 조건과 같아진다. 이러한 조건에서 스테핑 모터가 펄스당 $10\mu\mathrm{m}$를 이동하게 되는 것이다. 따라서 실습에서 사용하는 볼 스크루의 리드를 조사해서, 가능하면 펄스당 이동거리가 10의 배수가 되도록 스테핑 모터 드라이브에서 분해능을 설정해야 한다.

❷ 전자기어비 설정

사용자가 지정하는 이동거리 지령의 단위와 스테핑 모터의 회전단위가 다르기 때문에, 위치제어에서는 '전자기어비 설정'이라는 기능을 통해 두 개의 단위를 일치시킨다. [그림 7-45]와 같이 전자기어비의 입력 단위는 이동거리인 [mm]이고, 출력의 단위는 스테핑 모터 회전에 필요한 펄스의 단위이다. 위 ❶의 계산에서 스테핑 모터가 펄스당 $10\mu\mathrm{m}$를 이동하기 때문에, 10mm를 이동하기 위해서는 $10000\mu\mathrm{m}(=10\mathrm{mm}) \div 10\mu\mathrm{m}$ $= 1000$이 된다. 즉 10mm를 이동하기 위해서는 1000개의 펄스가 필요하다는 의미이다. 따라서 [그림 7-45]의 전자기어비는 다음과 같다.

$$전자기어비 = \frac{\text{스테핑 모터 1회전당 펄스 수}}{\text{스테핑 모터 1회전당 이동거리(볼 스크루 리드)}}$$

$$= \frac{800\,\mathrm{pulse}}{8000\,\mu\mathrm{m}} = \frac{8\,\mathrm{pulse}}{80\,\mu\mathrm{m}}$$

또한 15mm를 이동할 때 필요한 펄스 수는 다음과 같다.

$$15000\,\mu\mathrm{m}\,(15\,\mathrm{mm}) \times \frac{8\,\mathrm{pulse}}{80\,\mu\mathrm{m}} = 1500\,\mathrm{pulse}$$

이처럼 전자기어비를 구하면 이동거리 지령에 따라 스테핑 모터가 회전해야 할 펄스 수를 손쉽게 구할 수 있게 된다. 전자기어비를 구하는 데 필요한 항목에는 감속기 사용 여부, 볼 스크루 리드, 모터 1회전당 필요한 펄스 수가 있으며, 이들 항목의 조건에 따라 전자기어비가 달라진다.

[그림 7-45] **전자기어비 설정**

[표 7-6]은 전자기어비를 구하는 방법을 한 예를 통해 나타낸 것이다. 이 예에서 주어진 조건에 따라 구한 전자기어비는 $\frac{8}{3}$이다. 스테핑 모터에 감속비율 4 : 1의 감속기가 장착되어 있기 때문에 모터의 1회전당 실제 이동거리는 1.5mm이다. 따라서 이동거리 1.5mm($= 1500\mu\mathrm{m}$)를 설정하면, 전자기어비에 의해 계산된 펄스 수는 4000개

가 되어야 한다. $(1500 \times 8) \div 3 = 4000$의 값이 나오기 때문에 전자기어비의 계산이 정확하게 된 것이다.

[표 7-6] 전자기어비 계산 방법

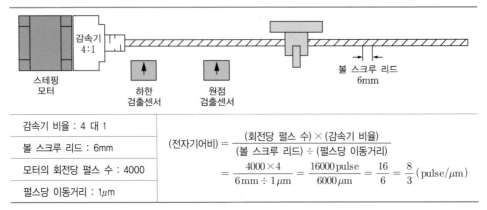

감속기 비율 : 4 대 1	$(\text{전자기어비}) = \dfrac{(\text{회전당 펄스 수}) \times (\text{감속기 비율})}{(\text{볼 스크루 리드}) \div (\text{펄스당 이동거리})}$
볼 스크루 리드 : 6mm	
모터의 회전당 펄스 수 : 4000	$= \dfrac{4000 \times 4}{6\,\text{mm} \div 1\,\mu m} = \dfrac{16000\,\text{pulse}}{6000\,\mu m} = \dfrac{16}{6} = \dfrac{8}{3}\,(\text{pulse}/\mu m)$
펄스당 이동거리 : 1μm	

그런데 사실 실습에 사용하는 XBC PLC에 내장된 위치결정 제어 기능에는 전자기어비를 설정하는 기능이 없다. XBC PLC에 내장된 위치결정 제어 기능이 가격 대비 고성능임에는 틀림없지만, XBC PLC가 저렴한 대신 중요 기능 일부가 빠진 것이다. 그래도 전자기어비 설정에 대해 알고 있어야 고성능 위치결정 제어 기능 모듈을 사용할 때 도움이 될 수 있기 때문에 전자기어비를 적용하는 방법에 대해 살펴본 것이다.

❸ 최대 이동 가능거리 계산
이동 테이블의 이동 가능한 거리는 정해져 있다. [그림 7-46]의 예에서는 원점을 기준으로 오른쪽으로는 최대 200mm까지, 왼쪽으로는 −7mm까지 이동할 수 있다.

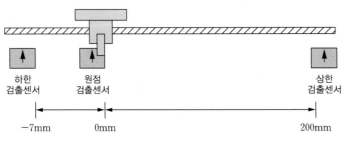

[그림 7-46] 최대 이동 가능거리 계산 방법

좌우로 이동할 수 있는 최대 가능거리를 사전에 알고 있기 때문에, 먼저 사용자가 입력하는 이동거리 설정값과 최대 이동 가능거리를 비교해야 한다. 이때 이동 가능거리를 초과하는 입력값일 경우에는 경고를 발생하고 이동 동작을 수행하지 않도록 프로그램하면, 잘못된 설정값대로 기계장치가 동작하는 일을 사전에 예방할 수 있다. 단 JOG 운전을 통한 좌우 이동 동작에서는 최대 이동 가능거리를 벗어나더라도 경고를 발생하지 않도록 한다. JOG 운전은 기계점검을 위해, 또는 사용자의 필요에 의해 수동으로 이루어지기 때문에, 상한과 하한 검출센서에 의해 동작에 제한을 받는다.

■ 좌우 이동방향 결정

이동 테이블의 이동위치 설정값을 입력한 후에 기동버튼을 누르면, 현재위치 값과 비교해서 왼쪽으로 이동할지, 아니면 오른쪽으로 이동할지가 결정되어야 한다. 다음과 같이 (설정값) − (현재값)의 계산을 통해 구해진 결과값의 대소를 비교해서 왼쪽/오른쪽의 이동방향이 결정된다.

$$(설정값) - (현재값) = (결과값)$$

결과값 > 0 : 왼쪽으로 이동
결과값 < 0 : 오른쪽으로 이동

[Section 7.3]

스위치를 이용해서 스테핑 모터가 회전할 각도를 설정하면 스테핑 모터가 설정한 각도로 회전하는 동작을 PLC 프로그램으로 구현해보자. 자동화 장비 중에는 [그림 7-47]과 같이 회전각도를 분할하는 기능을 가진 인덱스 테이블이 있다. 이러한 인덱스 테이블은 절대좌표를 가지고 동작하는 것이 대부분이다. 원형 각도기처럼 절대위치 0°가 설정되면, 항상 0° 위치를 기준으로 회전각도가 설정된다.

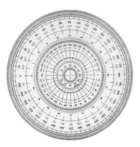

(a) 원형 각도기 (b) 인덱스 테이블

[그림 7-47] **원형 각도기 및 인덱스 테이블**

동작조건

① PLC의 전원이 ON되면, 설정위치 및 현재위치의 표시값에는 '000'이 표시된다.

② 증가버튼을 누를 때마다 설정값은 1씩 증가하고, 이 값은 최대 359까지 증가한다. 큰 설정값을 쉽게 설정하기 위해 증가버튼을 1.5초 이상 계속 누르면 0.1초 단위로 1씩 자동 증가한다.

③ 감소버튼을 누를 때마다 설정값은 1씩 감소하고, 이 값은 최하 0까지 감소한다. 큰 설정값을 쉽게 설정하기 위해 감소버튼을 1.5초 이상 계속 누르면 0.1초 단위로 1씩 자동 감소한다.

④ 시작버튼을 누르면 설정위치 각도로 스테핑 모터가 회전한다. 스테핑 모터의 회전위치는 실시간으로 현재위치에 표시된다. 설정위치와 현재위치의 값이 같아질 때 스테핑 모터는 정지한다.

⑤ 스테핑 모터 회전 중에 시작/정지 버튼을 누르면 스테핑 모터는 즉시 정지하고, 현재위치의 값은 모터가 정지한 위치의 각도를 나타낸다.

[그림 7-48]은 각도 분할을 위한 조작패널이다. 조작패널에는 스테핑 모터의 위치를 실시간으로 표시하는 현재위치 디스플레이 장치와, 사용자가 원하는 위치 각도를 설정하는

설정위치 디스플레이 장치가 설치되어 있다. 앞에서 배운 FND 모듈을 사용하면 되지만, 현재 실습에 사용하는 PLC의 출력이 16점 밖에 안 되기 때문에 FND를 사용하지 않고 프로그램 모니터링 기능을 이용해서 데이터 레지스터의 값으로 동작 여부를 확인한다. 터치스크린 사용이 가능한 환경이라면, [그림 7-48]의 조작패널을 터치스크린에 작화(화면을 만듦)해서 사용해보기 바란다. 다소 불편해도 모니터링 기능을 활용하면 동작을 확인할 수 있기 때문에 큰 문제는 없을 것이라 생각한다.

[그림 7-48] **각도 분할 시스템 조작패널**

[표 7-7] **PLC 입출력 할당**

입력번호	넘버링	기능	출력번호	넘버링	기능
P00	START	시작/정지 버튼	P20	CW	정회전 펄스출력
P01	UP	증가버튼	P21	CCW	역회전 펄스출력
P02	DN	감소버튼			

PLC 프로그램 작성

■ 전자기어비 설정의 문제

설정위치 및 현재위치 표시값은 0 ~ 359까지 1° 단위로 표시된다. 실습에 사용하는 스테핑 모터는 2상으로 스텝각 1.8°를 5분할해서 펄스당 0.36° 단위로 움직인다. 즉 1000개의 펄스를 스테핑 모터 드라이브에 전송하면 모터가 360° 회전한다는 의미이다. 사용자가 설정하는 각도의 설정 단위와 스테핑 모터의 회전각도 단위가 다르기 때문에 각각에 맞게 단위를 변환하여 사용해야 한다.

이처럼 모터제어에서는 설정단위와 모터의 이동단위가 다르게 나타나는 경우가 많기 때문에, 대부분의 모터 드라이브에 전자기어비 설정 항목이 존재한다. 스테핑 모터에는 전자기어기 설정 파라미터가 없기 때문에 PLC 프로그램에서 처리해야 한다. 예를 들어 사용자가 회전각도를 45°로 설정했다면, 스테핑 모터 드라이브에 125개의 펄스 신호를 전송해야 모터가 45° 회전하게 된다.

[그림 7-49] **전자기어의 원리**

전자기어는 자동차의 변속기와 유사하다. 자동차 엔진의 회전수가 일정할 때 자동차의 변속기를 1단~5단까지 변속하면, 기어의 비율에 따라 엔진의 회전수와 달리 저속에서 고속의 회전수를 만들어 낼 수 있다. 전자기어도 설정값에 따른 출력값을 다르게 변환해주며, 이때의 변환식을 '전자기어비'라고 하는 것이다.

입력각도를 360°로 설정했을 때 1000개의 펄스를 만들 수 있는 전자기어비는 [그림 7-50]과 같다. 아주 간단한 산술공식이다. [그림 7-50]의 전자기어비를 사용해서 계산하면, 간단하게 각도 입력에 따른 펄스 출력의 개수를 쉽게 구할 수 있다.

[그림 7-50] **전자기어비 설정**

[그림 7-51]은 전자기어비를 이용해 입력각도에 비례하는 펄스의 개수를 구하는 PLC 프로그램을 나타낸 것이다. 프로그램의 곱셈(DMUL) 명령 실행으로 구할 수 있는 최댓값은 359,000이다. 16비트 데이터 레지스터가 표현할 수 있는 값의 범위는 −32,768 ~ +32,767로, 곱셈 결과가 16비트의 범위를 넘기 때문에 32비트 곱셈 연산 명령어를 사용한다. 예를 들어 입력각도 359도를 입력했을 때, 스테핑 모터의 회전에 필요한 펄스의 개수는 997개로 구해진다. 그러나 997 × 0.36 = 358.92°로, 정확하게 359도는 아니다. 이처럼 0.18°의 오차가 발생하는 것은 스테핑 모터의 펄스당 움직이는 각도가 정해져 있기 때문이다. 따라서 현장에서 기계를 설계할 때에는 이러한 오차 발생 범위가 설계 오차의 범위를 초과하지 않는지에 대해 반드시 점검해야 한다.

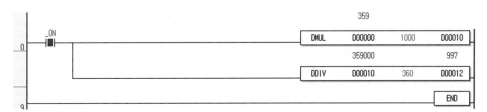

[그림 7-51] **전자기어비 계산 PLC 프로그램**

이러한 오차의 범위를 줄이기 위해서는 펄스당 이동각도를 줄여야 한다. 실습에서도 스테핑 모터의 분해능을 높이면 오차 범위를 좀 더 줄일 수 있다. 이와 같이 분해능을 높이면 스테핑 모터의 회전 정밀도는 증가하지만, 모터의 분당 회전속도가 줄어들기 때문에 자동화 장치의 작동속도가 늦어진다. 그 결과 제품 생산시간이 증가하는 문제가 발생하게 된다. 따라서 전자기어비를 설정할 때에는 마냥 정밀도를 높게 설정하는 게 아니라, 제품에서 요구하는 오차 정밀도를 만족하면서도 가능한 한 높은 생산속도로 보여주는 전자기어비를 설정하는 게 최선의 방법이라 할 수 있다.

■ 현재위치 표시의 문제

스테핑 모터의 현재 이동위치 표시는 출력을 통해 스테핑 모터 드라이브에 전송되는 펄스의 개수를 카운트해서 '(펄스의 개수) × 0.36 = (현재위치)'의 공식으로 구할 수 있다. 여기서 주의할 점은 시계방향(CW)으로 펄스가 출력될 때는 펄스의 개수를 더하고, 반시계방향(CCW)일 때에는 펄스의 개수를 빼야 한다는 것이다.

한편 예를 들어 현재 펄스의 개수가 997개라 하면, 997 × 0.36 = 358.92의 소수점 이하 값이 발생하게 된다. 현재위치 표시값은 정수로 표현되기 때문에, 358.92는 소수점 이하 반올림을 통해 359로 표현되어야 한다. 이와 같은 반올림 연산은 어떻게 프로그램해야 할까? PLC의 산술연산은 정수연산과 실수연산으로 구분된다고 앞장에서 학습했다. 정수연산을 이용해서 소수점 이하의 값을 반올림하는 방법에 대해 살펴보자.

정수연산에서는 연산을 위한 입력값과 출력값 모두가 정수로 표현되어야 한다. 즉 997 × 0.36이라는 수식을 사용할 수 없다는 뜻이다. 따라서 0.36을 36으로 변경해서 연산한 후, 그 연산값을 100으로 나누면 동일한 결과값을 구할 수 있게 된다. 따라서 997 × 36 = 35,892의 값을 먼저 계산한 후, 정수형 나눗셈 연산을 통해 몫과 나머지를 구한다. 이때 나머지 값이 원래 소수점 이하의 값이던 부분이다. 따라서 나머지 값이 50보다 크면 반올림하면 된다.

[그림 7-52]는 스테핑 모터를 회전시키기 위한 설정각도가 입력되면 설정각도에 따라 필요한 펄스 수를 계산하고, 다시 스테핑 모터의 회전위치를 계산해서 표시하는 PLC 프로그램이다.

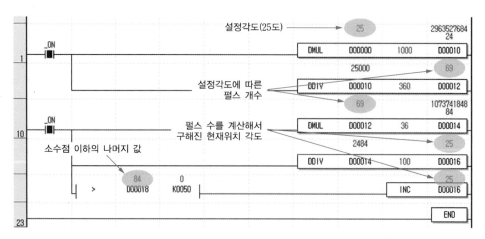

[그림 7-52] 현재위치 표시를 위한 PLC 프로그램

[그림 7-52]에서는 정수형 나눗셈 연산 명령을 사용하고 있다. 나눗셈 명령의 실행 결과값은 몫과 나머지로 나뉘어서 구해진다. 프로그램에서 사용한 '[DDIV D14 100 D16]'의 명령어가 실행된 결과를 살펴보면 [그림 7-53]과 같다.

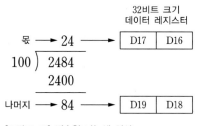

[그림 7-53] 정수형 나눗셈 연산

32비트 나눗셈 명령을 사용했기 때문에 결과값도 32비트 크기의 데이터 레지스터에 저장된다. 정수형 나눗셈의 결과값은 몫과 나머지로 나뉘어서 구해진다. 100으로 나눗셈 명령을 실행했기 때문에 나머지 값은 최소 0에서 최대 99까지의 값이 된다.

한편 데이터 레지스터에 저장된 32비트 결과값이 0 ~ 32767의 범위 내에 있을 경우에는 하위 16비트에 그 값이 저장되고 상위 16비트에는 전부 0으로 저장된다. 따라서 [그림 7-53]에서 16비트 명령어로 D18을 검사하고, D16 값을 증가시켜도 원하는 결과값을 얻을 수 있다. 이처럼 32비트 명령을 사용할 때에는 결과값의 크기에 따라 32

비트 데이터 레지스터를 사용할지, 아니면 하위 16비트 데이터 레지스터만 사용할지를 판단하면 된다.

■ 최단거리 이동

산업현장에서 사용되는 인덱스 테이블은 한쪽 방향으로만 회전하는 경우가 대부분이기 때문에 최단거리 이동 문제에 대해서는 고민할 필요가 없다. 여기서는 학습 목적으로 인덱스 테이블이 최단거리로 이동하도록 제어해본다. 최단거리 이동은 설정각도가 주어졌을 때, 현재위치를 기준으로 가장 짧게 이동하는 방향으로 회전하여 설정위치로 이동하는 동작을 의미한다.

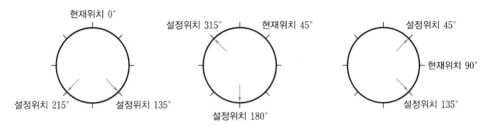

[그림 7-54] **최단거리 이동**

[그림 7-54(a)]와 같이 현재위치가 0°일 때, 최단거리로 설정위치 135°와 215°로 각각 회전한다면, 두 회전방향이 서로 다름을 알 수 있다. 설정위치 135°는 CW가, 215°는 CCW가 최단거리 방향이다. [그림 7-54]에 나타낸 3종류의 현재위치에서 설정위치를 찾아가는 방식을 생각해보자. [표 7-8]은 현재위치에서 설정위치의 값을 뺀 결과값을 구해서 각각의 현재위치에서 설정위치를 찾아가는 방향을 나타낸 도표이다.

[표 7-8] **최단거리 구하는 방법**

현재 위치	설정 위치	(현재) − (설정)	절대값	최단거리 회전방향	결과
0°	135	−135	135	CW	음수, 180보다 작다
0°	215	−215	315	CCW	음수, 180보다 크다
45°	180	−135	135	CW	음수, 180보다 작다
45°	315	−270	270	CCW	음수, 180보다 크다
90°	45	45	45	CCW	양수, 180보다 작다
90°	135	−45	45	CW	음수, 180보다 작다
315°	45	270	270	CW	양수, 180보다 크다
315°	180	135	135	CCW	양수, 180보다 작다

[표 7-8]에서 현재위치에서 설정위치의 값을 뺀 결과값을 절대값으로 변환한 후에 서로 비교를 해보자. CW로 회전하는 경우는 결과값이 음수이고 절대값이 180보다 작은 경우와, 결과값이 양수이고 절대값이 180보다 큰 경우이다. 반면 CCW으로 회전하는 경우는 결과값이 음수이고 절대값이 180보다 큰 경우와, 결과값이 양수이고 절대값이 180보다 작은 경우에 해당된다.

[그림 7-55]는 최단거리 회전방향을 결정하는 PLC 프로그램이다. D16이 현재위치, D0가 설정위치이고, D20이 [(현재위치) − (설정위치)]의 결과값이다. 예를 들어 현재위치가 315°이고 설정위치가 45°일 때, 최단거리 회전방향은 CW로 결정됨을 확인할 수 있다.

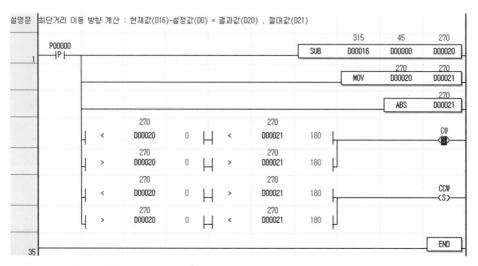

[그림 7-55] 최단거리 이동 판별 PLC 프로그램

앞에서 살펴본 것처럼 PLC 프로그램을 작성하기 전에 주어진 동작조건을 분석해서 필요한 사항이 무엇인지 면밀하게 파악하고, 중요한 동작의 경우에 해당 부분만의 규칙성을 분석하여 최대한 공식화시켜야 한다. 공식화를 시켜야 모든 입력조건에 대해 해당 출력조건을 간단하게 구할 수 있기 때문이다. PLC 프로그램에서 사용하는 공식으로는 복잡한 수식 구조보다는 최대한 간단하게, 가능한 사칙연산만을 이용한 수식이 가장 좋다.

PLC 프로그램 작성하기 전에 사전에 파악해야 할 사항에 대해 모두 살펴보았다. 이제 주어진 동작조건을 만족하는 PLC 프로그램을 작성해보자. [그림 7-56]에 나타낸 전체 프로그램에서는 앞에서 설명한 데이터 레지스터의 번호와 실제 사용된 번호가 다르므로 주의해서 살펴보기 바란다.

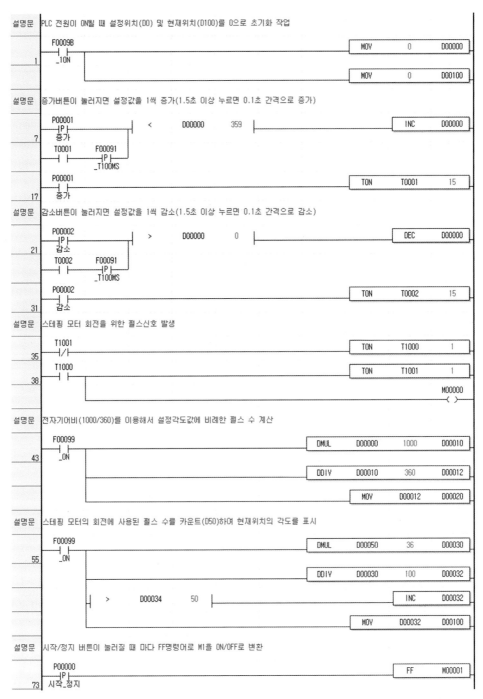

설명문 PLC 전원이 ON될 때 설정위치(D0) 및 현재위치(D100)를 0으로 초기화 작업

```
     F0009B                                                    MOV    0      D00000
  1    ┤ ┝
     _10N                                                      MOV    0      D00100
```

설명문 증가버튼이 눌러지면 설정값을 1씩 증가(1.5초 이상 누르면 0.1초 간격으로 증가)

```
     P00001              <   D00000   359                        INC    D00000
  7   ─┤P┞─
     증가
     T0001    F00091
     ─┤ ┝──┤P┞─
           _T100MS

     P00001                                                    TON   T0001    15
 17   ─┤ ┝
     증가
```

설명문 감소버튼이 눌러지면 설정값을 1씩 감소(1.5초 이상 누르면 0.1초 간격으로 감소)

```
     P00002              >   D00000    0                         DEC    D00000
 21   ─┤P┞─
     감소
     T0002    F00091
     ─┤ ┝──┤P┞─
           _T100MS

     P00002                                                    TON   T0002    15
 31   ─┤ ┝
     감소
```

설명문 스테핑 모터 회전을 위한 펄스신호 발생

```
     T1001                                                     TON   T1000    1
 35   ─┤/┝

     T1000                                                     TON   T1001    1
 38   ─┤ ┝
                                                                     M00000
                                                                    ─( )─
```

설명문 전자기어비(1000/360)를 이용해서 설정각도값에 비례한 펄스 수 계산

```
     F00099                                          DMUL   D00000   1000   D00010
 43   ─┤ ┝
     _ON                                             DDIV   D00010   360    D00012

                                                     MOV    D00012          D00020
```

설명문 스테핑 모터의 회전에 사용된 펄스 수를 카운트(D50)하여 현재위치의 각도를 표시

```
     F00099                                          DMUL   D00050    36    D00030
 55   ─┤ ┝
     _ON                                             DDIV   D00030   100    D00032

                       >   D00034   50                              INC    D00032

                                                     MOV    D00032          D00100
```

설명문 시작/정지 버튼이 눌러질 때 마다 FF명령어로 M1을 ON/OFF로 변환

```
     P00000                                                    FF    M00001
 73   ─┤P┞─
     시작_정지
```

(계속)

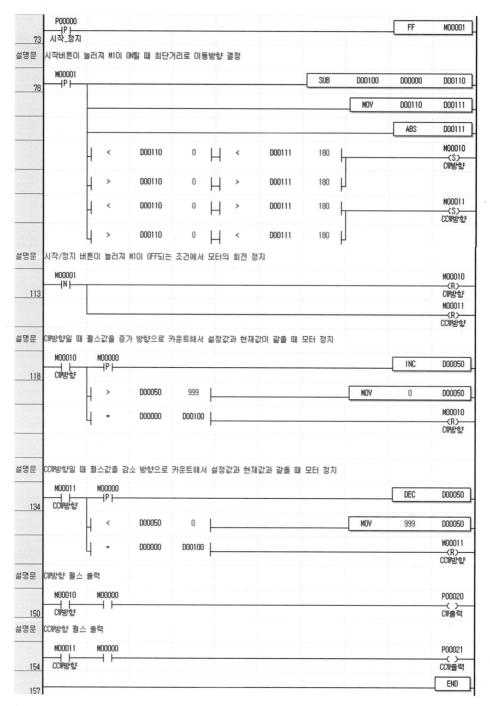

[그림 7-56] 스테핑 모터 회전각도 제어를 위한 PLC 프로그램

→ 실습과제 7-2 JOG 운전과 원점복귀 동작

[Section 7.4]

7.4.2절에서 학습한 JOG 운전과 원점복귀 동작을 구현해보자. 스테핑 모터를 이용한 이동 테이블의 원점복귀 동작 및 좌우이동 동작조건은 다음과 같다.

동작조건

① JOG 운전을 위해 좌이동 버튼을 누르고 있는 동안, 이동 테이블은 왼쪽으로 이동하고 좌이동 표시램프가 점등된다. 좌이동 중에 하한 검출센서가 동작하면, 좌이동 동작을 즉시 중지하고 알람이 발생한다. 알람발생 램프는 1초 간격으로 점멸한다.

② JOG 운전을 위한 우이동 버튼을 누르고 있는 동안 이동 테이블은 오른쪽으로 이동하고 우이동 표시램프가 점등된다. 우이동 중에 상한 검출센서가 동작하면, 우이동 동작을 즉시 중지하고 알람이 발생한다. 알람발생 램프는 1초 간격으로 점멸한다.

③ 알람발생 원인을 해제한 후에 알람해제 버튼을 누르면 알람발생 램프는 소등된다.

④ 원점복귀 버튼을 누르면, 앞에서 설명한 조건에 따라 원점을 확립한다.

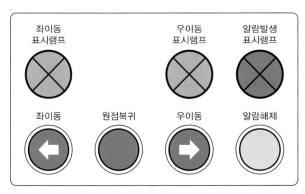

[그림 7-57] **이동 테이블 원점복귀 및 좌우이동 조작패널**

[표 7-9] PLC 입출력 할당

입력번호	넘버링	기능	출력번호	넘버링	기능
P00	ORG	원점복귀	P20	CW	정회전 펄스 출력
P01	LEFT	좌이동 버튼	P21	CCW	역회전 펄스 출력
P02	RIGHT	우이동 버튼	P28	PL1	알람발생 표시램프
P03	ALM_R	알람해제	P29	LP2	좌이동 표시램프
P08		하한 검출센서	P2A	PL3	우이동 표시램프
P09		상한 검출센서			
P0C		원점 검출센서			

PLC 프로그램 작성

[그림 7-58]의 프로그램을 살펴보면, 원점복귀 동작이 2종류로 구분되어 있음을 알 수 있다. 프로그램 라인 51번은 원점복귀 동작 중에 원점센서가 ON되면 그 위치에 정지하고 원점을 확립하는 동작이고, 프로그램 라인 60번부터 96번은 원점복귀 동작 중에 하한 센서가 동작했을 때의 원점복귀 동작을 나타낸 것이다. 이 동작을 말로 풀어보면, 원점복귀 동작 중에 하한센서가 동작하면 모터는 즉시 정지하고 0.5초간 대기한 후에 다시 오른쪽 방향으로 이동한다. 오른쪽 이동 중에 원점센서를 다시 만나면, 원점센서가 OFF되는 시점부터 오른쪽으로 좀 더 이동한다. 모터를 0.5초간 정지한 후에 다시 왼쪽으로 이동하면서 원점센서가 ON되는 지점에 모터를 정지시켜 원점을 확립한다.

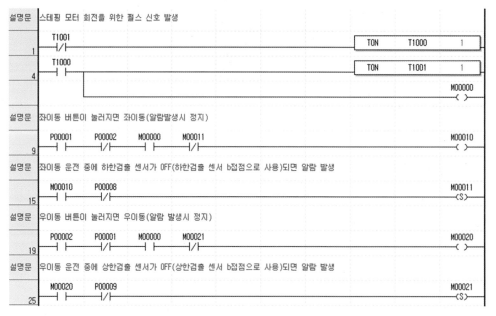

(계속)

알람해제 버튼이 눌러지면 알람 해제

```
        P00003                                                          M00011
29      ─┤P├─┬──────────────────────────────────────────────────────────(R)─
              │                                                          M00021
              └──────────────────────────────────────────────────────────(R)─
```

설명문 알람발생 시 알람램프 1초 간격 점멸 동작

```
        M00011    T0001                                    ┌─────────────────────┐
34      ─┤ ├──┬───┤/├───────────────────────────────────── │ TON    T0000     5 │
         M00021 │                                           └─────────────────────┘
        ─┤ ├───┘
```

```
        T0000                                              ┌─────────────────────┐
39      ─┤ ├──┬─────────────────────────────────────────── │ TON    T0001     5 │
              │                                             └─────────────────────┘
              │                                                         M00030
              └──────────────────────────────────────────────────────────( )─
```

설명문 원점복귀 버튼이 눌러지면 원점복귀 동작 실시

```
        P00000    M00011                                               M00040
44      ─┤P├──┬───┤/├────────────────────────────────────────────────────(S)─
              │  M00021
              └───┤/├──┘
```

설명문 원점복귀(M41)동작 중에 원점센서가 ON되는 위치에서 모터정지

```
        M00040    M00000                                               M00041
51      ─┤ ├──┬───┤ ├─────────────────────────────────────────────────────( )─
              │ P0000C                                                  M00040
              └──┤P├─────────────────────────────────────────────────────(R)─
```

설명문 원점복귀 동작 중에 하한센서가 동작하면 모터정지

```
        M00040    P00008                                               M00040
60      ─┤ ├──┬───┤/├─────────────────────────────────────────────────────(R)─
              │                                                        M00042
              └──────────────────────────────────────────────────────────(S)─
```

설명문 0.5초 동안 모터정지

```
        M00042                                              ┌─────────────────────┐
65      ─┤ ├──────────────────────────────────────────────── │ TON    T0002     5 │
                                                            └─────────────────────┘
```

```
        T0002                                                          M00042
68      ─┤ ├──┬─────────────────────────────────────────────────────────(R)─
              │                                                        M00043
              └──────────────────────────────────────────────────────────(S)─
```

설명문 우이동 및 우이동 동작 중에 원점센서가 OFF되는 지점검출

```
        M00043    M00000                                               M00044
72      ─┤ ├──┬───┤ ├─────────────────────────────────────────────────────( )─
              │ P0000C                                                  M00045
              └──┤N├─────────────────────────────────────────────────────(S)─
```

설명문 원점센서가 OFF되는 지점으로 부터 5초간 더 우측으로 이동

```
        M00045                                              ┌─────────────────────┐
81      ─┤ ├──────────────────────────────────────────────── │ TON    T0003    50 │
                                                            └─────────────────────┘
```

```
        T0003                                                          M00043
84      ─┤ ├──┬─────────────────────────────────────────────────────────(R)─
              │                                                        M00045
              ├──────────────────────────────────────────────────────────(R)─
              │                                                        M00046
              └──────────────────────────────────────────────────────────(S)─
```

(계속)

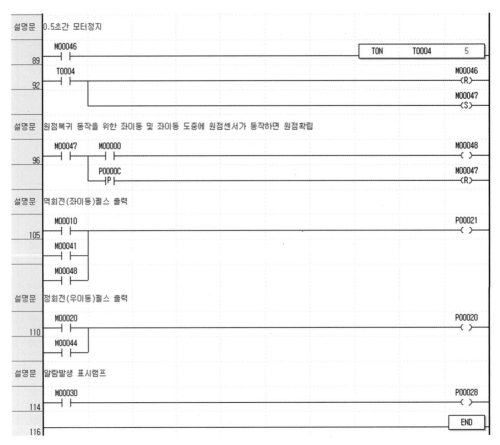

[그림 7-58] JOG 운전 및 원점복귀 PLC 프로그램

→ 실습과제 7-3 스테핑 모터를 이용한 위치제어

[Section 7.4]

이번 실습과제에서는 [실습과제 7-1, 7-2]의 기능과 이동거리 설정에 따른 위치제어 동작을 구현해본다. 이를 통해 PLC를 이용한 위치제어에 필요한 동작의 기능과 원리를 이해할 수 있다. 스테핑 모터를 이용한 정밀한 위치제어 동작을 구현해보자.

동작조건

① 수동모드(P04 : OFF 상태)에서 JOG 운전 좌이동, 우이동 동작이 이루어진다. 원점복귀가 이루어진 후에는 좌우 이동에 따른 현재위치가 실시간으로 표시되어야 한다. 좌우 이동 조건은 [실습과제 7-2]의 조건과 동일하다.

② 원점복귀 동작은 수동 및 자동모드에서 이루어진다. 원점복귀 동작을 통해 원점이 확립되면, 현재위치의 표시값이 '000'으로 표시된다.

③ 모드에 관계없이 증가버튼 및 감소버튼을 이용해서 설정위치를 설정할 수 있다. 증가버튼을 누를 때마다 1씩 증가하고, 감소버튼을 누를 때마다 1씩 감소한다. 설정을 빠르게 하기 위해 증가버튼이나 감소버튼을 1초 이상 계속 누르면, 1초 이후에는 자동으로 0.1초 간격으로 1씩 증가 또는 감소한다. 설정위치의 최대 설정 범위는 −999 ~ 999까지이다.

④ 자동모드에서 기동버튼을 누르면 이동 테이블이 설정위치로 이동한다. 이때 현재값은 이동 테이블의 현재위치를 실시간으로 표시한다. 만약 설정위치 설정값이 −7 ~ 200의 범위를 넘어선 값일 때 기동버튼을 누르면, 알람램프가 1초 간격으로 3회 점멸동작을 하고 기동을 하지 않는다.

⑤ 현재위치와 설정위치의 단위는 [mm]이다.

[그림 7-59]는 스테핑 모터를 이용한 위치제어 조작패널을 나타낸 것이다. 조작패널의 오른쪽을 살펴보면, 현재위치와 설정위치를 표시하는 표시장치가 있고, 증가와 감소버튼을 이용해서 설정값을 설정할 수 있도록 하였다.

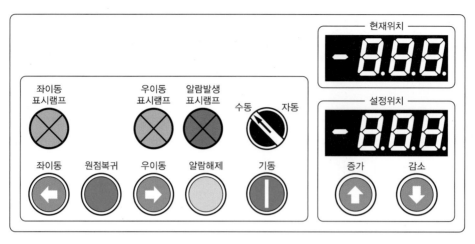

[그림 7-59] **위치제어용 조작패널**

[표 7-10] **PLC 입출력 할당**

입력번호	넘버링	기능	출력번호	넘버링	기능
P00	ORG	원점복귀	P20	CW	정회전 펄스 출력
P01	LEFT	좌이동 버튼	P21	CCW	역회전 펄스 출력
P02	RIGHT	우이동 버튼	P28	PL1	알람발생 표시램프
P03	ALM_R	알람해제	P29	LP2	좌이동 표시램프
P04	M/A	모드 선택	P2A	PL3	우이동 표시램프
P05	UP	증가버튼			
P06	DN	감소버튼			
P07	START	기동버튼			
P08					

PLC 프로그램 작성

[그림 7-60]은 입출력을 이용한 위치제어 전체 PLC 프로그램을 나타낸 것이다. 이 프로그램에서는 전자기어비를 별도로 설정하지 않았다. 펄스 1개당 $10\mu m$를 이동하도록 스테핑 모터의 분해능을 설정해 놓았기 때문에 현재값과 설정값의 비교를 통해서 위치이동을 하도록 되어 있다. XBC PLC에 내장된 위치결정 제어 기능을 이용하면, 이러한 복잡한 과정을 단순한 명령어로 처리할 수 있다.

설명문 PLC 전원이 OFF -> ON되는 순간 현재위치(D0)와 설정위치(D10)을 0으로 초기화

```
      _10N
1  ----| |----+------------------------------------[ MOV    0    D00000 ]
              |
              +------------------------------------[ MOV    0    D00010 ]
```

설명문 증가버튼을 누를 때마다 설정값 1씩 증가

```
      P00005
7  ----|P|----+-----[ <    D00010    999 ]-----------[ INC    D00010 ]
      T0010       _T100MS
   ----| |--------|P|--+

      P00005
17 ----| |---------------------------------------------[ TON    T0010    10 ]
```

설명문 감소버튼을 누를 때마다 설정값 1씩 감소

```
      P00006
21 ----|P|----+-----[ >    D00010    -999 ]----------[ DEC    D00010 ]
      T0011       _T100MS
   ----| |--------|P|--+

      P00006
31 ----| |---------------------------------------------[ TON    T0011    10 ]
```

설명문 스테핑 모터 회전을 위한 펄스신호 발생

```
      T1001
35 ----|/|---------------------------------------------[ TON    T1000    1 ]
      T1000
38 ----| |----+----------------------------------------[ TON    T1001    1 ]
              |                                                    M00000
              +-----------------------------------------------------( )
```

설명문 좌이동 버튼이 눌러지면 좌이동(알람발생 시 정지)

```
      P00004  P00001  P00002  M00000  M00011                       M00010
43 ----|/|-----| |-----|/|-----| |-----|/|---------------------------( )
```

설명문 좌이동 운전 중에 하한검출 센서가 OFF(하한검출 센서 b접점으로 사용)되면 알람 발생

```
      M00010  P00008                                               M00011
50 ----| |-----|/|---------------------------------------------------(S)
```

설명문 우이동 버튼이 눌러지면 우이동(알람 발생시 정지)

```
      P00004  P00002  P00001  M00000  M00021                       M00020
54 ----|/|-----| |-----|/|-----| |-----|/|---------------------------( )
```

설명문 우이동 운전 중에 상한검출 센서가 OFF(상한검출 센서 b접점으로 사용)되면 알람 발생

```
      M00020  P00009                                               M00021
61 ----| |-----|/|---------------------------------------------------(S)
```

설명문 알람해제 버튼이 눌러지면 알람 해제

```
      P00003                                                       M00011
65 ----|P|----+-------------------------------------------------------(R)
              |                                                    M00021
              +-------------------------------------------------------(R)
```

설명문 알람발생 시 알람램프 1초 간격 점멸 동작

```
      M00011  T0001
70 ----| |-----|/|-------------------------------------[ TON    T0000    5 ]
      M00021
   ----| |--+

      T0000
75 ----| |----+----------------------------------------[ TON    T0001    5 ]
              |                                                    M00030
              +-------------------------------------------------------( )
```

(계속)

설명문 | 원점복귀 버튼이 눌러지면 원점복귀 동작 실시

```
        P00000      M00011                                                          M00040
  80    ─┤P├──────────┤/├─────────────────────────────────────────────────────────┤S├─
                     M00021
                    ──┤/├─
```

설명문 | 원점복귀(M41)동작 중에 원점센서가 ON되는 위치에서 모터 정지 및 현재위치(D300에서 출력 펄스 수를 카운트) 0으로 설정

```
        M00040      M00000                                                          M00041
  87    ─┤ ├─────────┤ ├──────────────────────────────────────────────────────────┤ ├─
                     P0000C                                                         M00040
                    ──┤P├─                                                          ─┤R├─
                                                                    DMOV      0      D00030
```

설명문 | 원점복귀 동작 중에 하한센서가 동작하면 모터 정지

```
        M00040      P00008                                                          M00040
  99    ─┤ ├─────────┤/├──────────────────────────────────────────────────────────┤R├─
                                                                                    M00042
                                                                                    ─┤S├─
```

설명문 | 0.5초 동안 모터정지

```
        M00042                                                          TON   T0002     5
 104    ─┤ ├─
        T0002                                                                       M00042
 107    ─┤ ├─────────────────────────────────────────────────────────────────────┤R├─
                                                                                    M00043
                                                                                    ─┤S├─
```

설명문 | 우이동 및 우이동 동작 중에 원점센서가 OFF되는 지점검출

```
        M00043      M00000                                                          M00044
 111    ─┤ ├─────────┤ ├──────────────────────────────────────────────────────────┤ ├─
                     P0000C                                                         M00045
                    ──┤N├─                                                          ─┤S├─
```

설명문 | 원점센서가 OFF되는 지점으로부터 5초간 더 우측으로 이동

```
        M00045                                                          TON   T0003    50
 120    ─┤ ├─
        T0003                                                                       M00043
 123    ─┤ ├─────────────────────────────────────────────────────────────────────┤R├─
                                                                                    M00045
                                                                                    ─┤R├─
                                                                                    M00046
                                                                                    ─┤S├─
```

설명문 | 0.5초간 모터 정지

```
        M00046                                                          TON   T0004     5
 128    ─┤ ├─
        T0004                                                                       M00046
 131    ─┤ ├─────────────────────────────────────────────────────────────────────┤R├─
                                                                                    M00047
                                                                                    ─┤S├─
```

설명문 | 원점복귀 동작을 위한 좌이동 및 좌이동 도중에 원점센서가 동작하면 원점확립 및 현재위치 0으로 설정(D300에서 출력 펄스 수 카운트)

```
        M00047      M00000                                                          M00048
 135    ─┤ ├─────────┤ ├──────────────────────────────────────────────────────────┤ ├─
                     P0000C                                                         M00047
                    ──┤P├─                                                          ─┤R├─
                                                                    DMOV      0      D00030
```

(계속)

설명문	우측으로 이동할 때 현재위치를 10um 단위로 1씩 증가

```
         P00020                                              ┌─────────────────┐
147 ─────┤P├───────────────────────────────────────────────┤ DINC    D00030  │
                                                             └─────────────────┘
```

설명문	좌측으로 이동할 때 현재위치를 10um 단위로 1씩 감소

```
         P00021                                              ┌─────────────────┐
152 ─────┤P├───────────────────────────────────────────────┤ DDEC    D00030  │
                                                             └─────────────────┘
```

설명문	10um 단위로 더블워드 D300에 보관된 현재위치를 mm 단위로 변환하여 D00에 저장 및 표시

```
          _ON                             ┌──────────────────────────────────────────┐
157 ──────┤├──────────────────────────────┤ DDIV    D00030      100       D00000      │
                                           └──────────────────────────────────────────┘
```

설명문	설정값의 범위를 검사(-7mm ~ 200mm)

```
                                                                                    M00070
163 ──│  >      D00010     -7 ├──┤ <=      D00010    200 ├──────────────────────────( )──
```

설명문	설정값이 제한 범위를 초과한 상태에서 자동모드에서 기동버튼이 눌러지면 1초 간격으로 알람발생 램프 3회 점멸

```
         M00070   P00004   P00007                                                   M00071
169 ─────┤/├──────┤├───────┤P├──────────────────────────────────────────────────────(S)──

         M00071   T0006                                       ┌─────────────────────┐
174 ─────┤├───────┤/├──────────────────────────────────────┤ TON    T0005     5  │
                                                              └─────────────────────┘
         T0005                                                ┌─────────────────────┐
178 ─────┤├───┬──────────────────────────────────────────────┤ TON    T0006     6  │
             │                                                └─────────────────────┘
             │                                                                   M00072
             └───────────────────────────────────────────────────────────────────( )──
```

설명문	알람발생 램프가 3회 점멸 완료하면 카운트 및 점멸 동작 리셋

```
         C0001                                                                      C0001
183 ─────┤├───┬──────────────────────────────────────────────────────────────────────(R)──
             │                                                                    M00071
             └───────────────────────────────────────────────────────────────────(R)──
```

설명문	알람 발생 램프 점멸 횟수 카운트(플리커 출력이 OFF부터 먼저되기 때문에 하강펄스 사용 상승펄스 사용하면 2회만 점멸)

```
         M00072                                               ┌─────────────────────┐
187 ─────┤N├──────────────────────────────────────────────┤ CTU    C0001     3  │
                                                              └─────────────────────┘
```

설명문	설정값이 현재값보다 크면 우측방향으로 이동, 설정값이 현재값보다 작으면 좌측으로 이동

```
         P00004   P00007   M00070                                                   M00050
192 ─────┤├───────┤P├──────┤├────────────────────┬──│  >   D00010   D00000 ├──────(S)──
                                                  │                              M00060
                                                  └──│  <   D00010   D00000 ├──────(S)──
```

설명문	우측방향 이동하면서 현재값과 설정값을 비교(현재값이 설정값보다 같거나 크면 정지)

```
         M00050   M00000                                                            M00051
205 ─────┤├───────┤├───┬──────────────────────────────────────────────────────────( )──
                       │                                                          M00050
                       └──│  >=   D00000   D00010 ├───────────────────────────────(R)──
```

설명문	좌측방향 이동하면서 현재값과 설정값을 비교(현재값이 설정값보다 같거나 작으면 정지)

```
         M00060   M00000                                                            M00061
214 ─────┤├───────┤├───┬──────────────────────────────────────────────────────────( )──
                       │                                                          M00060
                       └──│  <=   D00000   D00010 ├───────────────────────────────(R)──
```

(계속)

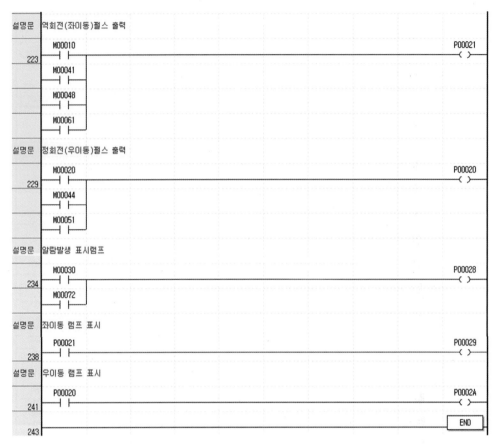

설명문	역회전(좌이동)펄스 출력	
223	M00010 ┤├ M00041 ┤├ M00048 ┤├ M00061 ┤├	P00021 ─( )─
설명문	정회전(우이동)펄스 출력	
229	M00020 ┤├ M00044 ┤├ M00051 ┤├	P00020 ─( )─
설명문	알람발생 표시램프	
234	M00030 ┤├ M00072 ┤├	P00028 ─( )─
설명문	좌이동 램프 표시	
238	P00021 ┤├	P00029 ─( )─
설명문	우이동 램프 표시	
241	P00020 ┤├	P0002A ─( )─
243		END

[그림 7-60] 스테핑 모터를 이용한 위치제어 PLC 프로그램

고속펄스 출력 기능을
이용한 위치제어

오늘날 최첨단 자동화 기술의 핵심은 위치제어이다. 위치결정 기능을 배우기 위해 7장에서 PLC의
출력을 이용한 수동제어 방식의 위치결정 기능에 대해 학습했다. 8장에서는 XBC PLC에서 제공하는
고속펄스 출력 기능을 살펴보고, 위치결정 전용명령어를 사용한 위치제어 동작 구현을 위한 하드웨어
결선방법 및 PLC 프로그램 작성법에 대해 알아본다. 또한 [실습과제]를 통하여 위치제어를 위한 기
초부터 응용기술까지 습득할 수 있다.

8.1 위치제어 개요

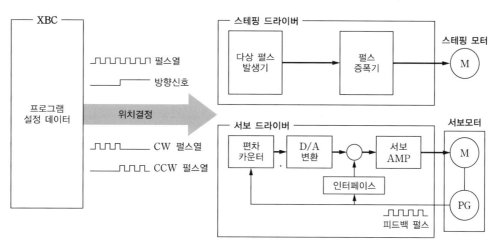

[그림 8-1] XBC PLC를 이용한 위치제어

위치제어는 대상 물체를 현재위치로부터 원하는 속도로 이동시켜서 정확한 목표위치에
정지시키는 것을 목적으로 하는 기능이다. 이 책의 실습에서 사용하는 XBC DN32H 트

랜지스터 출력 타입의 PLC는 서보모터 또는 스테핑 모터를 구동하기 위한 전기펄스열 신호를 출력하여 높은 정밀도의 위치제어가 가능하다. 위치결정 기능을 이용해 각종 공작기계, 반도체 조립기계, 포장기계, 연삭기, 리프트 장비 등을 제어할 수 있다.

8.1.1 XBC PLC의 위치결정 성능

XBC PLC에 내장된 위치결정 기능은 고가의 위치제어 모듈에 비해 성능이 조금 떨어지지만, 고기능의 위치제어가 아닌 일반적인 위치제어를 위한 용도로 사용하기에는 부족함이 없다.

XBC PLC는 위치결정 가능 축이 **최대 2축까지 지원**되기 때문에 2축을 이용한 직선보간 등의 기능이 지원되고, 최대 출력 가능 펄스가 초당 100,000개(100kpps)이다. 고급형 위치결정 모듈의 초당 출력 가능 펄스 수가 대부분 1Mpps를 초과하는 것에 비한다면, 서보 또는 스테핑 모터의 회전속도를 제어할 때 정밀도를 유지하면서 **빠른 속도**로

[표 8-1] XBC PLC의 위치결정 성능

기능 항목	내용
제어축 수	2축, 2축 직선보간 기능
펄스 출력방식	오픈 컬렉터 방식(DC24V)
펄스 출력형태	펄스+방향 출력, CW/CCW 출력 중 선택 사용
제어방식	위치, 속도제어, 속도/위치, 위치/속도 전환제어
위치결정 데이터	각 축마다 80개 설정 가능
위치결정 방식	절대좌표, 상대좌표 방식
위치결정 범위	−2,147,483,648 ~ 2,147,483,647pulse
속도 범위	1 ~ 100,000pps
가/감속 처리	사다리꼴 형
가/감속 시간	0 ~ 10,000ms(4종류 가/감속 시간 설정 가능)

제어하기에는 부족함이 있으나, 일반적인 속도로 제어할 때에는 큰 문제가 되지 않는다. XBC PLC에는 위치제어, 등속운전 등 **다양한 위치결정 기능**이 내장되어 있다.

8.1.2 위치제어를 위한 작업 순서

[표 8-2]는 위치제어를 위한 작업 순서를 나타낸 것이다. 작업 순서 중에서 제일 중요한 부분이 첫 번째, XBC PLC에 내장된 위치결정 기능이 사용자가 구현하려는 위치제어 시스템에 적합한지를 살펴보는 부분이다. 앞에서도 언급했지만 고도의 복잡한 위치결정 기능은 XBC PLC가 지닌 위치결정 기능으로는 구현할 수 없다. 특히 위치제어를 위한 출력 가능한 전기펄스가 오픈 컬렉터 타입이고, 최대 100kpps이기 때문에 속도가 가장 문

제가 될 수 있다. [표 8-1]의 XBC PLC의 위치결정 성능을 잘 살펴보고, 적용하고자 하는 위치제어 시스템에 적합한지를 우선 판단해야 한다.

[표 8-2] 위치제어를 위한 작업 순서

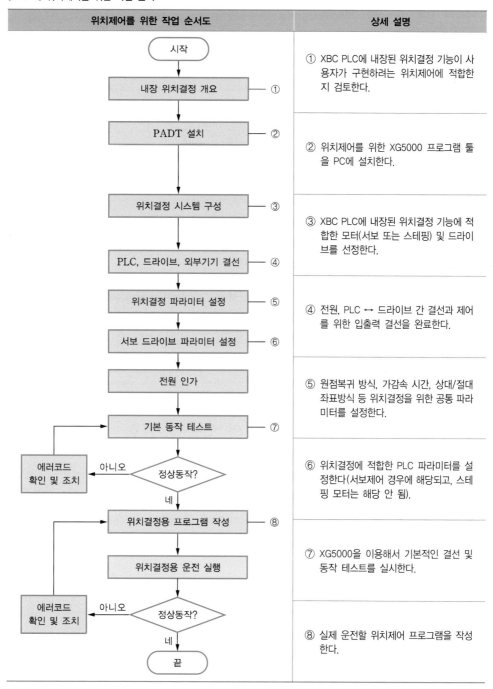

위치제어를 위한 작업 순서도	상세 설명
시작 → 내장 위치결정 개요 ① → PADT 설치 ② → 위치결정 시스템 구성 ③ → PLC, 드라이브, 외부기기 결선 ④ → 위치결정 파라미터 설정 ⑤ → 서보 드라이브 파라미터 설정 ⑥ → 전원 인가 → 기본 동작 테스트 ⑦ → 정상동작? (아니오 → 에러코드 확인 및 조치 / 네) → 위치결정용 프로그램 작성 ⑧ → 위치결정용 운전 실행 → 정상동작? (아니오 → 에러코드 확인 및 조치 / 네) → 끝	① XBC PLC에 내장된 위치결정 기능이 사용자가 구현하려는 위치제어에 적합한지 검토한다. ② 위치제어를 위한 XG5000 프로그램 툴을 PC에 설치한다. ③ XBC PLC에 내장된 위치결정 기능에 적합한 모터(서보 또는 스테핑) 및 드라이브를 선정한다. ④ 전원, PLC ↔ 드라이브 간 결선과 제어를 위한 입출력 결선을 완료한다. ⑤ 원점복귀 방식, 가감속 시간, 상대/절대 좌표방식 등 위치결정을 위한 공통 파라미터를 설정한다. ⑥ 위치결정에 적합한 PLC 파라미터를 설정한다(서보제어 경우에 해당되고, 스테핑 모터는 해당 안 됨). ⑦ XG5000을 이용해서 기본적인 결선 및 동작 테스트를 실시한다. ⑧ 실제 운전할 위치제어 프로그램을 작성한다.

8.1.3 위치제어 시스템의 구성

[그림 8-2]는 XBC PLC의 고속펄스 출력 기능을 이용한 위치제어 시스템의 구성도를 나타낸 것이다. 그림에서 알 수 있듯이 XBC PLC의 기본유닛에 서보 또는 스테핑 모터 드라이브와 신호 인터페이스를 연결하고, 위치제어에 필요한 외부 신호를 인터페이스한 후에 XG5000 프로그램 툴을 이용하여 제어하고 있다.

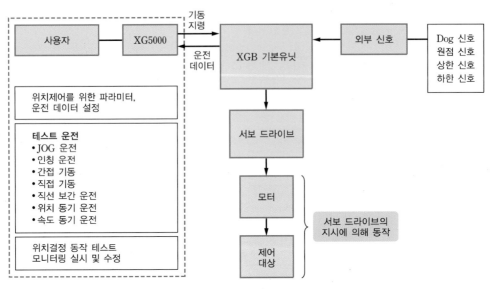

[그림 8-2] **XBC PLC를 이용한 위치제어 시스템의 구성**

8.1.4 위치제어를 위한 XBC PLC의 입출력 신호

XBC PLC는 위치제어를 위한 입출력 신호 번지와, ON/OFF 제어를 위한 입출력 신호 번지를 함께 사용하고 있다. 따라서 위치제어를 위해서는 어떤 입출력 번지가 위치제어를 위한 기능을 가지고 있는지 확인하고, 해당 입출력 번지를 일반 입출력 신호로 사용하지 않도록 해야 한다. XBC PLC에 내장된 위치결정 기능을 사용하기 위해서는 입력 8점, 출력 4점이 필요하다.

■ 위치제어를 위한 XBC PLC의 입력신호

위치제어를 위한 PLC의 입력신호로는 7장의 [그림 7-32]처럼 기계장치의 상한과 하한의 이동거리를 제한하기 위한 하한과 상한 검출용 센서의 입력 연결과, 원점을 잡기 위한 근사원점과 원점신호 입력이 필요하다. 실습에 사용하는 2상 스테핑 모터는 원점신호가 없

기 때문에 근사원점 검출센서를 원점검출 용도로 사용한다. 따라서 PLC의 원점신호 입력
은 연결하지 않는다.

[표 8-3] 위치제어를 위한 입력신호

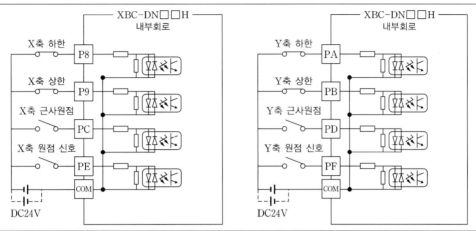

신호명	입력접점 번호		동작 내용	설명
	축	입력번호		
외부 하한 신호 (Limit L)	X	P0008	X축 하한을 검출	b접점 사용 하강에지에서 신호검출
	Y	P000A	Y축 하한을 검출	
외부 상한 신호 (Limit H)	X	P0009	X축 상한을 검출	
	Y	P000B	Y축 상한을 검출	
근사원점 신호 (DOG)	X	P000C	X축 근사원점 입력신호	a접점 사용 상승에지에서 신호검출
	Y	P000E	Y축 근사원점 입력신호	
원점 신호 (ORIGIN)	X	P000D	X축 원점 입력신호	
	Y	P000F	Y축 원점 입력신호	
입력 코먼	X/Y	COM0	입력신호 공통 코먼 단자	

■ 위치제어를 위한 XBC PLC의 출력신호

위치제어를 위한 출력신호는 모터 구동을 위한 전기 펄스신호를 스테핑 모터 드라이브에
출력하는 부분이다. [표 8-4]에 출력신호 번호와 각각의 기능에 대해 나타내었다. 출력
신호와 드라이브를 연결할 때 주의할 점은 PLC의 전기펄스 출력이 오픈 컬렉터[open]
[collector] 타입이기 때문에 드라이브의 결선도 오픈 컬렉터 타입에 맞게 연결해야 한다는 것
이다.

[표 8-4] 위치제어를 위한 출력신호

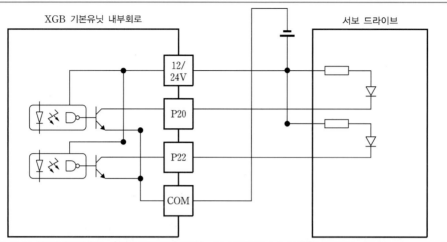

신호명	출력접점 번호		동작 내용		설명
	축	출력번호	펄스+방향 모드	CW/CCW 모드	
펄스 출력 (CW 출력)	X	P0020	X축 펄스열	X축 CW 출력	파라미터 설정에서 Low Active High Active 선택 가능
	Y	P0021	Y축 펄스열	Y축 CW 출력	
방향 출력 (CCW 출력)	X	P0022	X축 방향 출력	X축 CCW 출력	
	Y	P0023	Y축 방향 출력	Y축 CCW 출력	
외부 전원	X/Y	P	트랜지스터 구동용 외부 전원		
출력 코먼		COM0	출력신호 공통 코먼 단자		

■ XBC PLC와 2상 스테핑 모터 드라이브 결선

실습에서는 2상 스테핑 모터 드라이브를 이용해 X축 위치제어를 한다. [그림 8-3]은 PLC와 스테핑 모터 드라이브의 결선도를 나타낸 것이다. 결선도에 맞게 결선한 후, 앞에서 학습한 내용을 참고로 해서 스테핑 모터 드라이브의 기능 설정용 스위치를 2펄스 입력 방식으로, 또 스텝 분해능은 5로 설정한다. [그림 8-3]에서 상한 및 하한검출 센서는 b접점으로 사용하기 위해 컨트롤 단자(CTL)를 +24V에 연결하여 사용한다. 그리고 근사원점 센서를 a접점으로 사용하기 위해 컨트롤 단자를 개방해 두었다. 결선을 마쳤으면 점검을 통해서 결선에 이상이 없는지를 확인한다. PLC의 출력단자 P에는 +24V가 연결되고, 출력 COM0에는 0V가 연결되어야 한다. 특히 단자 P에 +24V가 연결되어 있는지 확인하기 바란다.

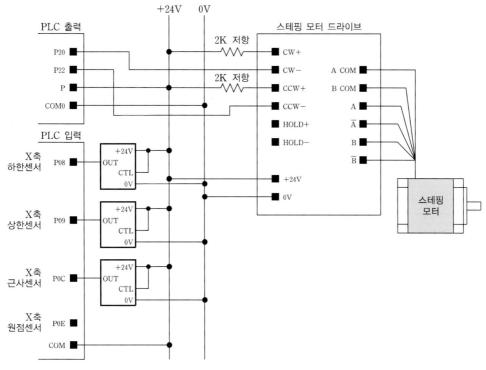

[그림 8-3] PLC와 스테핑 모터 드라이브의 결선도

8.2 위치결정 파라미터

XBC PLC에 내장된 위치결정 기능을 사용하기 위한 결선작업을 마쳤으면, 위치결정 파라미터 및 위치결정을 위한 위치 데이터를 설정해야 한다.

8.2.1 위치결정 파라미터 설정

컴퓨터에서 XG5000을 실행시키고 프로젝트를 생성하고 난 후에 프로젝트 창에서 [파라미터] → [내장 파라미터] → [위치결정]을 선택해 마우스 왼쪽 버튼을 더블클릭하면 위치결정 파라미터 설정창이 나타난다.

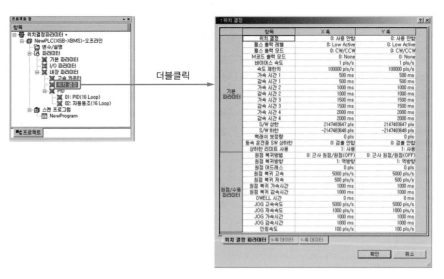

[그림 8-4] 위치제어를 위한 파라미터 설정창

■ 기본 파라미터

[표 8-5] 기본 파라미터 항목

항목	X축 설정 내용	기능
위치결정	1 : 사용	위치결정 기능 사용
펄스 출력 레벨	1 : High Active	펄스 출력 레벨 설정
펄스 출력모드	0 : CW/CCW	펄스 출력 모드 설정
M코드 출력모드	0 : None	M코드 출력 타이밍 설정
바이어스 속도	500 pls	위치결정 기동 시의 초기 시작속도 설정
속도 제한값	100000 pls/s	위치결정 운전 시 출력 가능한 최고 속도
가속시간 1	100ms	가속 패턴 1의 시간설정
감속시간 1	100ms	감속 패턴 1의 시간설정
가속시간 2	200ms	가속 패턴 2의 시간설정
감속시간 2	200ms	감속 패턴 2의 시간설정
가속시간 3	300ms	가속 패턴 3의 시간설정
감속시간 3	300ms	감속 패턴 3의 시간설정
가속시간 4	400ms	가속 패턴 4의 시간설정
감속시간 4	400ms	감속 패턴 4의 시간설정
S/W 상한	2147483547 pls	현재위치 어드레스의 상한값
S/W 하한	−2147483547 pls	현재위치 어드레스의 하한값
백래쉬 보정량	0 pls	회전방향이 변할 때 발생하는 오차 보정값
등속운전 SW 상하한	1 : 검출	속도제어 시 S/W 상하한 검출 기능 사용 여부
상하한 리미트 사용	1 : 사용	상하한 리미트 사용 여부

[표 8-5]의 X축 설정 내용은 실습에서 사용할 파라미터의 설정 내용이다. 이제 주요 항목별 기능을 좀 더 자세히 살펴보자.

❶ 위치결정

각 축별로 위치결정 기능을 사용할지의 여부를 설정하는 항목이다. 위치결정 기능의 입출력 신호는 일반 입출력과 함께 사용되기 때문에, 이 항목을 '사용'으로 설정하면 일반 입출력으로는 사용할 수 없게 된다. 따라서 위치결정 기능을 사용하지 않으면 '사용하지 않음'으로 설정해야 한다.

❷ 펄스 출력 레벨 및 펄스 출력모드

스테핑 모터 드라이브에 전송하는 펄스신호의 레벨과 모드를 설정하는 항목이다. [표 8-6]에 해당 조건에 따른 펄스 출력형태를 나타내었다. 펄스 출력 레벨은 High Active, 펄스 출력모드는 CW/CCW를 선택한다.

[표 8-6] 펄스 출력 레벨 및 모드

펄스 출력모드	출력 신호	펄스 출력 레벨 선택				비고
		High Active		Low Active		
		정방향	역방향	정방향	역방향	
펄스+방향 모드	펄스	⊓⊔⊓⊔⊓	⊓⊔⊓⊔⊓	⊓⊔⊓⊔⊓	⊓⊔⊓⊔⊓	
	방향	Low	High	Hight	Low	
CW/CCW 모두	CW	⊓⊔⊓⊔		⊓⊔⊓⊔		H타입만 지원
	CCW		⊓⊔⊓⊔		⊓⊔⊓⊔	

■ 원점/수동 파라미터

원점/수동 파라미터 항목은 원점복귀와 관련된 항목과, JOG 운전에 관련된 운전조건을 설정하는 부분이다.

[표 8-7] 원점 및 수동동작을 위한 파라미터 항목

항목	X축 설정 내용	기능
원점복귀 방법	2 : 근사원점	원점복귀 방법 설정
원점복귀 방향	1 : 역방향	원점복귀 방향 설정

(계속)

항목	X축 설정 내용	기능
원점 어드레스	0 pls	원점 검출 시 원점 어드레스 설정
원점복귀 고속	5000 pls	원점복귀 운전 시 고속 설정
원점복귀 저속	500 pls	원점복귀 운전 시 저속 설정
원점복귀 가속시간	100ms	원점복귀 운전 시 가속시간 설정
원점복귀 감속시간	100ms	원점복귀 운전 시 감속시간 설정
DWELL 시간	0ms	원점복귀 후 편차 카운트 잔류 펄스 삭제
JOG 고속	5000 pls	JOG 운전 시 고속 설정
JOG 저속	1000 pls	JOG 운전 시 저속 설정
JOG 가속시간	100ms	JOG 운전 시 가속시간 설정
JOG 감속시간	100ms	JOG 운전 시 감속시간 설정
인칭 속도	100 pls/s	인칭 운전 시 운전속도 설정

❶ 원점복귀 방법

원점복귀 방법은 고속/저속 중에 선택할 수 있다. 위치제어 실습에 사용하는 2상 스테핑 모터는 드라이브에서 원점신호가 발생되지 않기 때문에 근사 원점신호를 원점신호로 사용한다. 그런데 근사 원점신호를 원점신호로 사용하면, 원점복귀 속도에 의해 원점의 위치가 달라질 수 있다. 자동차를 시속 10km로 운행하다가 브레이크를 사용했을 때와 시속 100km로 운행하다가 브레이크를 사용했을 때 미끄러지는 거리가 다르듯이, 모터도 회전하다 정지할 때 회전하던 속도에 따라 관성에 의해 미끄러지는 거리가 달라진다. 따라서 원점복귀 고속과 저속으로 구분해서 사용한다.

❷ 원점복귀 방향

[그림 8-5]는 모터의 회전방향에 따른 이동 테이블의 이동방향과 원점복귀 방향을 나타낸 것이다. 원점복귀 방향은 모터가 위치하는 방향이기 때문에 역방향인 CCW 방향에 해당된다.

❸ 원점복귀 고속 및 저속, 가감속 시간

[그림 8-5]에서 원점복귀 고속은 원점복귀 방향으로 이동하는 속도를 의미한다. 근사원점 검출센서가 ON되면 원점신호를 찾기 위해 모터의 속도를 늦추는데, 이 속도를 원점복귀 저속이라 한다. 저속은 원점복귀 방향으로 이동하다가 근사원점 검출센서가 ON→OFF된 후에 첫 번째로 모터 원점신호를 검출한 위치가 기계원점 위치이다. 2상 스테핑 모터는 원점신호가 없기 때문에 근사원점 검출센서의 신호가 ON되는 위치에서 모터가 정지하고, 그 위치가 원점이 된다.

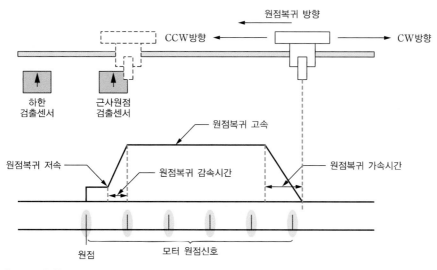

[그림 8-5] **원점복귀 동작**

8.2.2 위치 데이터 설정

파라미터 설정이 끝나면, 설정한 파라미터를 PLC로 전송한다. XG5000의 상단의 메인 메뉴에서 [온라인]→[쓰기]를 선택하여 '쓰기'창이 나타나면, 파라미터 항목을 선택한 후에 [확인] 버튼을 클릭한다.

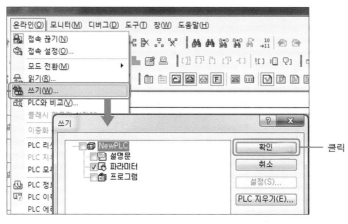

[그림 8-6] **파라미터 쓰기**

파라미터의 쓰기를 정상적으로 마치고, PLC 프로그램을 작성해서 전송할 때에는 반드시 프로그램 항목만 체크해서 전송해야 한다. PLC 프로그램 작성을 위해 XG5000을 새롭게 실행할 때에는 위치결정 파라미터 항목들이 공장 초깃값으로 설정된다. 즉 이런 경우에는 이전에 전송한 파라미터들이 새로운 파라미터로 변경되기 때문에, 위치결정 동작을 실행할 수 없게 된다.

파라미터가 새롭게 전송되어 위치결정 동작이 실행되지 않는 경우는 주로 초보자들이 많이 하는 실수이다. 하지만 초보자들은 오작동의 원인을 찾지 못해서 몇 시간을 허비하곤 한다. 이러한 실수를 하지 않기 위해서는 파라미터를 변경하면 반드시 파라미터 항목만 체크한 후 PLC에 전송하고, PLC 프로그램을 새롭게 작성하거나 변경하면 PLC 프로그램만 체크해서 전송하는 습관을 갖기 바란다.

8.3 위치결정 전용 K메모리 영역

8.3.1 K메모리의 역할

XBC PLC의 위치제어 기능은 위치결정 전용 K메모리를 이용하여 프로그램을 실행한다. K메모리는 위치제어 동작을 위한 다양한 데이터를 보관하는 RAM 메모리 영역이다. 사용자가 설정한 위치제어를 위한 파라미터와 위치 데이터는 PLC 내부의 플래시 메모리 영역에 보관된다. 플래시 메모리는 PLC 전원의 ON/OFF에 관계없이 데이터를 계속해서 보관할 수 있지만, 메모리 처리속도가 늦기 때문에 주로 데이터 보관용으로 사용되는 메모리이다. 플래시 메모리에 저장된 항목들은 PLC의 전원이 ON될 때나 CPU가 리셋될 때, 운전모드가 스톱stop에서 런run으로 변경될 때, 자동으로 K메모리 영역인 RAM으로 복사된다.

K메모리에는 플래시 메모리에서 복사된 데이터 외에도 위치제어에 필요한 각종 운전 데이터와 모니터링 데이터도 보관된다. K메모리는 RAM이기 때문에 메모리의 처리속도는 빠르지만, PLC의 전원이 OFF되면 데이터도 소멸된다. 그러나 운전 데이터 및 모니터링 데이터는 위치제어 동작 중에만 필요한 데이터이기 때문에 RAM 영역에만 저장되어도 아무런 문제가 발생하지 않는다.

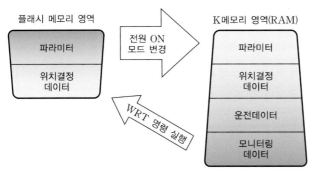

[그림 8-7] **위치결정 전용 메모리의 구성**

위치제어의 모든 기능은 K메모리에 보관된 데이터와 K메모리의 비트, 또는 워드 메모리 영역을 이용하여 실행된다. 따라서 K메모리 번지에 부여된 각각의 기능을 사전에 파악해야 위치제어용 PLC 프로그램을 작성할 수 있다. 플래시 메모리에 파라미터와 위치결정 데이터가 저장되고, 이 저장된 내용이 K메모리에 복사되어서 사용되기 때문에, K메모리에 복사된 파라미터와 위치결정 데이터는 PLC 프로그램에서 변경 가능하다. 즉 K메모리의 모든 데이터는 프로그램에서 자유롭게 읽고 쓰기가 가능하다는 뜻이다.

따라서 사용자의 필요에 의해 프로그램에서 파라미터 및 위치 데이터의 내용을 변경한 후에, 'WRT' 명령을 이용해 K메모리의 데이터를 플래시 메모리에 새롭게 저장할 수도 있다. 프로그램 실행 도중에 파라미터 항목의 설정값 또는 위치 데이터의 내용을 변경한 후, WRT 명령을 실행하지 않고 PLC 전원을 OFF한 후에 다시 ON하면, K메모리의 설정값들은 플래시 메모리에 예전에 저장되어 있던 값으로 원상복구된다. 따라서 프로그램 실행 도중에 K메모리에 변경되어 저장된 내용이 계속 사용해야 할 데이터라면, WRT 명령을 실행해서 변경된 내용을 플래시 메모리에 새롭게 기록해야 한다.

8.3.2 위치제어를 위한 K메모리의 구성

위치제어를 위한 PLC 프로그램은 K메모리를 이용하여 실행되기 때문에, 위치제어 PLC 프로그램을 작성하기 위해서는 위치결정 기능을 실행하는 K메모리 번지와, 동작 상태의 모니터링을 위한 K메모리 번지를 파악하고 있어야 한다. 이 책에는 실습에 필요한 K메모리 번지만 사용하기 때문에, 전체 K메모리 번지에 대한 기능을 살펴보기 위해서는 LS 산전의 'XGB 위치제어편' 매뉴얼을 참고하기 바란다.

■ 위치제어 지령용 K메모리 번지(비트 단위)

위치제어를 위한 K메모리는 16비트 워드 단위로 사용되지만, 해당 동작에 따라 비트별로 동작의 기능을 부여하고 있다. [표 8-8]은 비트별로 동작 가능한 메모리 번지를 나타낸 것으로, 비트별로 기능이 부여된 K메모리 번지는 비트별로 읽고 쓰기가 가능하다. 해당 비트 메모리가 ON되면 정해진 동작을 실행한다.

[표 8-8] 위치제어 지령용 K메모리 번지(비트 메모리 번지)

변수명	X축			기능
	워드 번지	비트 위치	비트 주소	
기동신호		0	K4290	상승에지에서 간접기동 실행
정방향 JOG	K429	1	K4291	1일 때 정방향 JOG 운전
역방향 JOG		2	K4292	1일 때 역방향 JOG 운전
JOG 저속/고속		3	K4293	0 : JOG 저속, 1 : JOG 고속

■ 위치제어 상태 모니터링 K메모리 번지(워드 및 더블워드 단위)

[표 8-9]는 위치제어 동작의 모니터링을 위한 워드 또는 더블워드 메모리 번지로, 이 메모리들은 읽기만 가능하며 주로 현재의 위치 또는 오류코드, M코드 번호를 확인하기 위해 사용한다. 하지만 위치제어와 관련된 모든 항목을 모니터링할 수 있다.

[표 8-9] 위치제어 상태 모니터링 K메모리 번지

변수명	X축		기능
	시작 번지	크기	
현재위치	K422	더블워드	현재위치를 표시
현재속도	K424	더블워드	현재속도를 표시
스텝번호	K426	워드	현재 운전스텝번호 표시
오류코드	K427	워드	오류 발생 시 오류코드 표시
M코드 번호	K428	워드	M코드가 ON일 때 M코드 표시

■ 위치제어 상태 모니터링 K메모리 번지(비트 단위)

위치제어 동작의 모니터링을 위한 비트 메모리 번지는 읽기만 가능하다. 비트 메모리가 ON되어 있으면 해당 기능이 동작 상태임을 나타낸다.

[표 8-10] 위치제어 상태 모니터링 K메모리 번지(비트 단위)

변수명	X축			기능
	워드 번지	비트 위치	비트 주소	
운전 중	K420	0	K4200	0 : 정지, 1 : 운전 중
오류 상태		1	K4201	1 : 오류 발생
위치결정 완료		2	K4202	1 : 완료
M코드 신호		3	K4203	1 : M코드 ON
원점결정 상태		4	K4204	1 : 원점결정 완료
펄스 출력 상태		5	K4205	1 : 출력금지
정지 상태		6	K4206	1 : 정지 상태
상한 검출		8	K4208	1 : 검출
하한 검출		9	K4209	1 : 검출
비상정지		A	K420A	1 : 비상정지 상태
정/역 회전		B	K420B	0 : 정방향 , 1 : 역방향
운전 상태(가속)		C	K420C	1 : 가속 중
운전 상태(정속)		D	K420D	1 : 정속 중
운전 상태(감속)		E	K420E	1 : 감속 중
운전 상태(드웰)		F	K420F	1 : 드웰 중
위치제어 상태	K421	0	K4210	1 : 위치제어 중
속도제어 상태		1	K4211	1 : 속도제어 중
직선보간 상태		2	K4212	1 : 보간제어 중
원점복귀		5	K4215	1 : 원점복귀 중
위치 동기		6	K4216	1 : 위치 동기 중
속도 동기		7	K4217	1 : 속도 동기 중
JOG 저속		8	K4218	1 : JOG 저속 운전
JOG 고속		9	K4219	1 : JOG 고속 운전
인칭 운전		A	K421A	1 : 인칭 운전

8.4 JOG 운전

[실습과제 8-1]

위치제어를 위한 입출력 신호 인터페이스 작업과 파라미터 설정을 끝냈으면, JOG 운전을 통해 시스템의 정상 동작 여부를 확인한다.

8.4.1 JOG 운전에 필요한 기능을 가진 K메모리 번지

7장의 7.4.2절에서 PLC의 입출력을 이용한 위치제어 동작에서의 JOG 운전에 대해 살펴보았다. XBC PLC에 내장된 위치결정 기능의 JOG 운전은 정방향 및 역방향 JOG 기동 신호(K4291, K4292)가 ON되고 있는 동안, 사전에 정해진 속도로 모터가 회전동작을 하는 제어동작이다.

7장의 JOG 운전은 출력단자를 통한 펄스 출력으로 이루어지는 스테핑 모터의 정역회전을 이용한 단순한 제어동작이었다. 반면, 여기서의 고속펄스 출력 기능을 이용한 JOG 운전은 가감속 구간과 정속구간과 같은 동작기능이 부여되어 있다. 속도만 설정하면 JOG 운전에 필요로 하는 각종 제어동작이 PLC에 내장된 위치결정 기능에 의해 실행된다.

PLC에 내장된 위치결정 기능을 사용한다는 의미는 기능이 부여된 K메모리 번지를 기능 동작에 따라 구별해서, 필요한 번지만 정리한 후에 사용한다는 뜻이다. [표 8-11]은 JOG 운전의 형태와 JOG 운전에 필요한 K메모리 영역을 나타낸 것이다. [표 8-11]에서 K메모리 번지는 지령신호와 모니터링 신호, 파라미터 설정값으로 구분되어 있다. 지령신호는 JOG 운전을 실행할 때 해당 비트를 ON하면 사전에 지정된 기능이 실행되는 비트이고, 모니터링 비트는 JOG 운전의 동작 상태를 확인하기 위한 비트이다. 예를 들어 모니터링 비트 K4218이 1이면, JOG 저속 운전 상태임을 확인할 수 있다.

그리고 파라미터 설정값의 경우, XG5000의 특수모듈 파라미터 설정 창에서 일괄적으로 파라미터를 설정할 수 있지만, PLC 프로그램 실행 중에 해당 파라미터 설정값을 변경할 수도 있다. 설정값을 변경하고자 할 때에는 해당 파라미터 설정값이 보관되어 있는 K메모리 번지를 파악하고 있어야 한다.

[표 8-11] JOG 운전을 위한 K메모리

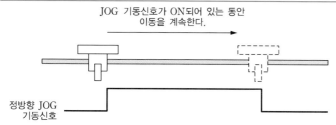

JOG 운전에 필요한 K메모리 번지			
번지	크기	기능	구분
K4291	비트	정방향 JOG 기동	지령신호
K4292	비트	역방향 JOG 기동	지령신호
K4293	비트	JOG 고속/저속	지령신호
K479	더블워드	고속	파라미터 설정값
K481	더블워드	저속	파라미터 설정값
K483	워드	JOG 가속시간	파라미터 설정값
K484	워드	JOG 감속시간	파라미터 설정값
K4218	비트	JOG 저속운전	모니터링
K4219	비트	JOG 고속운전	모니터링
K4200	비트	X축 운전 중	모니터링
K4201	비트	X축 오류	모니터링

8.4.2 JOG 운전 PLC 프로그램 작성

JOG 운전에 필요한 K메모리 영역을 파악했으면, 이제는 JOG 운전을 위한 PLC 프로그램을 작성해보자. JOG 운전의 속도는 고속과 지속으로 구분되며, 고속은 5000pls/s로, 저속은 1000pls/s로 설정되어 있다. 그리고 고속과 저속을 선택하는 K메모리 비트의 메모리 번지는 K4293이다.

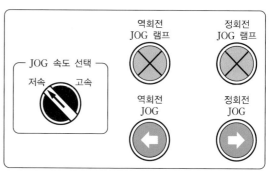

[그림 8-8] JOG 운전을 위한 조작패널

[표 8-12] PLC 입출력 할당

[표 8-12] PLC 입출력 할당

입력번호	넘버링	기능	출력번호	넘버링	기능
P00		JOG 속도 선택	P20	CW	정회전 펄스 출력
P01		정회전 JOG(우이동)	P22	CCW	역회전 펄스 출력
P02		역회전 JOG(좌이동)			
P08		X축 하한	P28		정회전 JOG 램프
P09		X축 상한	P29		역회전 JOG 램프
P0C		X축 근사			
P0E		X축 원점(사용 안 함)			

■ JOG 운전 프로그램

JOG 운전은 기동신호인 정방향 기동신호(K4291), 또는 역방향 기동신호(K4292)를 ON 하면, 파라미터에서 설정한 JOG 저속(K481)으로 스테핑 모터를 회전시키는 동작이다.

[그림 8-9]는 가장 단순한 JOG 운전 프로그램을 나타낸 것이다. 이 프로그램을 실행해서 정회전과 역회전 동작의 JOG 운전이 되지 않는다면 파라미터 설정과 하드웨어 결선 부분을 확인해보기 바란다. 특히 파라미터 첫 번째 항목인 위치결정 사용 여부에서 '사용 함'으로 설정되었는지 확인해보기 바란다.

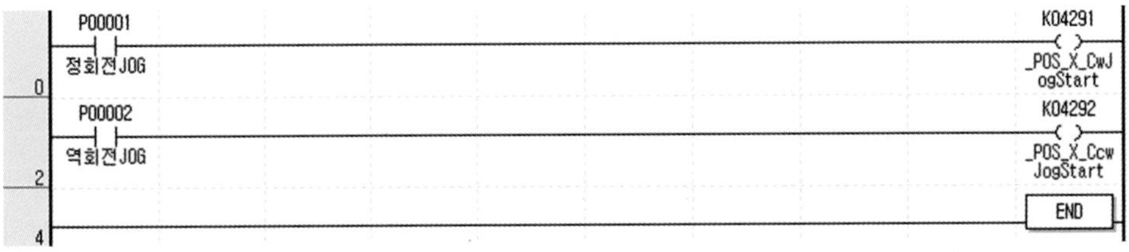

[그림 8-9] JOG 운전 PLC 프로그램

■ 인터록과 오류 검출을 포함한 JOG 운전 프로그램

[그림 8-9]의 문제점은 PLC의 정상동작 여부와 관계없이 JOG 운전을 실행한다는 것과, 정역 회전 JOG 신호가 동시에 ON되었을 때를 대비한 문제 해결 방안이 고려되어 있지 않다는 것이다. 모터와 같은 구동장치가 통제 불가능해지면, 기계장치를 파손시키거나 심지어 인명을 손상시킬 수도 있는 동작을 하게 된다. 이때 모터를 작동을 자동으로 멈추고 각 기능이 제대로 작동되도록 제어하는 것을 **인터록**interlock이라 한다. 구동장치가 가장 위험할 때가 바로 제어장치의 핵심인 PLC가 오류인 상태에서 구동장치가 구동되는 때이다. 따라서 위치제어 동작을 실행할 때에는 반드시 해당 기능의 정상동작 여부를 확

인한 후에 실행해야 한다.

[그림 8-10]은 모니터링 신호 K4201을 사용하여 X축의 위치결정 기능의 오류 발생을 확인하는 모습이다. 이 비트는 오류가 발생하면 ON되기 때문에 프로그램에서는 b접점을 사용하고 있다.

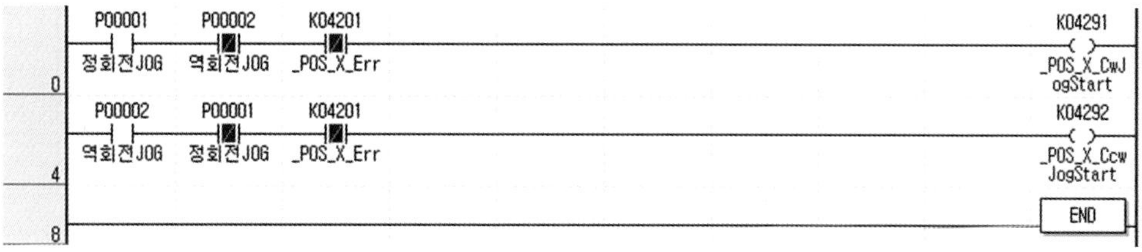

[그림 8-10] 인터록(interlock)과 오류 검출을 포함한 JOG 운전 PLC 프로그램

■ 고속 및 저속 선택이 가능한 JOG 운전 프로그램

파라미터 설정에서 JOG 운전속도를 고속 또는 저속의 속도를 설정해 놓았다. 고속/저속 운전의 선택은 K4293 비트에 의해 결정된다. 이 비트가 OFF이면 저속, ON이면 고속이 선택된다.

[그림 8-11] 고속 및 저속 선택이 가능한 JOG 운전 PLC 프로그램

■ JOG 운전 상태 표시

정회전 JOG 운전, 또는 역회전 JOG 운전의 상태를 표시하기 위해 램프로 동작 상태를 표시해보자. 운전 상태를 표시하는 램프를 점등할 때에는 입력신호가 아닌 최종출력 신호를 이용해야 동작의 상태를 확실하게 확인할 수 있다.

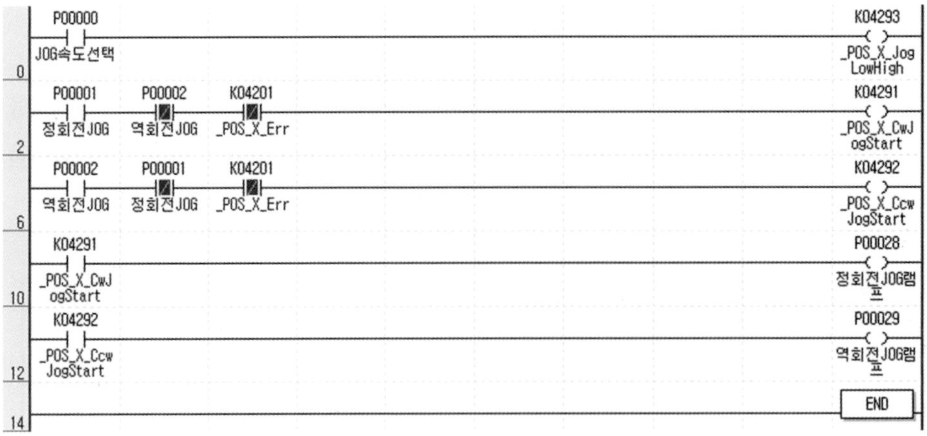

[그림 8-12] JOG 운전 상태 표시 PLC 프로그램

8.5 원점복귀

위치제어를 위해서는 정확한 위치 좌표를 설정하기 위한 기준점을 확립해야 한다. 이렇게 좌표의 기준점에 해당하는 원점을 확립하는 동작을 원점복귀 동작이라 한다.

8.5.1 원점복귀 방법의 종류

XBC PLC에서는 세 종류의 원점복귀 방법을 선택해서 사용할 수 있다. 이 책의 실습에서는 모터의 원점신호가 없기 때문에, 세 번째 방법인 **근사원점에 의한 원점 검출방식**을 사용한다.

[표 8-13] 원점복귀 방법에 따라 필요한 입력신호의 종류

원점복귀 방법 명칭	필요한 입력신호	비고
근사원점 OFF 후 원점 검출	근사원점, 원점신호	
근사원점 ON 시 감속 후 원점 검출	근사원점, 원점신호	
근사원점에 의한 원점 검출	근사원점 신호	실습에 사용

근사원점에 의한 원점 검출방식은 2상 스테핑 모터처럼 모터의 원점신호가 출력되지 않는 구동장치의 기계원점을 확립할 때 주로 사용하는 방법이다. [그림 8-13]에서 이동 테이블이 ①번 위치에 있을 때 원점복귀 지령이 ON되면, 이동 테이블은 파라미터에서 설정된 원점복귀 방향(그림에서는 오른쪽에서 왼쪽으로 이동)으로 고속으로 이동하다가, ②

번의 근사원점 검출센서가 ON되는 위치에서 감속해서 ③번 위치에서 정지한다. 이 상태에서 이동 테이블이 원점복귀 방향의 반대 방향으로 이동하다 보면, 근사원점 검출센서가 다시 ON되는 지점에서 감속정지해서 ④번 위치에서 정지한다. 이후 이동 테이블은 저속으로 원점복귀 방향으로 이동하면서 근사원점 검출센서가 ON되는 위치에서 원점을 확립한다.

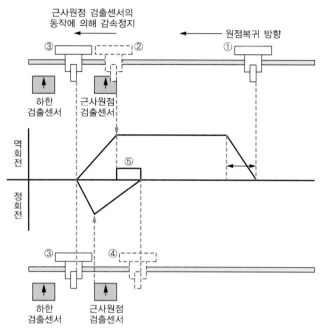

[그림 8-13] 근사원점에 의한 원점 검출방식

8.5.2 원점복귀 PLC 프로그램 작성을 위한 파라미터 및 K메모리 번지

원점복귀는 일반적으로 자동화 장치에 전원이 인가될 때 기계장치의 이동을 위한 기준점인 원점을 확립하기 위해 사용한다. 따라서 자동화 장치의 전원이 OFF→ON될 때, 또는 PLC를 리셋할 때, 모드가 변경될 때에는 원점복귀를 실행시켜 원점을 새롭게 확정해야 한다.

■ 원점복귀 파라미터

원점복귀 파라미터는 원점복귀 기능과 관련된 내용이기 때문에 파라미터 설정이 잘못되면 원점복귀 동작에 문제가 생길 수도 있다. 그러므로 파라미터 설정값을 반드시 확인해야 한다.

[표 8-14] 원점 파라미터 항목

항목	설정범위		K메모리 번지	메모리 크기	설정값
원점복귀 방법	0 : 근사/원점 OFF		K4780 ~ K4781	2비트	2 : 근사원점
	1 : 근사/원점 ON				
	2 : 근사원점				
원점복귀 방향	0 : 정방향		K4782	1비트	1 : 역방향
	1 : 역방향				
원점 어드레스	−2,147,483,648 ~ 2,147,483,648		K469	더블워드	0
원점복귀 고속	0 ~ 100,000 pls/s		K471	더블워드	1000 pls/s
원점복귀 저속	0 ~ 100,000 pls/s		K473	더블워드	500 pls/s
원점복귀 가속시간	0 ~ 10,000ms		K475	워드	100ms
원점복귀 저속시간	0 ~ 10,000ms		K476	워드	100ms
DWELL 시간	0 ~ 50,000ms		K477	워드	0ms

■ 원점복귀와 관련된 모니터링용 K메모리 번지

원점복귀와 관련된 모니터링용 K메모리 번지는 [표 8-15]와 같다. 모니터링용 K메모리의 비트번지는 원점복귀 명령을 실행할 때 확인해야 하는 비트들이다. 원점복귀 동작이 완료되면, 현재위치 값은 원점복귀 파라미터의 원점 어드레스의 설정값을 0으로 설정했기 때문에 0으로 설정된다. 원점복귀가 이루어지지 않은 상태에서 위치결정 동작을 실행하면 잘못된 위치로 이동할 수 있으므로, 원점결정 상태 비트를 확인해서 원점복귀 동작여부를 확인해야 한다.

[표 8-15] 원점복귀 모니터링용 K메모리

항목	K메모리 번지	메모리 크기	기능
운전 중	K4200	비트	0 : 정지, 1 : 운전중
오류 상태	K4201	비트	0 : 오류 없음, 1 : 오류 발생
원점결정 상태	K4204	비트	0 : 원점 미결정, 1 : 원점결정
원점복귀	K4215	비트	0 : 원점복귀 아님, 1 : 원점복귀 중
현재위치	K422	더블워드	현재위치 표시(원점복귀 후 0으로 설정)

8.5.3 원점복귀를 위한 명령어

원점복귀 동작은 'ORG' 명령을 사용해서 구현한다. [그림 8-14]의 ORG 명령은 슬롯번호(sl)와 명령을 내릴 축(ax)을 지정한다.

[그림 8-14] **원점복귀 명령어 형식**

XBC PLC에 내장된 위치결정 기능은 PLC 본체에 내장된 기능이기 때문에 슬롯번호는 0으로 설정된다. 그리고 2개의 축을 제어하기 때문에 ax 설정값이 0이면 X축, 1이면 Y축을 의미한다.

8.5.4 원점복귀 동작을 위한 PLC 프로그램 작성

ORG 명령을 이용하여 원점복귀 동작을 실행할 수 있는 PLC 프로그램을 작성해보자. 원점복귀 동작을 반복적으로 확인해보기 위해서는 JOG 운전을 통해 이동 테이블을 임의의 위치에 이동시킨 후, 원점복귀 버튼을 눌러서 원점복귀 동작이 제대로 실행되는지를 확인한다.

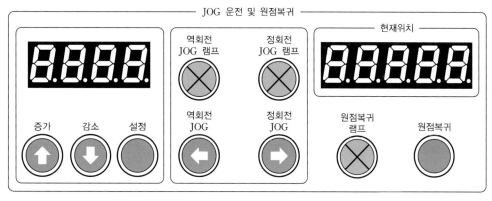

[그림 8-15] **JOG 운전과 원점복귀 조작패널**

[표 8-16] PLC 입출력 할당

입력번호	넘버링	기능	출력번호	넘버링	기능
P00		설정	P20	CW	정회전 펄스 출력
P01		증가	P22	CCW	역회전 펄스 출력
P02		감소			
P03		정회전 JOG(우이동)			
P04		역회전 JOG(좌이동)			
P05		원점복귀			
P08		X축 하한	P28		정회전 JOG 램프
P09		X축 상한	P29		역회전 JOG 램프
P0C		X축 근사	P2A		원점복귀 램프
P0E		X축 원점			

■ 원점복귀 램프의 동작

앞에서도 언급했지만, PLC의 전원이 OFF→ON, 리셋, 모드 전환 동작을 했을 때에는 기계원점을 새롭게 확립하기 위해 원점복귀 동작을 반드시 실행해야 한다. 원점복귀 동작이 이루어지지 않은 경우에는 위치결정 동작을 실행하면 안 된다. 원점복귀 동작의 실행 여부는 모니터링용 K4204를 확인해보면 알 수 있다. K4204비트가 0이면 원점복귀 램프가 1초 간격으로 점멸동작을 하고, 1이면 점등동작을 하도록 설정되어 있기 때문에 원점복귀 동작 여부를 램프의 동작을 통해 확인할 수 있다.

■ 현재위치 표시

원점복귀가 완료되면 현재위치 값이 0이 된다. 원점복귀가 완료된 상태에서 JOG 좌우이동을 하면, 현재값이 실시간으로 변경되면서 현재위치를 표시하게 된다. 여기에서 표시되는 값은 펄스의 개수를 의미하는 것이기 때문에, 실제의 위치는 스테핑 모터의 1회전 펄수수와 볼 스크루의 상관관계에 따라 달라진다. 실습에 사용하는 시스템은 펄스당 $10\mu m$를 이동한다.

■ 원점복귀 램프 및 원점복귀 동작 PLC 프로그램

[그림 8-16]은 원점복귀 램프의 동작과 원점복귀 동작만 나타낸 PLC 프로그램이다. 원점복귀 동작을 반복적으로 확인해보기 위해서는 JOG 운전으로 이동 테이블을 이동해야 하기 때문에, 앞에서 작성한 PLC 프로그램에 이 부분을 추가하면 된다. 프로그램을 실행

했을 때 스테핑 모터가 회전하지 않고 웅웅거리는 소리가 난다면 원점복귀 속도가 너무 빠르게 설정되어 있는 것이다. 이런 경우에는 원점복귀 고속 설정을 1000 정도로 낮추어서 동작시켜보기 바란다. 원점복귀 동작 후 JOG 운전을 실행해보면, 현재위치가 실시간으로 변경됨을 확인할 수 있을 것이다.

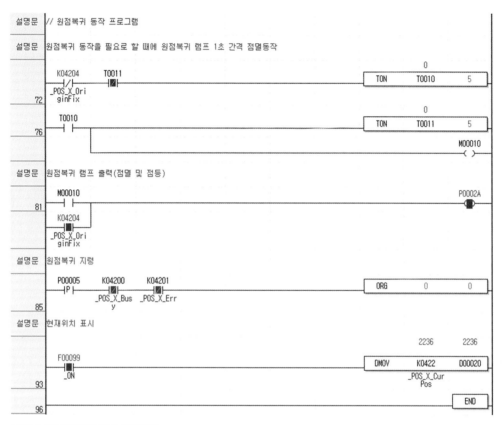

[그림 8-16] 원점복귀 PLC 프로그램

8.6 고속펄스 출력 기능을 이용한 위치제어

🖉 [실습과제 8-2, 8-3, 8-4, 8-5, 8-6]

위치제어는 지정된 축을 시작위치(현재의 정지위치)에서 목표위치까지 이동시키는 제어를 의미한다. 이러한 위치제어는 사전에 설정한 위치 데이터에 의한 간접 기동방법과, 사용자가 필요에 따라 위치 데이터를 설정하는 직접 기동방식으로 구분된다. 앞에서 ORG 명령을 사용해서 원점복귀 동작을 손쉽게 구현했듯이, XBC PLC에서는 위치제어를 위해 다양한 전용명령어를 사용한다. 이제는 전용명령어를 이용한 위치제어 동작에 대해 살펴보자.

8.6.1 위치결정 전용명령어

[표 8-17]은 XBC PLC에서 사용하는 위치결정 전용명령어를 나타낸 것이다. 위치결정 전용명령어는 상승에지rising edge에서 동작한다. 즉 실행 접점이 ON될 때 한 번만 명령을 수행한다는 것이다.

[표 8-17] 위치결정 전용명령어

명령어	기능	명령 조건
ORG	원점복귀 기동	Slot, 명령축
FLT	부동원점 설정	Slot, 명령축
DST	직접기동	Slot, 명령축, 위치, 속도, 드웰시간, M코드, 제어워드
IST	간접기동	Slot, 명령축, 스텝번호
LIN	직선보간 기동	Slot, 명령축, 스텝번호, 축 정보
SST	동시 기동	Slot, 명령축, X축 스텝, Y축 스텝, Z축 스텝, 축 정보
VTP	속도/위치 전환	Slot, 명령축
PTV	위치/속도 전환	Slot, 명령축
STP	정지	Slot, 명령축, 감속시간
SSP	위치 동기	Slot, 명령축, 스텝번호, 주축 위치, 주축 설정
SSS	속도 동기	Slot, 명령축, 동기비, 지연시간
POR	위치 오버라이드	Slot, 명령축, 위치
SOR	속도 오버라이드	Slot, 명령축, 속도
PSO	위치 지정 속도 오버라이드	Slot, 명령축, 위치, 속도
INCH	인칭 기동	Slot, 명령축, 인칭량
SNS	기동 스텝번호 변경	Slot, 명령축, 스텝번호
MOF	M코드 해제	Slot, 명령축
PRS	현재위치 프리셋	Slot, 명령축, 위치
EMG	비상정지	Slot, 명령축
CLR	오류 리셋, 출력금지 해제	Slot, 명령축, 펄스 출력금지/허용
WRT	파라미터/운전 데이터 저장	Slot, 명령축, 저장영역 선택
PWM	펄스폭 변조 출력	Slot, 명령축, 주기, OFF 듀티비

8.6.2 위치 데이터에 의한 간접기동

간접기동이란 위치제어 운전 데이터에 미리 설정해놓은 운전스텝의 데이터를 이용하여 위치제어 운전을 실행하는 것을 의미한다. XBC PLC에서는 [그림 8-17]처럼 각 축당 80개의 운전 데이터를 설정해 놓고, 간접기동명령 IST를 이용해서 위치제어를 한다.

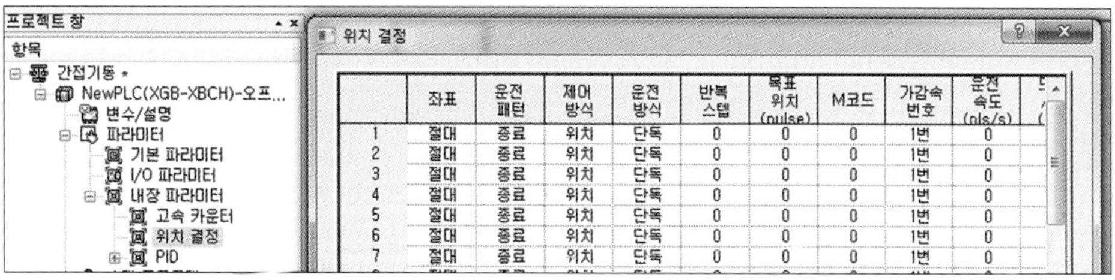

[그림 8-17] 위치 데이터 설정 화면

■ 위치 데이터 항목의 설정 범위

[표 8-18] 위치 데이터 설정 항목 및 K메모리 할당

항목	설정 범위	초깃값	전용 K메모리 번지		데이터 크기
			X축	Y축	
좌표	0 : 절대 1 : 상대	절대	K5384	K8384	비트
운전패턴	0 : 종료 1 : 계속 2 : 연속	종료	K5382 ~ 3	K8382 ~ 3	2비트 조합
제어방식	0 : 위치 1 : 속도	위치	K5381	K8381	비트
운전방식	0 : 단독 1 : 반복	단독	K5380	K8380	비트
반복스텝	0 ~ 80	0	K539	K839	워드
목표위치	−2,147,483,648 ~ 2,147,483,648	0	K530	K830	더블워드
M코드	0 ~ 65,535	0	K537	K837	워드
가감속 번호	0 : 1번 1 : 2번 2 : 3번 3 : 4번	0	K5386 ~ 7	K8386 ~ 7	2비트 조합
운전속도	0 ~ 100,000	0	K534	K836	더블워드
드웰시간	0 ~ 50,000	0	K536	K834	더블워드

[표 8-18]에 스텝번호 1번의 위치 데이터에 설정할 상세항목과 K메모리 영역의 번지를 나타내었다. K메모리 번지가 있기 때문에 PLC 프로그램 실행 도중에 위치 데이터를 변경할 수 있다. [표 8-19]와 [표 8-20]과 같이 K메모리 번지는 스텝번호 1 ~ 30번까지는 10워드 단위로 일관성 있게 변경되지만, 스텝번호 31 ~ 80번까지는 앞의 번지와는 다른 번지가 부여된다.

[표 8-19] X축 위치 데이터 설정 K메모리 번지

X축 스텝번호	K메모리 번지(워드 단위)									
1	K539	K538	K537	K536	K535	K534	K533	K532	K531	K530
2	K549	K548	K547	K546	K545	K544	K543	K542	K541	K540
…	…	…	…	…	…	…	…	…	…	…
30	K829	K828	K827	K826	K825	K824	K823	K822	K821	K820
31	K2349	K2348	K2347	K2346	K2345	K2344	K2343	K2342	K2341	K2340
…	…	…	…	…	…	…	…	…	…	…
80	K2839	K2838	K2837	K2836	K2835	K2834	K2833	K2832	K2831	K2830

[표 8-20] Y축 위치 데이터 설정 K메모리 번지

Y축 스텝번호	K메모리 번지(워드 단위)									
1	K839	K838	K837	K836	K835	K834	K833	K832	K831	K830
2	K849	K848	K847	K846	K845	K844	K843	K842	K841	K840
…	…	…	…	…	…	…	…	…	…	…
30	K829	K828	K827	K826	K825	K824	K823	K822	K821	K820
31	K2349	K2348	K2347	K2346	K2345	K2344	K2343	K2342	K2341	K2340
…	…	…	…	…	…	…	…	…	…	…
80	K2839	K2838	K2837	K2836	K2835	K2834	K2833	K2832	K2831	K2830

■ 위치 데이터 항목의 상세설명

[표 8-21]은 1번 스텝의 위치 데이터 설정 내용이다. 각 항목에 대한 상세 내용을 살펴보자.

[표 8-21] 절대좌표 방식의 위치 데이터 설정

스텝 번호	좌표	운전 패턴	제어 방식	운전 방식	반복 스텝	목표위치 [pulse]	M 코드	가감속 번호	운전속도 [pls/s]	드웰시간 [ms]
1	절대	종료	위치	단독	0	8000	0	1	100	10

❶ 좌표

해당 운전스텝의 위치 데이터 좌표방식을 설정하는 항목이다. 선택 가능한 좌표 방식으로는 절대absolute 좌표와 상대increment 좌표 방식이 있다. 절대좌표 방식은 원점 위치를 기준으로 현재위치와 목표위치의 좌표를 정한다.

[그림 8-18]은 절대좌표의 위치제어 동작을 나타낸 것이다. 현재위치가 원점을 기준으로 1000이라고 가정하고, [표 8-21]의 1번 스텝을 간접기동으로 실행하면, 원점을 기준으로 8000 위치로 이동한다.

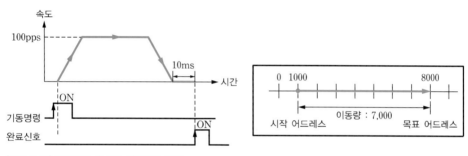

[그림 8-18] 절대좌표 방식의 위치제어 동작

상대좌표 방식은 현재위치를 기준으로 목표위치만큼 위치제어를 수행하는 것이다. 이때 목표위치는 현재의 위치로부터 이동해야 할 이동량으로 표현되는데, 목표위치가 양수인 경우에는 정방향(좌표 위치가 증가하는 방향)으로, 목표위치가 음수인 경우에는 역방향(좌표 위치가 감소하는 방향)으로 위치결정을 수행한다.

[그림 8-19]는 상대좌표에서의 위치제어 동작을 나타낸 것이다. 현재위치가 5000이라고 가정하고 1번 스텝을 간접기동으로 실행하면, 현재위치를 기준으로 −7000만큼 이동하기 때문에 실행 후의 절대좌표는 −2000의 위치가 된다. 설정 목표위치 좌표가 음수이기 때문에 운전방향은 역방향이다.

스텝 번호	좌표	운전 패턴	제어 방식	운전 방식	반복 스텝	목표위치 [pulse]	M 코드	가감속 번호	운전속도 [pls/s]	드웰시간 [ms]
1	상대	종료	위치	단독	0	−7000	0	1	100	10

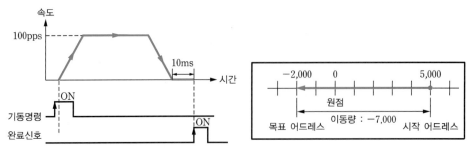

[그림 8-19] **상대좌표 방식의 위치제어 동작**

❷ 운전패턴

운전패턴은 종료, 계속, 연속의 세 가지 방식 중에 하나를 선택해서 사용할 수 있다.

- **종료운전** : 종료운전이란 [그림 8-20]처럼 기동명령에 의해 해당 운전스텝에 설정 된 위치 데이터를 이용하여 목표위치까지 위치결정을 실행한 후, 드웰시간이 경과됨 과 동시에 위치결정이 완료되는 운전방식을 의미한다.

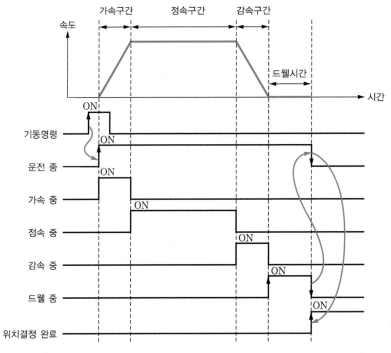

[그림 8-20] **종료운전 패턴**

• **계속운전** : 계속운전이란 기동명령에 의해 해당 운전스텝의 위치 데이터를 이용하여
목표위치까지 위치결정을 실행한 후, 드웰시간이 경과한 다음에도 위치결정이 완료
되지 않고 추가적인 기동명령 없이 다음 운전스텝을 계속 실행하는 운전방식을 의미
한다. 계속운전은 여러 개의 운전스텝을 한 번의 기동명령으로 순차적으로 실행할
때 사용하는 운전패턴이다. [그림 8-21]은 계속운전의 패턴을 나타낸 것이다. 우선
기동명령에 의해 운전패턴이 '계속'으로 설정된 스텝 1번과 2번이 연속으로 실행된
다. 스텝 3번의 운전패턴이 '종료'이기 때문에 스텝 3번 실행 후 3번 위치에 정지하
게 된다. 계속운전 패턴에서 주의할 점은 스텝번호의 위치로 이동한 후에 드웰시간
경과 후에 다음 스텝번호의 위치로 이동한다는 것이다.

스텝 번호	좌표	운전 패턴	제어 방식	운전 방식	반복 스텝	목표위치 [pulse]	M 코드	가감속 번호	운전속도 [pls/s]	드웰시간 [ms]
1	절대	계속	위치	단독	0	10000	0	0	1000	100
2	절대	계속	위치	단독	0	20000	0	0	500	100
3	절대	종료	위치	단독	0	30000	0	1	1000	0
4	절대	종료	위치	반복	1	40000	0	1	500	0

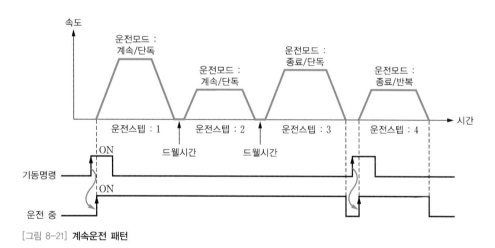

[그림 8-21] **계속운전 패턴**

• **연속운전** : 연속운전과 앞의 계속운전을 비교해보면, 한 번의 기동명령에 의해 계속
또는 연속으로 설정된 스텝번호를 순차적으로 실행하는 동작은 동일하다. 그러나 계
속운전은 각각의 스텝번호를 실행할 때, 가속, 정속, 감속, 드웰시간 경과 후에 다음
스텝번호의 위치로 이동하는 동작을 수행하지만, 연속운전 패턴은 [그림 8-22]처럼
감속정지와 드웰시간 경과 없이 다음 스텝의 위치로 바로 이동한다. 즉 연속운전의
경우, 가속, 감소, 드웰시간 동안의 정지동작 없이 바로 다음 스텝으로 이동하는 동

작을 하기 때문에, 운전 충격(가속, 정지를 반복하면서 장비에 발생하는 충격) 없이 부드럽게 운전할 수 있는 장점이 있다.

스텝 번호	좌표	운전 패턴	제어 방식	운전 방식	반복 스텝	목표위치 [pulse]	M 코드	가감속 번호	운전속도 [pls/s]	드웰시간 [ms]
1	상대	연속	위치	단독	0	10000	0	1	500	100
2	상대	종료	위치	반복	1	20000	0	1	1000	0

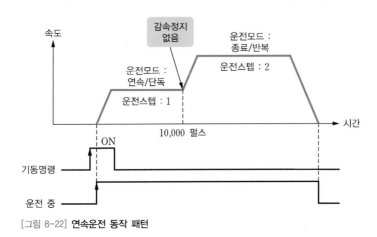

[그림 8-22] **연속운전 동작 패턴**

❸ **제어방식**

제어방식에서 설정변수는 위치와 속도가 있다. 위치제어는 지정된 축을 현재위치에서 목표위치까지 이동시키는 제어를 의미한다. 이러한 위치제어는 앞에서 학습한 절대좌표와 상대좌표 방식에 의한 제어로 구분된다.

속도제어는 기동명령에 의해 운전을 시작하고, 정지명령이 입력될 때까지 설정된 속도로 펄스열을 출력하는 제어를 의미한다. 속도제어에서 목표위치 값이 0 또는 양수일 때에는 정방향으로 회전하고, 목표위치 값이 음수일 때에는 역방향으로 회전한다. 운전 데이터의 설정 항목 중에 [그림 8-23]에 나타낸 항목은 운전에 영향을 주지 않는다.

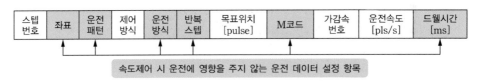

[그림 8-23] **속도제어의 위치 데이터**

운전속도의 제어방식을 살펴보자. 운전 데이터가 [그림 8-24]처럼 설정된 상태에서 스텝 1번을 기동하게 되면, 목표위치가 양수이므로 초당 100pps의 속도로 정방향 펄스를 출력한다.

스텝 번호	좌표	운전 패턴	제어 방식	운전 방식	반복 스텝	목표위치 [pulse]	M 코드	가감속 번호	운전속도 [pls/s]	드웰시간 [ms]
1	상대	종료	속도	단독	0	10	10	1	100	10

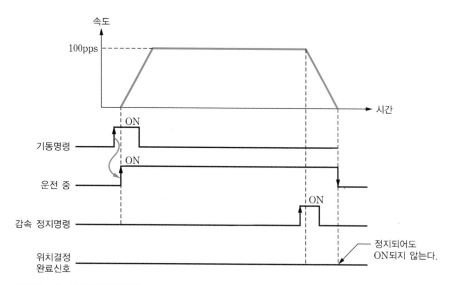

[그림 8-24] 속도제어 운전패턴

❹ 운전방식

운전방식에서 설정변수는 단독과 반복이 있다. 단독운전은 운전패턴에서 종료운전과 병행해서 사용하는 운전방식으로, 기동명령에 의해 해당 운전스텝의 데이터에 설정된 목표위치까지 위치제어를 실행한 후에 완료되는 운전을 의미한다. [그림 8-25]는 운전방식이 단독으로 설정된 위치제어 동작을 나타낸 것이다. 스텝번호 1~3번까지 운전패턴이 종료로 설정되어 있기 때문에 한 번의 기동명령에 의해 하나의 운전스텝이 운전된다. 운전방식이 단독으로 설정되어 있기 때문에 다음 운전스텝은 '(현재 운전스텝) + 1'이 된다. 따라서 다음 스텝을 운전하기 위해서는 기동명령을 다시 실행시켜야 한다.

스텝 번호	좌표	운전 패턴	제어 방식	운전 방식	반복 스텝	목표위치 [pulse]	M 코드	가감속 번호	운전속도 [pls/s]	드웰시간 [ms]
1	절대	종료	위치	단독	0	10,000	0	1	1,000	100
2	절대	종료	위치	단독	0	20,000	0	1	500	100
3	절대	종료	위치	단독	0	30,000	0	1	1,000	100

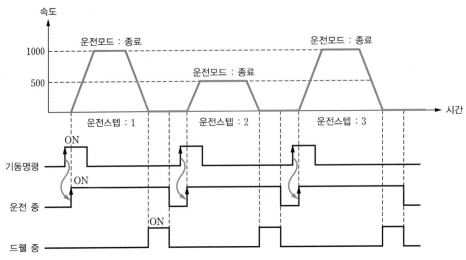

[그림 8-25] 운전방식이 단독인 경우의 운전패턴

[그림 8-26]은 반복 운전방식의 동작을 나타낸 것이다. 첫 번째 기동명령에 따라 스텝번호 1에 설정된 위치 데이터에 의해 절대좌표 10,000pls 위치로 1,000pps의 속도로 운전한 후 정지한다. 이때 운전방식이 단독으로 설정되어 있으므로 다음 운전스텝은 '(현재 운전스텝) + 1'에 의해 스텝번호 2가 된다.

두 번째 기동명령에 의해 절대좌표 20,000pls 위치로 500pps의 속도로 운전한 후에 정지한다. 이때 운전방식은 반복으로 설정되어 있기 때문에, 다음 운전스텝은 스텝번호 3번이 아닌 반복스텝 항목에서 지정된 스텝번호 1번이 된다.

세 번째 기동명령이 입력되면 스텝번호 1번이 실행된다. 이와 같은 방식으로 기동명령이 실행될 때마다 1번과 2번 스텝이 반복하여 운전되기 때문에, 3번 스텝은 운전되지 않는다.

스텝 번호	좌표	운전 패턴	제어 방식	운전 방식	반복 스텝	목표위치 [pulse]	M 코드	가감속 번호	운전속도 [pls/s]	드웰시간 [ms]
1	절대	종료	위치	단독	0	10,000	0	1	1,000	100
2	절대	종료	위치	반복	1	20,000	0	1	500	100
3	절대	종료	위치	단독	0	30,000	0	1	1,000	100

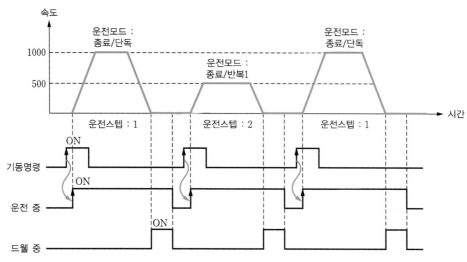

[그림 8-26] 운전방식이 반복인 경우의 운전패턴

⑤ 반복스텝

운전방식을 반복으로 설정한 경우에 반복할 스텝번호를 설정하는 항목이다. 설정 가능 범위는 1 ~ 80까지이다.

⑥ 목표위치

운전할 이동량을 설정하는 항목이다. 위치 데이터 설정에서 설정된 목표위치는 위치결정 전용 K메모리의 값을 변경함으로써 프로그램에서 자유롭게 변경 가능하다.

⑦ M코드

M코드는 현재 실행 중인 운전스텝 번호를 확인하거나, 또는 공구 교환, 클램프, 드릴 회전 등의 보조작업 실행에 사용할 수 있는 기능이다. M코드의 출력 형태는 위치결정 파라미터에서 'With' 모드와 'After' 모드로 설정할 수 있다.

⑧ 가감속 번호

위치결정 파라미터 항목에서 설정한 가감속 시간 중에 사용할 가감속 번호를 설정하는 항목이다.

⑨ 운전속도

해당 스텝에서 동작 시의 목표속도를 설정하는 항목으로, 설정값은 위치결정 파라미터에서 설정한 바이어스 속도보다 크거나 같고, 속도 제한값보다는 작거나 같아야 한다.

⑩ 드웰시간

드웰시간Dwell time이란 서보모터 등을 이용한 위치제어 시에 서보모터의 정밀한 정지 정확도를 유지하기 위해 필요한 시간으로, 하나의 위치제어 운전이 완료된 후 다음 위치제어 운전이 수행되기 전에 주어지는 대기 시간이다. 특히 서보모터를 사용하는 경우에는 위치결정 기능의 출력을 정지해도 실제 서보모터가 목표위치에 도달하지 않았거나 과도 상태에 있을 수 있으므로, 정지 상태가 안정될 때까지의 대기 시간, 즉 드웰시간이 적절히 설정되어야 한다.

■ 간접기동을 위한 PLC 프로그램 작성

지금까지 위치 데이터 설정 항목과 기능을 살펴보았다. 이제는 설정된 위치 데이터를 이용하여 간접기동 동작을 실행하는 PLC 프로그램 작성법에 대해 살펴보자.

❶ 위치 데이터 설정

XG5000에서는 [표 8-22]와 같이 위치 데이터를 설정한 후에 PLC로 전송한다. 현재 실습에 사용하는 위치제어 시스템은 1펄스에 $10\mu m$를 이동하도록 되어 있기 때문에, 스텝번호 1번의 목표위치 10,000은 $10,000 \times 10\mu m = 100,000\mu m$로 100mm의 이동을 의미한다. 목표위치에서 설정 가능한 펄스의 범위는 0 ~ 200,000이다. 위치 데이터를 전송할 때에 파라미터 항목도 함께 전송되기 때문에, 파라미터 항목의 설정값도 이상이 없는지 확인해야 한다.

[표 8-22] 실습에 사용할 위치 데이터

스텝 번호	좌표	운전 패턴	제어 방식	운전 방식	반복 스텝	목표위치 [pulse]	M 코드	가감속 번호	운전속도 [pls/s]	드웰시간 [ms]
1	절대	종료	위치	단독	0	10,000	0	0	3000	100
2	절대	종료	위치	단독	0	180,000	0	0	2000	100
3	절대	종료	위치	단독	0	1,000	0	0	1000	100

❷ PLC 프로그램 작성

설정한 위치 데이터를 이용해서 위치제어 동작을 구현하기 위해서는 원점복귀 기동을 통해 원점을 확립한 후에 간접기동 IST 명령을 이용한다. 간접기동이란 위치제어 운전 데이터에 설정된 운전스텝의 데이터를 이용하여 위치제어 운전을 실행하는 것을 의미한다. 간접기동을 위한 IST 명령의 구조가 어떤지를 살펴보자.

IST 명령어의 오퍼랜드 sl은 위치제어 모듈이 장착된 슬롯번호를 의미한다. XBC PLC 는 일체형 타입이므로 슬롯번호가 0으로 고정되어 있다. ax는 위치제어를 위한 축 번호인데, 이 책의 실습에서는 1축만 사용하기 때문에 0이다. n1은 기동 스텝번호로, 위치 데이터를 설정한 리스트 항목에서의 스텝번호를 의미한다. n1의 설정값이 0이면, [표 8-9]에서 스텝번호를 저장하는 K426번지에 저장된 값이 스텝번호가 된다.

[표 8-23] 간접기동 명령어 형식

오퍼랜드	설명	설정 가능 범위	데이터 크기
sl	위치제어 모듈의 슬롯번호	0으로 고정	WORD
ax	명령을 내릴 축	0 : X축, 1 : Y축	WORD
n1	기동 스텝번호	1 ~ 80	WORD

[표 8-24]는 간접기동명령을 사용해서 스텝번호 1번의 위치로 위치제어 기동을 수행하기 위한 프로그램이다. 위치제어 기동을 실행하기 전에는 반드시 원점복귀 동작이 완료된 상태(K4204)인지를 확인해야 한다.

[표 8-24] 간접기동명령을 이용한 위치제어

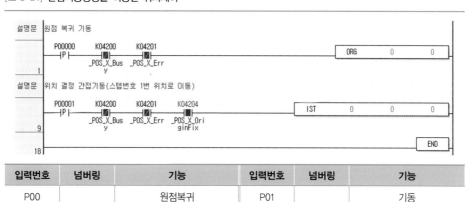

입력번호	넘버링	기능	입력번호	넘버링	기능
P00		원점복귀	P01		기동

PLC 프로그램을 전송한 후에 런 모드 상태에서 기동버튼(P01)을 누르면, 스텝번호 1번의 위치로 이동한다. 그 이유는 PLC 전원이 OFF→ON, 리셋, 운전모드 변경에 의해 K426의 설정값이 1로 설정되기 때문이다. 첫 번째 기동이 완료되면, 운전방식이

단독이기 때문에 K426의 값이 자동으로 1 증가해서 2로 된다. 이 상태에서 다시 기동버튼을 누르면, 스텝번호 2번에 설정된 목표위치로 이동 테이블이 이동하게 된다. 단, n1 위치에 1 ~ 80의 값을 설정하면, 이동 테이블은 해당 스텝번호에 설정된 목표위치로 기동한다.

[표 8-25]와 같이 스텝번호 2번 항목의 운전방식을 반복으로 변경하고, 반복 스텝번호를 1로 설정한 후에 위치 데이터를 PLC로 전송한다.

[표 8-25] **실습에 사용할 위치 데이터**

스텝 번호	좌표	운전 패턴	제어 방식	운전 방식	반복 스텝	목표위치 [pulse]	M 코드	가감속 번호	운전속도 [pls/s]	드웰시간 [ms]
1	절대	종료	위치	단독	0	10,000	0	0	3000	100
2	절대	종료	위치	반복	1	180,000	0	0	2000	100
3	절대	종료	위치	단독	0	1,000	0	0	1000	100

PLC 프로그램을 전송한 후에 기동버튼(P01)을 누르면, 스텝번호 1번에 설정된 목표위치로 이동한다. 이동이 완료된 후에 기동버튼을 누르면 스텝번호 2번에 설정된 목표위치로 이동하게 되고, 세 번째 기동버튼을 누르면 스텝번호 3번이 아닌 1번의 목표위치로 이동하게 된다. 그 이유는 앞에서 언급했지만 운전방식이 반복이고, 반복 스텝번호를 1번으로 설정했기 때문이다.

8.6.3 M코드

M코드는 현재 실행 중인 위치 데이터에 관련된 보조 작업(클램프, 드릴 회전, 공구 교환 등) 지령을 위한 기능이다. M코드의 출력 형태는 해당 스텝번호를 실행할 때 설정된 M코드가 출력되는 'With' 모드와, 해당 스텝번호를 실행 완료한 후에 M코드가 출력되는 'After' 모드가 있다. M코드의 출력 형태는 [그림 8-27]처럼 위치결정 파라미터 항목에서 설정한다.

[그림 8-27] **위치결정 파라미터 항목에서 M코드 설정방법**

M코드가 출력되는 조건은 위치 데이터의 설정 항목 중에서 M코드 항목에 0이 아닌 1 ~ 65535의 값이 설정되어야 한다는 것이다.

■ M코드 신호 발생

M코드를 After 모드로 설정한 경우, 해당 스텝번호의 위치제어가 완료됨과 동시에 M코드 ON 신호(K4203)가 ON되고, 해당 스텝번호에 등록해 놓은 M코드 번호가 M코드 출력 디바이스(K428)에 등록된다.

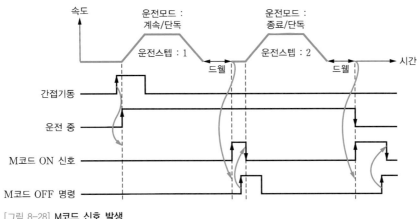

[그림 8-28] M코드 신호 발생

M코드 출력 디바이스를 통해 M코드 번호를 확인하고, M코드 번호에 해당되는 작업(사용자의 필요에 의해 행해지는 작업을 의미함)을 수행한 후에는 M코드 OFF 명령인 MOF 명령을 이용해서 반드시 M코드 ON 신호를 리셋해야 한다. 만약 M코드 리셋을 하지 않고 기동명령을 실행하면 오류가 발생한다. M코드 신호가 발생하면 위치 데이터에 설정한 운전패턴에 따라 다르게 동작한다. M코드는 [그림 8-29]의 렌즈 연마공정처럼, 운전패턴을 연속으로 두고 각각의 위치로 이동하여 특정 작업을 수행한 후에, 또 다시 다음 위치로 이동하여 특정 작업을 하는 경우에 사용한다.

❶ 운전패턴 : 종료

M코드가 발생하고 정지한다. 다음 스텝번호를 실행하기 위해서는 M코드를 리셋한 후에 기동명령을 실행해야 한다.

❷ 운전패턴 : 계속

M코드가 발생하면, 다음 스텝번호를 실행하기 위한 대기 상태가 된다. M코드를 리셋하면 별도의 기동명령 없이도 다음 스텝번호가 자동으로 실행된다.

❸ 운전패턴 : 연속

M코드가 발생하면, 정지하지 않고 다음 스텝을 운전하게 된다. 이 경우에 M코드 OFF 명령은 운전 중에도 실행이 가능하다.

■ M코드 사용방법

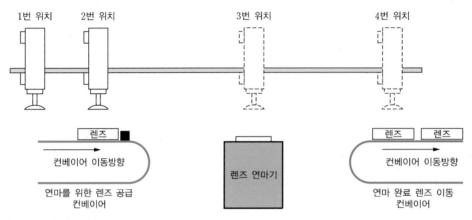

[그림 8-29] **렌즈 연마공정**

[그림 8-29]는 안경에 사용되는 렌즈를 연마하는 공정을 나타낸 것이다. 스테핑 모터에 의해 구동되는 위치결정 시스템의 이동 테이블에는 공압실린더가 설치되어 있다. 컨베이어를 통해 연마작업에 들어갈 렌즈가 공급되면, 공압실린더 끝에 달린 진공흡착 패드로 렌즈를 흡착하여 2번 위치로 이동시킨다. 3번 위치에서는 모터에 의해 회전하는 연마석으로 공압실린더가 전진하여 렌즈를 연마 가공한다. 일정시간이 지나 렌즈 연마 가공이 완료되면 공압실린더는 4번 위치로 이동한다. 4번 위치에서는 연마된 렌즈가 다음 공정으로 이동되도록 컨베이어에 렌즈를 위치시킨다.

렌즈를 이동시키기 위한 공압실린더가 작업의 시작위치인 1번에 있다고 하고, 기동버튼을 누르면 어떤 순서로 작업을 하는지 살펴보자.

[표 8-26]을 살펴보면, 1번에서 2번 위치로 실린더가 이동하면 렌즈를 이동시키기 위한 작업을 해야 한다. 위치 이동 후에 지정된 작업을 하는 경우에 M코드를 설정한다. 위치 이동 후에 지정된 작업은 사전에 작업 조건이 정해져 있기 때문에 항상 동일하게 이루어진다. [표 8-26]처럼 공압실린더가 2번, 3번, 4번의 위치로 이동한 후에는 특정한 작업을 하도록 되어 있다. M코드를 이용해서 각기 다른 작업을 수행하기 위해서는 작업을 구분할 수 있는 M코드 번호가 필요하다. 따라서 [그림 8-29]의 2번 위치 데이터에 M코드를 설정해 놓으면, 2번 위치로 이동 테이블이 이동 완료되었을 때 M코드가 등록되어 있

다는 의미의 M코드 신호가 ON되고 2번 위치에서 정지된다. 이때 사용자가 M코드 번호를 확인하면, 1번이 등록되어 있으므로 1번에 해당되는 동작([표 8-26]에서 작업 순번 2번)을 완료한 후에, M코드가 OFF되면 3번 위치로 별다른 지령 없이도 이동하여 다음 작업이 진행된다.

[표 8-26] 렌즈 연마공정 작업 순서

작업 순번	작업 내용	M코드 필요 여부
1	2번 위치로 이동	M코드 1
2	A 실린더 하강 → 렌즈 진공흡착 → A 실린더 상승	
3	3번 위치로 이동	M코드 2
4	A 실린더 하강 → 3초 간 연마 → A 실린더 상승	
5	4번 위치로 이동	M코드 3
6	A 실린더 하강 → 렌즈 진공파괴 → A 실린더 상승	
7	1번 위치로 이동	

8.6.4 직접기동명령

직접기동이란 위치제어 운전 데이터에서의 운전스텝 설정을 이용하지 않고, 위치결정 전용명령어 'DST'를 이용해서 목표위치, 속도 등의 운전 데이터를 지정하여 운전하는 것을 의미한다.

[표 8-27]에서 n5의 제어워드는 [표 8-28]과 같이 비트의 조합으로 구성된다. 16비트 중에서 0번 비트에서 6번 비트까지만 사용해서 제어조건을 구성한다.

[표 8-27] 직접기동 명령어

오퍼랜드	설명	설정 가능 범위	데이터 크기
sl	위치제어 모듈의 슬롯번호	0으로 고정	WORD
ax	명령을 내릴 축	0 : X축, 1 : Y축	WORD
n1	목표위치	−2,147,483,648 ~ 2,147,483,648	DINT
n2	목표속도	1 ~ 100,000 pps	DWORD
n3	드웰시간	0 ~ 50,000 ms	WORD
n4	M코드 번호	0 ~ 65,335	WORD
n5	제어워드		WORD

[표 8-28] 직접기동 명령어 n5 제어워드의 비트별 기능

비트번호	F ~ 7	6	5	4	3	2	1	0
설정 항목	미사용	가감속 시간 선택		좌표 설정	미사용			제어방식
설정 범위	–	0 : 1번, 1 : 2번 2 : 3번, 3 : 4번		0 : 절대좌표 1 : 상대좌표	–			0 : 위치제어 1 : 속도제어

DST 명령에서 지정되지 않은 위치제어 관련 항목은 기본 파라미터에서 설정된 내용을 따르게 된다. DST 명령에서 운전패턴은 종료운전, 운전방식은 단독운전으로 고정된다. 따라서 연속운전 또는 반복운전이 필요한 경우에는 간접기동명령 'IST'를 사용해야 한다. 그렇다면 직접기동명령 DST는 어떤 경우에 사용할까?

[그림 8-30]은 해군 전투함에 설치된 근접방공 시스템의 하나인 골키퍼Goalkeeper이다. 골키퍼는 함정에 근접하는 항공기 및 미사일을 격추하기 위한 시스템으로, 골키퍼에 장착된 레이더에 의해 함정에 근접하는 물체가 식별되면 초당 70발의 총알이 발사된다. 레이더에 탐지되는 물체의 좌표는 시시각각 바뀌므로, 이를 격추하기 위해서는 탐지 물체의 좌표 변화에 따라 골키퍼의 좌표도 변화되어야 한다. 시시각각으로 좌표가 변경되는 작업에서는 사전에 설정된 위치 데이터에 의한 간접기동명령으로는 동작조건을 만족시킬 수 없다. 따라서 시시각각 변화하는 좌표에 대응해서 모터의 목표위치를 변경할 수 있는 직접기동명령인 DST가 필요한 것이다.

[그림 8-30] 함정의 근접방공 시스템 '골키퍼'

8.6.5 비상정지 명령

비상정지 명령은 현재의 위치제어 운전을 즉시 중단하고 펄스 출력을 금지하는 명령이다. 비상정지 명령이 실행되면 K메모리의 출력금지 상태 비트(K4205)가 ON되고, 오류

코드를 저장하는 K메모리 워드번호(K427)에 오류코드 481이 저장된다. 비상정지 명령이 실행되면 출력금지, 원점 미결정 상태가 되기 때문에, 다시 운전을 재개하기 위해서는 먼저 원점복귀를 실시해야 한다.

[표 8-29] **비상정지 명령어**

오퍼랜드	설명	설정 가능 범위	데이터 크기
sl	위치제어 모듈의 슬롯번호	0으로 고정	WORD
ax	명령을 내릴 축	0 : X축, 1 : Y축	WORD

8.6.6 오류 리셋, 출력금지 해제 명령

오류 리셋 명령은 현재 발생한 오류를 리셋하고, 출력금지 상태를 해제하는 명령이다. 앞에서 배운 비상정지 명령을 실행하면, 출력금지 상태와 오류 발생 상태가 발생한다. 발생한 오류를 해제하기 위해서는 오류 리셋 명령 CLR을 실행해야 한다.

CLR 명령이 실행되면 지정된 축에 발생한 오류 코드가 해제된다. 이때 n1에 설정된 값이 0인 경우에는 오류 코드만 해제되고 출력금지 상태는 유지된다. 반면 n1에 설정된 값이 0 외의 값인 경우는 출력금지 상태도 함께 해제된다.

[표 8-30] **오류 리셋 및 출력금지 해제 명령어**

오퍼랜드	설명	설정 가능 범위	데이터 크기
sl	위치제어 모듈의 슬롯번호	0으로 고정	WORD
ax	명령을 내릴 축	0 : X축, 1 : Y축	WORD
n1	출력금지 해제 여부	0 ~ 65,535	WORD

8.6.7 파라미터/위치 데이터 저장명령

파라미터 저장명령 WRT는 운전 중에 변경된 위치결정 전용 K메모리의 데이터를 내장 플래시 메모리에 영구 보존하는 명령이다.

[표 8-31] 플래시 메모리 저장명령어

오퍼랜드	설명	설정 가능 범위	데이터 크기
sl	위치제어 모듈의 슬롯번호	0으로 고정	WORD
ax	명령을 내릴 축	0 : X축, 1 : Y축	WORD
n1	저장할 파라미터 설정	0 ~ 2	WORD

WRT 명령의 n1 설정값에 따라 플래시 메모리에 저장되는 데이터의 종류가 다르다.

[표 8-32] 설정값에 따른 플래시 메모리에 저장되는 데이터의 종류

설정값	1	2	3
플래시 저장 데이터	위치결정 데이터	고속 카운터 데이터	PID 제어 기능 파라미터

[Section 8.4]

파라미터에서 저속 또는 고속 중 필요에 따라 JOG 운전속도를 선택한 후, JOG 운전을 실행해야 한다. 이번 실습과제에서는 이와 같이 JOG 운전속도를 변경한 후 JOG 운전을 하는 방법에 대해 살펴보자.

동작조건

① PLC의 전원이 ON되면 FND에 10이 표시된다. 실습에는 출력의 부족으로 FND를 사용하지 못하기 때문에 프로그램 모니터링을 통해서 D10에 설정한 값으로 대체한다. 터치스크린 사용이 가능한 사용자는 터치스크린에 표시해보기 바란다.

② 증가버튼 또는 감소버튼을 누를 때마다 10씩 증가하거나 감소한다. 변경 가능 범위는 0010 ~ 9990이다. 또한 버튼을 1초 이상 누르고 있으면, 0.1초 간격으로 자동 증가 또는 감소한다.

③ JOG 속도 설정값을 변경한 후에는 반드시 설정버튼을 눌러야 한다. 설정버튼을 누르지 않으면, 정역 회전 JOG 버튼을 눌렀을 때 설정 이전의 값이 FND에 표시된다.

④ 정회전 또는 역회전 JOG 버튼을 누르고 있는 동안 설정된 JOG 속도로 스테핑 모터가 회전해서 이동 테이블을 이동시킨다.

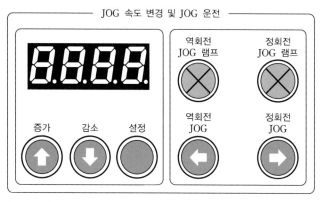

[그림 8-31] **JOG 운전 및 속도 조작패널**

[표 8-33] PLC 입출력 할당

입력번호	넘버링	기능	출력번호	넘버링	기능
P00		설정	P20	CW	정회전 펄스 출력
P01		증가	P22	CCW	역회전 펄스 출력
P02		감소			
P03		정회전 JOG(우이동)			
P04		역회전 JOG(좌이동)			
P08		X축 하한	P28		정회전 JOG 램프
P09		X축 상한	P29		역회전 JOG 램프
P0C		X축 근사			
P0E		X축 원점(사용 안 함)			

PLC 프로그램 작성

■ 파라미터 설정

JOG 운전속도는 파라미터의 JOG 고속 설정값을 초과할 수 없으며, 'JOG 고속 ≥ JOG 저속'의 조건을 충족해야 한다. 따라서 JOG 저속의 설정값을 최저속도인 1pls/s 로 설정해 놓고, JOG 운전속도의 변경이 필요할 때마다 설정값을 조금씩 변경한다. 그리고 바이어스 속도 설정값도 1pls/s로 설정한다.

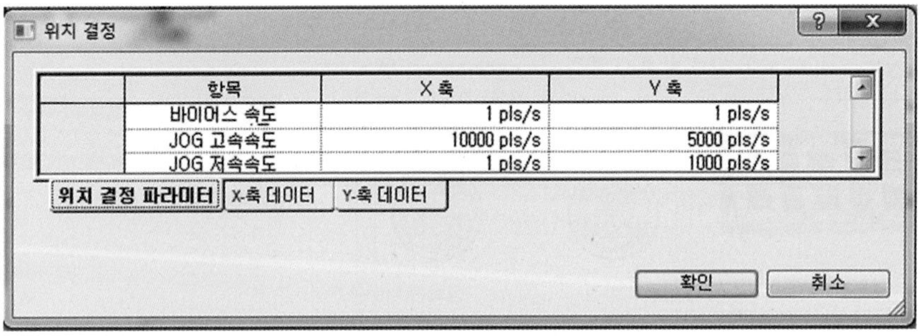

[그림 8-32] JOG 운전속도 변경을 위한 파라미터 항목 설정

■ JOG 저속 파라미터 설정값 보관용 K메모리 번지

JOG 저속 파라미터 설정값을 보관하는 K메모리는 더블워드 크기의 메모리를 사용한 다. PLC 프로그램에서 JOG 저속의 설정값을 변경하면, 실제 JOG 운전에서 JOG 속 도를 변경할 수 있게 된다.

[표 8-34] JOG 운전 속도값 설정을 위한 K메모리 번지

변수명	X축	Y축	변수 크기	기능
JOG 고속	K479	K519	더블워드	JOG 운전 시 고속 설정
JOG 저속	K481	K521	더블워드	JOG 운전 시 저속 설정

XBC PLC에 내장된 위치결정 기능을 사용할 때에는 K메모리의 각각의 번지가 가지고 있는 기능을 파악해야 한다. 그 이유는 PLC 프로그램에서 K메모리의 설정값을 변경하는 동작을 통해서 위치결정 기능을 사용하기 때문이다. JOG의 속도 변경도 해당 K메모리의 설정값을 변경하고, 해당 지령용 K비트 메모리를 조작함으로써 이루어지는 것이다.

❶ K메모리 데이터 쓰기

JOG 저속 설정값을 보관하는 더블워드 크기의 K479번지의 메모리에 설정값을 기재하는 PLC 프로그램은 다음과 같다. [그림 8-33]은 K481번지의 설정값을 모니터링한 화면으로 현재 설정값이 1이다. 파라미터 설정에서 JOG 저속의 설정값을 1pls/s로 설정해 놓았기 때문에, PLC의 전원이 ON된 상태에서 아무런 조작을 하지 않는다면 현재 이 상태가 유지된다.

[그림 8-33] JOG 저속 파라미터 설정값 확인

[그림 8-34]는 P00 버튼을 누르고 MOV 명령을 사용해서 K481번지에 설정값 1000을 전송한 후에 모니터링한 결과 화면으로, K481번지의 설정값이 1000이 되어 있음을 확인할 수 있다. 여기서 변경된 부분은 K메모리 번지의 설정값이지 파라미터 값이 보관되는 플래시 메모리 영역이 아니기 때문에, PLC의 전원이 OFF → ON되거나 리셋, 또는 스톱에서 런으로 모드가 변경되면, 플래시 메모리에 저장된 설정값이 K메모리 영역으로 복사되기 때문에 다시 1로 설정된다는 점을 기억하기 바란다. K메모리 영역의 값을 영구저장하기 위해서는, 나중에 배울 WRT 명령을 사용해서 K메모리 영역의 데이터를 플래시 메모리로 복사해야 한다.

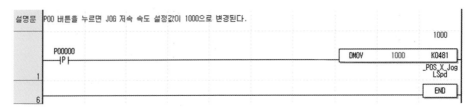

[그림 8-34] JOG 저속 설정값 변경

❷ K메모리 데이터 읽어오기

[그림 8-35]는 K메모리에 보관된 데이터를 PLC 메모리로 읽어오는 방법이다. MOV 명령을 이용해서 K메모리 내용을 PLC 메모리로 복사해온다.

[그림 8-35] K메모리 데이터 읽기

[실습과제 8-1]에서 주어진 동작조건을 만족하는 PLC 프로그램은 [그림 8-36]과 같다. 더블워드 D10에 JOG 운전속도 값을 설정하는데, 실제로는 설정 가능 범위가 10 ~ 9990까지로, 더블워드가 아닌 워드 D10만으로 FND에 표시하면 된다. 단, K481 메모리 번지에 읽기나 쓰기를 할 때에는 반드시 더블워드를 사용해야 한다.

JOG 저속 설정값을 설정하는 K481의 메모리를 더블워드로 사용하기 때문에, 명령어도 더블워드 처리용 명령어를 사용하고 있음을 확인할 수 있다. 이처럼 위치제어 동작을 구현하기 위해서는 다음과 같은 절차를 거쳐야 한다.

1 해당 기능에 대한 K메모리 번지를 파악해야 한다.

2 K메모리 번지의 설정값에 따라 어떤 동작이 이루어지는지를 파악해야 한다.

3 K메모리 번지에 필요한 설정값을 기재한다.

4 해당 기능의 동작을 실행하는 지령용 K메모리 비트 또는 명령어를 실행한다.

5 해당 기능이 정상적으로 동작하는지 모니터링용 K메모리를 확인한다.

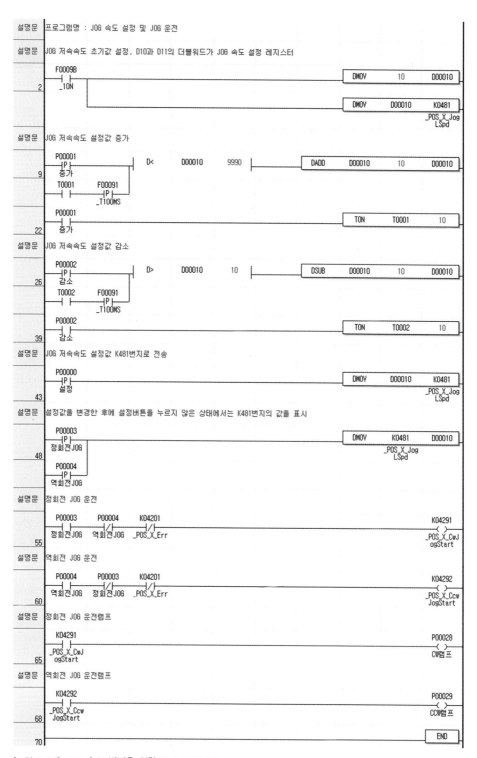

설명문 | 프로그램명 : JOG 속도 설정 및 JOG 운전

설명문 | JOG 저속속도 초기값 설정, D10과 D11의 더블워드가 JOG 속도 설정 레지스터

```
      F0009B                                              ┌─────┬──────┬──────┐
   2 ──┤ ├──────────┬────────────────────────────────────┤DMOV │  10  │D00010│
      _10N          │                                     └─────┴──────┴──────┘
                    │                                     ┌─────┬──────┬──────┐
                    └─────────────────────────────────────┤DMOV │D00010│ K0481│
                                                          └─────┴──────┴──────┘
                                                            _POS_X_Jog
                                                              LSpd
```

설명문 | JOG 저속속도 설정값 증가

```
      P00001                  ┌──┬──────┬────┐            ┌─────┬──────┬──────┐
   9 ──┤↑├─────────┬──────────┤D<│D00010│9990├────────────┤DADD │D00010│  10  │D00010│
      증가         │          └──┴──────┴────┘            └─────┴──────┴──────┘
      T0001  F00091│
     ──┤ ├───┤↑├───┘
            _T100MS
```

```
      P00001                                               ┌─────┬──────┬────┐
  22 ──┤ ├───────────────────────────────────────────────┤TON  │T0001 │ 10 │
      증가                                                  └─────┴──────┴────┘
```

설명문 | JOG 저속속도 설정값 감소

```
      P00002                  ┌──┬──────┬──┐              ┌─────┬──────┬──────┐
  26 ──┤↑├─────────┬──────────┤D>│D00010│10├────────────┤DSUB │D00010│  10  │D00010│
      감소         │          └──┴──────┴──┘              └─────┴──────┴──────┘
      T0002  F00091│
     ──┤ ├───┤↑├───┘
            _T100MS
```

```
      P00002                                               ┌─────┬──────┬────┐
  39 ──┤ ├───────────────────────────────────────────────┤TON  │T0002 │ 10 │
      감소                                                  └─────┴──────┴────┘
```

설명문 | JOG 저속속도 설정값 K481번지로 전송

```
      P00000                                               ┌─────┬──────┬──────┐
  43 ──┤↑├───────────────────────────────────────────────┤DMOV │D00010│ K0481│
      설정                                                  └─────┴──────┴──────┘
                                                            _POS_X_Jog
                                                              LSpd
```

설명문 | 설정값을 변경한 후에 설정버튼을 누르지 않은 상태에서는 K481번지의 값을 표시

```
      P00003                                               ┌─────┬──────┬──────┐
  48 ──┤↑├─────────┬───────────────────────────────────────┤DMOV │ K0481│D00010│
      정회전JOG    │                                        └─────┴──────┴──────┘
                   │                                        _POS_X_Jog
      P00004       │                                          LSpd
     ──┤↑├─────────┘
      역회전JOG
```

설명문 | 정회전 JOG 운전

```
      P00003   P00004   K04201                                      K04291
  55 ──┤ ├─────┤/├─────┤/├──────────────────────────────────────────( )──
      정회전JOG 역회전JOG _POS_X_Err                                _POS_X_CwJ
                                                                    ogStart
```

설명문 | 역회전 JOG 운전

```
      P00004   P00003   K04201                                      K04292
  60 ──┤ ├─────┤/├─────┤/├──────────────────────────────────────────( )──
      역회전JOG 정회전JOG _POS_X_Err                                _POS_X_Ccw
                                                                    JogStart
```

설명문 | 정회전 JOG 운전램프

```
      K04291                                                        P00028
  65 ──┤ ├──────────────────────────────────────────────────────────( )──
      _POS_X_CwJ                                                    CW램프
       ogStart
```

설명문 | 역회전 JOG 운전램프

```
      K04292                                                        P00029
  68 ──┤ ├──────────────────────────────────────────────────────────( )──
      _POS_X_Ccw                                                    CCW램프
       JogStart
```

```
                                                                  ┌─────┐
  70                                                              │ END │
                                                                  └─────┘
```

[그림 8-36] JOG 속도 변경을 위한 PLC 프로그램

[Section 8.6]

위치 데이터를 사전에 설정한 후에 IST(간접기동제어) 명령을 이용해 위치제어를 하는 방법을 [표 8-24]에서 살펴보았다. 이제는 앞에서 학습한 JOG 운전과 원점복귀, IST 명령을 이용하여 위치제어 동작을 구현해보자.

동작조건

① PLC의 전원이 ON되면, JOG 속도 설정 FND에 저속 설정값이 표시되고 현재위치 FND에도 D20의 더블워드 크기가 표시된다. 실습에서는 출력 부족으로 FND를 사용하지 못하기 때문에 프로그램 모니터링을 통해 D10과 D20에 설정한 값으로 대체한다. 터치스크린 사용이 가능하면 터치스크린에 표시해보기 바란다.

② 증가/감소 버튼을 누를 때마다 숫자가 100씩 증가하거나 감소한다. 변경 가능 범위는 0010 ~ 9900까지이다. 또한 버튼을 1초 이상 누르면 0.1초 간격으로 숫자가 자동 증가 또는 감소한다.

③ JOG 속도 설정값을 변경하면 반드시 설정버튼을 눌러야 한다. 설정버튼을 누르지 않으면, 정역 회전 JOG 버튼을 눌렀을 때 설정 이전 값이 FND에 표시된다.

④ 정회전 또는 역회전 JOG 버튼을 누르는 동안에는 설정된 JOG 속도로 스테핑 모터가 회전해서 이동 테이블이 이동한다. JOG 이동에 따라 현재위치 값이 실시간으로 변경된다.

⑤ 원점복귀 버튼을 누르면 원점복귀가 완료되고, 현재위치가 현재위치 FND에 표시된다. PLC 전원의 OFF→ON, 리셋, 모드 변경에 의해 원점복귀 동작이 필요할 때에는 원점복귀 램프가 1초 간격으로 점멸동작한다. 원점복귀 동작이 완료되어 원점이 확립돼 있는 상태라면 램프가 점등 상태를 유지한다.

⑥ PLC의 전원이 ON되면 스텝번호 FND(D30)에는 1이 표시된다. 스텝 증가/감소버튼을 조작해서 1~10번 사이의 값을 설정할 수 있다.

⑦ 기동버튼을 누르면, 스텝번호 FND에 표시된, 위치 데이터에서 설정한 스텝번호의 목표위치로 이동 테이블이 이동한다.

[그림 8-37]은 위치제어를 위한 조작패널이다. 조작패널을 살펴보면, 앞에서 학습한 [실습과제 8-1]의 기능에 스텝번호 설정 기능과 기동버튼이 추가되었다. 그리고 [표 8-35]에 위치제어를 위한 입출력 번호의 기능을 나타내었다. 입출력 조건에 맞추어 입출력 결선을 정확하게 처리해야 한다. 그리고 JOG 속도, 현재위치, 스텝번호 등은 프로그램 모니터링 기능을 이용하여 내부 데이터 레지스터의 값을 확인하는 방법으로 위치제어 동작

의 실행 여부 결과를 확인할 수 있다. 또한 [표 8-36]과 같이 10개의 위치 데이터를 설정한다. 사용하는 시스템의 환경에 맞추어 다르게 설정해도 좋다.

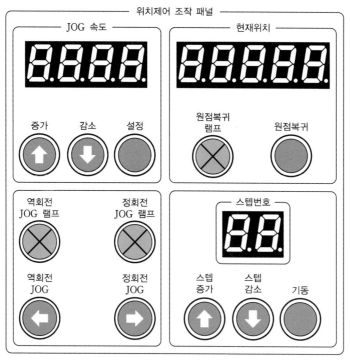

[그림 8-37] **위치제어 조작패널**

[표 8-35] **PLC 입출력 할당**

입력번호	넘버링	기능	출력번호	넘버링	기능
P00		설정	P20	CW	정회전 펄스 출력
P01		증가	P22	CCW	역회전 펄스 출력
P02		감소			
P03		정회전 JOG(우이동)			
P04		역회전 JOG(좌이동)			
P05		원점복귀			
P06		스텝 증가			
P07		스텝 감소			
P08		X축 하한	P28		정회전 JOG 램프
P09		X축 상한	P29		역회전 JOG 램프
P0A		기동	P2A		원점복귀 램프
P0C		X축 근사			
P0E		X축 원점			

[표 8-36] 실습에 사용할 위치 데이터

스텝 번호	좌표	운전 패턴	제어 방식	운전 방식	반복 스텝	목표위치 [pulse]	M 코드	가감속 번호	운전속도 [pls/s]	드웰시간 [ms]
1	절대	종료	위치	단독	0	10,000	0	0	3000	100
2	절대	종료	위치	단독	0	180,000	0	0	2000	100
3	절대	종료	위치	단독	0	1,000	0	0	1000	100
4	절대	종료	위치	단독	0	120,000	0	0	3000	100
5	절대	종료	위치	단독	0	100	0	0	2000	100
6	절대	종료	위치	단독	0	150,000	0	0	1000	100
7	절대	종료	위치	단독	0	110,000	0	0	3000	100
8	절대	종료	위치	단독	0	6,000	0	0	2000	100
9	절대	종료	위치	단독	0	8,000	0	0	1000	100
10	절대	종료	위치	단독	0	170,000	0	0	3000	100

PLC 프로그램 작성

JOG 운전을 위해서는 위치결정 파라미터 항목에서 JOG 고속 및 JOG 저속 값을 설정해 놓아야 한다. 파라미터에서 JOG 고속 값은 10,000pls/s로 설정하고, JOG 저속 값은 1,000pls/s로 설정한다.

1 증가(P01) 및 감소(P02) 버튼으로 JOG 운전속도 값을 변경한 후, 설정(P00) 버튼을 누르면 변경된 속도 값이 설정된다.

2 정회전 또는 역회전 JOG 버튼을 누르고 있는 동안, **1**에서 설정한 속도로 스테핑 모터가 정회전 또는 역회전 동작을 한다.

3 원점복귀(P05) 버튼을 누르면 원점복귀 동작이 실행된다.

4 스텝 증가(P06)와 스텝 감소(P07) 버튼을 누르면 D0에 저장되는 스텝번호가 1 ~ 10 까지 변경된다.

5 기동(P0A) 버튼을 누르면, **4**에서 D0에 저장된 스텝번호에 설정된 위치로 이동 테이블이 이동한다.

| 설명문 | 프로그램명 : IST 명령을 이용한 위치제어1 |

| 설명문 | JOG 저속속도 파라미터 설정값을 더블워드 D10으로 읽어온다. 스텝번호 설정값을 1로
초기화 |

```
       F0009B                                                    ┌─DMOV──K0481───D00010─┐
   2   ──┤↑├────┬───────────────────────────────────────────────│              _POS_X_Jog│
        _10N    │                                                │                  LSpd  │
                │                                                ┌─MOV────1──────D00030─┐
                └────────────────────────────────────────────────
```

| 설명문 | JOG 저속속도 설정값 증가 |

```
       P00001                    ┌─D<──D00010──9900─┐   ┌─DADD──D00010──100──D00010─┐
   8   ──┤P├─────────────────────│                  │───│                           │
        증가                     └──────────────────┘   └───────────────────────────┘
       T0001    F00091
       ──┤ ├─────┤P├──
               _T100MS

       P00001                                             ┌─TON───T0001───10─┐
  21   ──┤ ├────────────────────────────────────────────│                   │
        증가
```

| 설명문 | JOG 저속속도 설정값 감소 |

```
       P00002                    ┌─D>──D00010──100─┐   ┌─DSUB──D00010──100──D00010─┐
  25   ──┤P├─────────────────────│                 │───│                           │
        감소                     └─────────────────┘   └───────────────────────────┘
       T0002    F00091
       ──┤ ├─────┤P├──
               _T100MS

       P00002                                             ┌─TON───T0002───10─┐
  38   ──┤ ├────────────────────────────────────────────│                   │
        감소
```

| 설명문 | JOG 저속속도 설정값 K481번지로 전송 |

```
       P00000                                        ┌─DMOV──D00010───K0481─┐
  42   ──┤P├─────────────────────────────────────────│              _POS_X_Jog│
        설정                                          │                  LSpd  │
```

| 설명문 | 설정값을 변경한 후에 설정버튼을 누르지 않은 상태에서는 K481번지의 값을 표시 |

```
       P00003                                         ┌─DMOV──K0481───D00010─┐
  47   ──┤P├────┬────────────────────────────────────│              _POS_X_Jog│
        정회전JOG│                                    │                  LSpd  │
       P00004   │
       ──┤P├────┘
        역회전JOG
```

| 설명문 | 정회전 JOG 운전 |

```
       P00003    P00004    K04201                                         K04291
  54   ──┤ ├──────┤/├──────┤/├─────────────────────────────────────────────( )─
        정회전JOG 역회전JOG _POS_X_Err                                    _POS_X_CwJ
                                                                           ogStart
```

| 설명문 | 역회전 JOG 운전 |

```
       P00004    P00003    K04201                                         K04292
  59   ──┤ ├──────┤/├──────┤/├─────────────────────────────────────────────( )─
        역회전JOG 정회전JOG _POS_X_Err                                    _POS_X_Ccw
                                                                           JogStart
```

| 설명문 | 정회전 JOG 운전램프 |

```
       K04291                                                            P00028
  64   ──┤ ├───────────────────────────────────────────────────────────────( )─
        _POS_X_CwJ                                                         CW램프
        ogStart
```

| 설명문 | 역회전 JOG 운전램프 |

```
       K04292                                                            P00029
  67   ──┤ ├───────────────────────────────────────────────────────────────( )─
        _POS_X_Ccw                                                        CCW램프
        JogStart
```

| 설명문 | // 원점복귀 동작 프로그램 |

(계속)

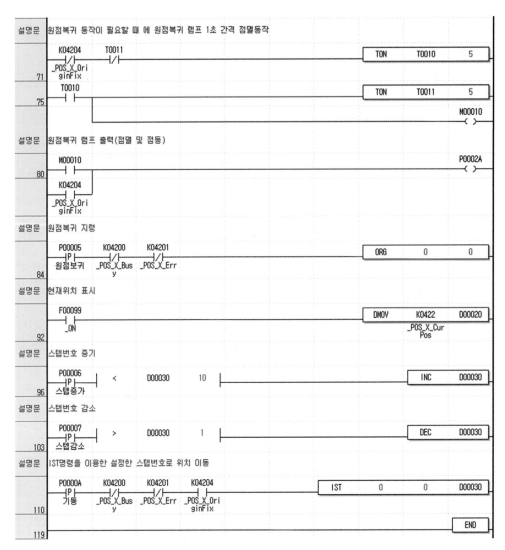

[그림 8-38] IST 명령을 이용한 위치제어

[Section 8.6]

[표 8-23]에서 IST 명령의 세 번째 오퍼랜드인 n1 위치에 위치 데이터의 스텝번호를 상수를 사용해서 지정하거나, 또는 16비트 크기의 변수에 스텝번호를 저장한 후에 지정하면, 해당 스텝번호에서 설정된 위치로 이동 테이블이 이동함을 [실습과제 8-2]를 통해 확인했다. 이제는 IST 명령을 사용해서 사전에 정해진 순서대로 위치제어 동작을 실행하는 실습을 해보자. 실습의 편의성을 높이기 위해 원점복귀 동작과 기동 동작만을 가지고 기능을 구현한다.

동작조건

① 원점복귀 버튼을 누르면 원점복귀 동작을 실행한다.

② 자동기동 버튼을 누르면, 다음과 같은 순서로 위치제어 동작을 실행한다.

스텝 5번 위치로 이동 → 1초 대기 → 스텝 10번 위치로 이동 → 1초 대기 → 스텝 3번 위치로 이동 → 1초 대기 → 스텝 7번 위치로 이동

③ 위치 데이터는 [실습과제 8-2]에서 설정한 내용을 사용한다.

[그림 8-39] 위치제어를 위한 조작패널

[표 8-37] PLC 입출력 할당

입력번호	넘버링	기능	출력번호	넘버링	기능
P00		원점복귀	P20	CW	정회전 펄스 출력
P01		자동기동	P22	CCW	역회전 펄스 출력
P08		X축 하한			
P09		X축 상한			
P0C		X축 근사			
P0E		X축 원점			

PLC 프로그램 작성

[그림 8-39]의 조작패널에서 자동기동 버튼을 눌렀을 때, 사전에 정해진 순서대로 위치 제어가 이루어지기 위해서는 IST 명령 실행이 완료되었음을 알려주는 신호를 파악해야 한다.

[그림 8-40]은 IST 명령의 시작부터 종료까지의 모니터링 신호를 나타낸 것이다. 조작패널에서 자동기동 버튼을 누르면, 프로그램에 의해 기동명령이 실행되면서 '운전 중' 신호가 자동으로 ON되고, 실행이 완료되면 위치결정 완료신호(K4202)가 1스캔타임 동안 ON된다. 위치결정 완료신호를 다음 동작의 입력신호로 사용하면, 정해진 순서에 따른 위치제어 동작을 구현할 수 있다.

실습과제에서 자동기동 버튼을 눌렀을 때 순차적으로 작업해야 할 항목은 7개이다. 3장에서 배운 시퀀스 제어를 위한 시퀀스 PLC 프로그램 작성법을 기억하고 있는가? 동작 개수에 따라 자기유지회로를 만들고, 마지막에 작업종료 신호를 만들어서 전체 프로그램을 작성했다. 자동기동 버튼을 누르면 실행되어야 할 동작이 시퀀스 제어이기 때문에 7개의 자기유지회로와 1개의 작업종료 회로를 사용해서 프로그램을 작성한다.

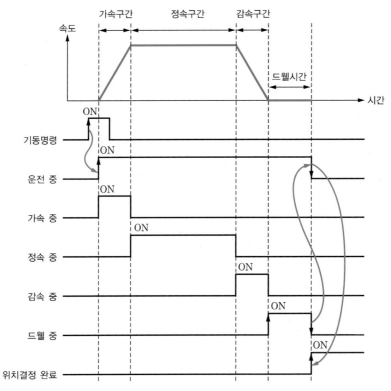

[그림 8-40] **종료운전의 모니터링 신호**

[그림 8-41]을 살펴보면, M1 ~ M8까지 7개의 자기유지회로와 1개의 작업종료 신호로 프로그램이 구성되어 있음을 확인할 수 있다. M1, M3, M5, M7은 위치제어를 위한 IST 명령을 실행하고 있다. 해당 IST 명령이 실행 완료되면 1스캔타임 동안 위치결정 완료신호(K4202)가 ON되는 것을 이용해서, 다음 동작을 위한 자기유지회로를 동작시킨다. 이러한 방식으로 프로그램을 작성할 때 주의할 사항은 다음 동작의 시작신호로 위치결정 완료신호(K4202)를 공통으로 사용하기 때문에, [그림 8-41]의 M2, M3, M6과 같이 시간지연 동작이 존재하지 않는다면 신호간섭에 의해 오동작할 수 있다는 것이다. 이러한 점에 주의하면서 PLC 프로그램을 작성해야 한다.

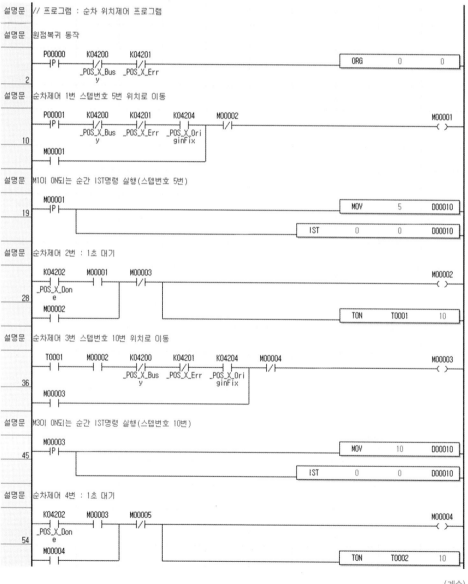

(계속)

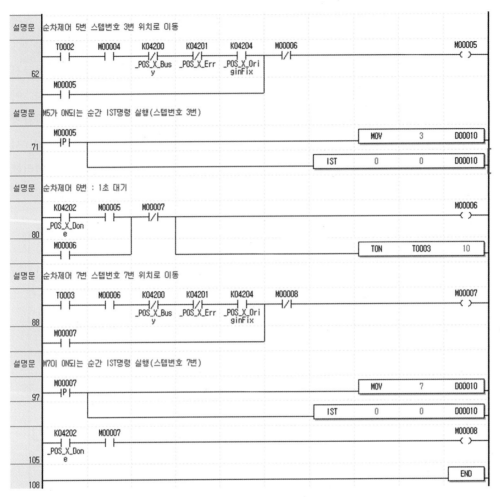

설명문 | 순차제어 5번 스텝번호 3번 위치로 이동

```
62
      T0002   M00004   K04200   K04201   K04204   M00006                                    M00005
      ─┤├──   ─┤├──    ─┤/├──   ─┤/├──   ─┤├──    ─┤/├──                                   ─( )─
                       _POS_X_Bus _POS_X_Err _POS_X_Ori
                            y                  ginFix
      M00005
      ─┤├──
```

설명문 | M5가 ON되는 순간 IST명령 실행(스텝번호 3번)

```
71
      M00005                                                          ┌─────┬─────┬────────┐
      ─┤P├─────────────────────────────────────────────────────────│ MOV │  3  │ D00010 │
              │                                                       └─────┴─────┴────────┘
              │                                                       ┌─────┬─────┬────┬────────┐
              └──────────────────────────────────────────────────────│ IST │  0  │  0 │ D00010 │
                                                                      └─────┴─────┴────┴────────┘
```

설명문 | 순차제어 6번 : 1초 대기

```
80
      K04202   M00005   M00007                                                              M00006
      ─┤├──    ─┤├──    ─┤/├──┬─────────────────────────────────────────────              ─( )─
      _POS_X_Don         │
            e            │
      M00006             │                                             ┌─────┬───────┬────┐
      ─┤├──              └──────────────────────────────────────────── TON │ T0003 │ 10 │
                                                                       └─────┴───────┴────┘
```

설명문 | 순차제어 7번 스텝번호 7번 위치로 이동

```
88
      T0003   M00006   K04200   K04201   K04204   M00008                                    M00007
      ─┤├──   ─┤├──    ─┤/├──   ─┤/├──   ─┤├──    ─┤/├──                                   ─( )─
                       _POS_X_Bus _POS_X_Err _POS_X_Ori
                            y                  ginFix
      M00007
      ─┤├──
```

설명문 | M7이 ON되는 순간 IST명령 실행(스텝번호 7번)

```
97
      M00007                                                          ┌─────┬─────┬────────┐
      ─┤P├─────────────────────────────────────────────────────────│ MOV │  7  │ D00010 │
              │                                                       └─────┴─────┴────────┘
              │                                                       ┌─────┬─────┬────┬────────┐
              └──────────────────────────────────────────────────────│ IST │  0  │  0 │ D00010 │
                                                                      └─────┴─────┴────┴────────┘
105
      K04202   M00007                                                                       M00008
      ─┤├──    ─┤├──                                                                        ─( )─
      _POS_X_Don
            e                                                                          ┌─────┐
                                                                                       │ END │
108                                                                                    └─────┘
```

[그림 8-41] 정해진 순서에 따른 위치제어 PLC 프로그램

[Section 8.6]

8.6.3절의 [그림 8-29]에서 설명한 렌즈 연마공정을 M코드를 이용해서 수행하는 PLC 프로그램 작성법에 대해 살펴보자. [그림 8-42]는 렌즈 연마공정에서의, 공압실린더를 이용한 렌즈의 진공흡착과 흡착파괴를 위한 공압 시스템이다.

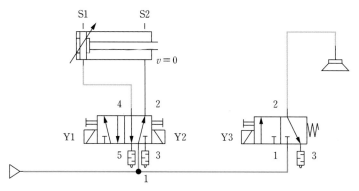

[그림 8-42] 렌즈 작업을 위한 공압 시스템

동작조건

① 정역회전 JOG 버튼을 누르고 있으면, 해당 방향으로 공압실린더가 장착된 이동 테이블이 JOG 저속으로 이동한다. 위치결정 파라미터 항목에서 JOG 저속을 2000pls/s로 설정한다.

② 원점복귀 버튼을 누르면, 원점복귀 동작을 완료한 후에 1번 위치로 이동한다.

③ 자동기동 버튼을 누르면, 8.6.3절의 [표 8-26]에 설정된 작업 순서대로 작업을 실행한다.

④ 위치결정 데이터를 [표 8-39]와 동일하게 설정한 후에 PLC로 전송한다.

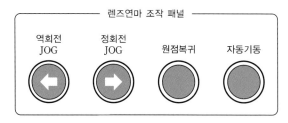

[그림 8-43] 렌즈 연마공정의 조작패널

[표 8-38] PLC 입출력 할당

입력번호	넘버링	기능	출력번호	넘버링	기능
P00		원점복귀	P20	CW	정회전 펄스 출력
P01		자동기동	P22	CCW	역회전 펄스 출력
P02		역회전 JOG			
P03		정회전 JOG	P28		공압실린더 하강(Y1)
P04		공압실린더 상승(S1)	P29		공압실린더 상승(Y2)
P05		공압실린더 하강(S2)	P2A		진공(Y3)
P08		X축 하한			
P09		X축 상한			
P0C		X축 근사			
P0E		X축 원점(사용 안 함)			

[표 8-39] 위치결정 데이터

스텝 번호	좌표	운전 패턴	제어 방식	운전 방식	반복 스텝	목표위치 [pulse]	M 코드	가감속 번호	운전속도 [pls/s]	드웰시간 [ms]
1	절대	종료	위치	단독	0	10,000	0	0	3000	100
2	절대	계속	위치	단독	0	50,000	1	0	2000	100
3	절대	계속	위치	단독	0	100,000	2	0	1000	100
4	절대	계속	위치	단독	0	150,000	3	0	3000	100
5	절대	종료	위치	단독	0	10,000	0	0	3000	100

PLC 프로그램 작성

[표 8-39]에서 위치 데이터의 스텝번호 2번을 실행하면, 해당 목표위치로 이동 후에 M 코드 ON 신호의 상태를 기억하는 K4203 비트가 ON 상태가 된다. K4203이 ON되면, 위치 데이터에서 등록한 M코드 번호가 K428에 저장된다. K428에 저장된 M코드 번호를 확인하고 해당 작업을 종료한 후에 다음 스텝번호를 실행하기 위해서는 M코드 ON 신호를 OFF해야 하는데, 그 명령어가 [표 8-40]에 나타낸 MOF 명령이다. MOF 명령이 실행되면 K4203 비트는 OFF되고, M코드 번호를 저장하는 K428은 0으로 설정된다.

[표 8-40] M코드 발생신호 OFF 명령

오퍼랜드	설명	설정 가능 범위	데이터 크기
sl	위치결정 모듈의 슬롯번호	0으로 고정	WORD
ax	명령을 내릴 축	0 : X축, 1 : Y축	WORD

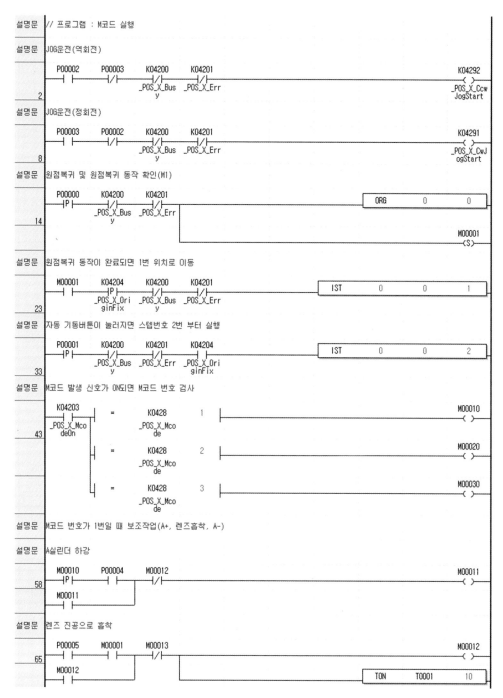

설명문 // 프로그램 : M코드 실행

설명문 JOG운전(역회전)

```
      P00002    P00003    K04200    K04201                                              K04292
  ──┤ ├──────┤/├──────┤/├──────┤/├──────────────────────────────────────────────( )──
                        _POS_X_Bus  _POS_X_Err                                    _POS_X_Ccw
   2                        y                                                     JogStart
```

설명문 JOG운전(정회전)

```
      P00003    P00002    K04200    K04201                                              K04291
  ──┤ ├──────┤/├──────┤/├──────┤/├──────────────────────────────────────────────( )──
                        _POS_X_Bus  _POS_X_Err                                    _POS_X_CwJ
   8                        y                                                     ogStart
```

설명문 원점복귀 및 원점복귀 동작 확인(M1)

```
      P00000    K04200    K04201                                    ┌──────────────────────────┐
  ──┤P├──────┤/├──────┤/├────────────────────────────────────────│ ORG        0        0 │
                _POS_X_Bus  _POS_X_Err                              └──────────────────────────┘
  14                y
                                                                                      M00001
  └──────────────────────────────────────────────────────────────────────────────────( S )──
```

설명문 원점복귀 동작이 완료되면 1번 위치로 이동

```
      M00001    K04204    K04200    K04201                          ┌──────────────────────────────┐
  ──┤ ├──────┤P├──────┤/├──────┤/├────────────────────────────│ IST    0      0      1 │
                _POS_X_Ori  _POS_X_Bus  _POS_X_Err                  └──────────────────────────────┘
  23            ginFix        y
```

설명문 자동 기동버튼이 눌러지면 스텝번호 2번 부터 실행

```
      P00001    K04200    K04201    K04204                          ┌──────────────────────────────┐
  ──┤P├──────┤/├──────┤/├──────┤/├────────────────────────────│ IST    0      0      2 │
                _POS_X_Bus  _POS_X_Err  _POS_X_Ori                  └──────────────────────────────┘
  33                y                ginFix
```

설명문 M코드 발생 신호가 ON되면 M코드 번호 검사

```
      K04203     ┬──── ┌────┐   K0428      1 ┬────────────────────────────── M00010
  ──┤ ├─────────┤    │ =  │                                                ( )──
    _POS_X_Mco  │    └────┘   _POS_X_Mco        │
      deOn      │               de             │
  43            │     ┌────┐   K0428      2 │                               M00020
              ├────┤ =  │                                                ( )──
                │    └────┘   _POS_X_Mco        │
                │               de             │
                │     ┌────┐   K0428      3 │                               M00030
              └────┤ =  │                                                ( )──
                     └────┘   _POS_X_Mco        │
                                de
```

설명문 M코드 번호가 1번일 때 보조작업(A+, 렌즈흡착, A-)

설명문 A실린더 하강

```
      M00010    P00004    M00012                                              M00011
  ──┤P├──────┤ ├──────┤/├──────────────────────────────────────────────( )──
  58
      M00011
  ──┤ ├──┘
```

설명문 렌즈 진공으로 흡착

```
      P00005    M00001    M00013                                              M00012
  ──┤ ├──────┤ ├──────┤/├──────────────────────────────────────────────( )──
  65
      M00012                                              ┌──────────────────────────┐
  ──┤ ├──────────────────────────────────────────────│ TON   T0001     10 │
                                                          └──────────────────────────┘
```

(계속)

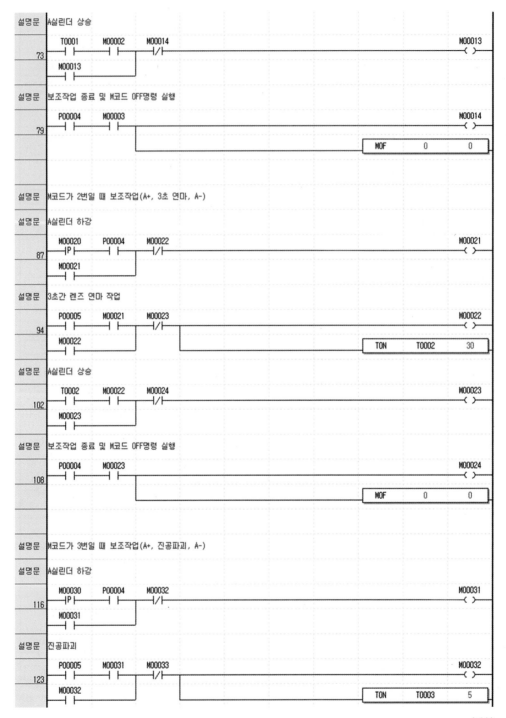

설명문 A실린더 상승

73
| T0001 | M00002 | M00014 | M00013 |
M00013

설명문 보조작업 종료 및 M코드 OFF명령 실행

79
| P00004 | M00003 | M00014 |
| MOF | 0 | 0 |

설명문 M코드가 2번일 때 보조작업(A+, 3초 연마, A-)

설명문 A실린더 하강

87
| M00020 P | P00004 | M00022 | M00021 |
M00021

설명문 3초간 렌즈 연마 작업

94
| P00005 | M00021 | M00023 | M00022 |
M00022 | | | | TON | T0002 | 30 |

설명문 A실린더 상승

102
| T0002 | M00022 | M00024 | M00023 |
M00023

설명문 보조작업 종료 및 M코드 OFF명령 실행

108
| P00004 | M00023 | M00024 |
| MOF | 0 | 0 |

설명문 M코드가 3번일 때 보조작업(A+, 진공파괴, A-)

설명문 A실린더 하강

116
| M00030 P | P00004 | M00032 | M00031 |
M00031

설명문 진공파괴

123
| P00005 | M00031 | M00033 | M00032 |
M00032 | | | TON | T0003 | 5 |

(계속)

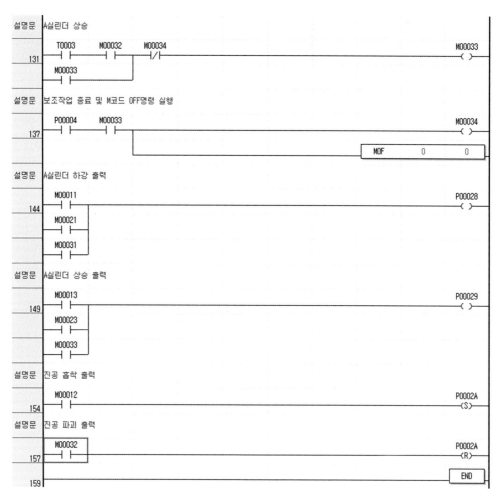

[그림 8-44] M코드를 이용한 렌즈 연마공정 PLC 프로그램

➡ 실습과제 8-5 직접기동 명령을 이용한 위치제어

[Section 8.6]

사전에 설정한 위치 데이터에 관계없이, 사용자가 이동할 위치좌표를 설정하고 기동버튼을 누르면 사용자가 설정한 위치로 이동하는 위치제어 PLC 프로그램을 작성해보자.

동작조건

① 정역회전 JOG 버튼을 누르고 있으면, 해당 방향으로 JOG 저속으로 이동한다. 위치결정 파라미터 항목에서 JOG 저속을 2000pls/s로 설정한다.

② 원점복귀 버튼을 누르면 원점복귀 동작을 완료한다.

③ 위치 증가/감소 버튼을 누르면, 설정위치의 값이 증가 또는 감소한다. 설정 가능 범위는 0 ~ 20,000이다.

④ 기동버튼을 누르면 설정된 위치로 기동한다.

⑤ 기동 중에 비상정지 버튼을 누르면 비상정지한다.

⑥ 비상정지 또는 알람이 발생하면, 알람 발생 램프가 1초 간격으로 점멸동작한다.

⑦ 현재위치는 현재 좌표를 표시한다.

⑧ 오류가 발생하면 오류코드가 표시된다.

⑨ 현재위치는 더블워드 D10, 설정위치는 더블워드 D20, 오류코드는 워드 D30이다.

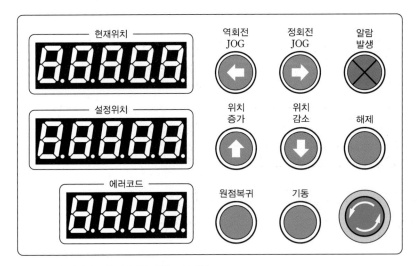

[그림 8-45] **직접기동 위치제어를 위한 조작패널**

[표 8-41] PLC 입출력 할당

입력번호	넘버링	기능	출력번호	넘버링	기능
P00		원점복귀	P20	CW	정회전 펄스 출력
P01		기동	P22	CCW	역회전 펄스 출력
P02		역회전 JOG			
P03		정회전 JOG	P28		알람 발생 램프
P04		위치 증가			
P05		위치 감소			
P06		비상정지			
P07		해제			
P08		X축 하한			
P09		X축 상한			
P0C		X축 근사			
P0E		X축 원점			

PLC 프로그램 작성

8.6.4절의 [표 8-27]의 직접기동에서 제어워드를 설정하는 방법에 대해 살펴보자. 직접기동 명령의 오퍼랜드 n5는 위치제어 동작을 어떤 방법으로 할 것인지를 결정하는 워드 단위의 디바이스이다. n5 제어워드에서는 [표 8-28]에 나타낸 것처럼 가감속 시간 선택, 좌표설정 방법 선택, 제어방식을 선택하도록 되어 있다.

[표 8-28]의 형식을 가지고 [표 8-42]처럼 설정했다면 어떤 제어방식이 되는 걸까? [표 8-42]의 비트는 5~6번, 4번, 0번 위치의 설정값이다. 설정된 값을 보면, 가감속 시간 선택은 2번, 절대좌표 방식, 위치제어 모드로 위치결정 기동을 하겠다는 의미이다.

[표 8-42] DST 명령어의 제어워드 설정

비트번호	F	E	D	C	B	A	9	8	7	6	5	4	3	2	1	0
설정항목	0	0	0	0	0	0	0	0	0	0	1	0	0	0	0	0
16진 표현	0				0				2				0			

[그림 8-46]은 직접기동 명령어 DST를 사용한 위치제어 PLC 프로그램이다.

1 설정위치 증가(P04) 및 감소(P05) 버튼을 눌러 목표위치 설정값을 1000펄스 단위로 증가 또는 감소시켜 D20번지에 저장한다.

2 정회전(P03)과 역회전(P02) 버튼을 누르고 있는 동안에는 파라미터에서 설정한 JOG 속도로 스테핑 모터가 회전한다.

3 기동(P01) 버튼을 누르면, 'DST 명령'이 실행되면서 D20에서 설정한 목표위치로 이동 테이블이 이동한다.

4 비상정지(P06) 버튼을 누르면 'EMG 명령'이 실행되어 비상정지 상태가 된다.

5 비상정지 해제(P07) 버튼을 누르면 'CLR 명령'이 실행되어 오류 상태(비상정지)가 해제된다.

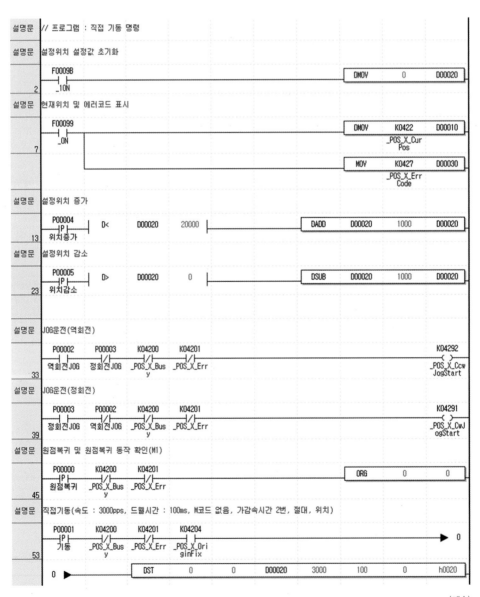

(계속)

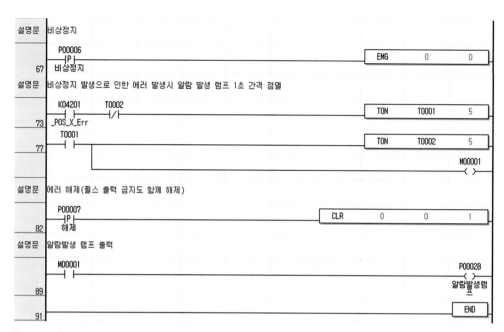

설명문 │ 비상정지

```
         P00006                                              ┌─────┬─────┬─────┐
  67    ──┤P├──                                              │ EMG │  0  │  0  │
         비상정지                                            └─────┴─────┴─────┘
```

설명문 │ 비상정지 발생으로 인한 에러 발생시 알람 발생 램프 1초 간격 점멸

```
         K04201      T0002                                   ┌─────┬───────┬─────┐
  73    ──┤ ├────────┤/├──────                               │ TON │ T0001 │  5  │
         _POS_X_Err                                          └─────┴───────┴─────┘

         T0001                                               ┌─────┬───────┬─────┐
  77    ──┤ ├──                                              │ TON │ T0002 │  5  │
                │                                            └─────┴───────┴─────┘
                │                                                          M00001
                └──────────────────────────────────────────────────────────( )──
```

설명문 │ 에러 해제(펄스 출력 금지도 함께 해제)

```
         P00007                                       ┌─────┬─────┬─────┬─────┐
  82    ──┤P├──                                       │ CLR │  0  │  0  │  1  │
         해제                                         └─────┴─────┴─────┴─────┘
```

설명문 │ 알람발생 램프 출력

```
         M00001                                                            P00028
  89    ──┤ ├──────────────────────────────────────────────────────────────( )──
                                                                          알람발생램
                                                                             프
  91    ──────────────────────────────────────────────────────────────┌───────┐
                                                                        │  END  │
                                                                        └───────┘
```

[그림 8-46] **직접기동명령 및 비상정지, 오류 해제 PLC 프로그램**

→ 실습과제 8-6 파라미터/운전 데이터 저장을 위한 WRT 명령

[Section 8.6]

XG5000에서 위치제어를 위한 파라미터와 위치 데이터를 작성해서 PLC로 전송하면, 이 정보는 XBC PLC에 내장된 플래시 메모리에 저장된 후에, 위치결정 전용 메모리 영역이 K메모리로 복사되어서 사용된다. 즉 PLC 프로그램에서 위치제어에 사용하는 메모리는 플래시 메모리가 아닌 K메모리인 것이다. 따라서 위치제어를 위한 모든 제어 기능과 제어 데이터는 K메모리 번지만 파악하고 있으면 언제든지 자유롭게 읽고 쓸 수 있다. 플래시 메모리에 설정한 파라미터와 위치 데이터도 필요에 따라 PLC 프로그램 실행 도중에 변경할 수 있다.

PLC 전원이 OFF→ON, CPU 리셋, PLC 모드 변경될 때마다 플래시 메모리에 저장된 데이터가 K메모리로 복사되어 오기 때문에, PLC 프로그램 실행 도중에 변경한 K메모리 데이터는 임시적으로 사용할 수밖에 없다. 만약에 사용자의 필요로 변경된 K메모리 영역의 파라미터 및 위치 데이터를 계속 사용하려면, K메모리에 저장된 데이터를 플래시 메모리에 '쓰기'(즉 저장)해야 하는데, 이때 사용하는 명령어가 WRT이다. [실습과제 8-6]에서는 WRT 명령을 이용하여, K메모리에 설정된 파라미터 및 운전 데이터를 플래시 메모리에 기록하는 실습을 해보자.

[그림 8-47]은 XG5000을 이용해서 설정한, 위치결정을 위한 X축의 위치 데이터를 나타낸 것이다. 스텝번호 1 ~ 10까지 목표위치를 PLC 프로그램에서 변경한 후에 XG5000에서 파라미터 읽기를 실행하고, 변경된 내용이 플래시 메모리에 저장되었는지를 확인한다. WRT 명령을 사용해서 플래시 메모리에 파라미터 및 운전 데이터를 기록하기 위한 조작패널을 [그림 8-48]에 나타내었다. 주어진 동작조건을 만족하는 PLC 프로그램을 작성해보자.

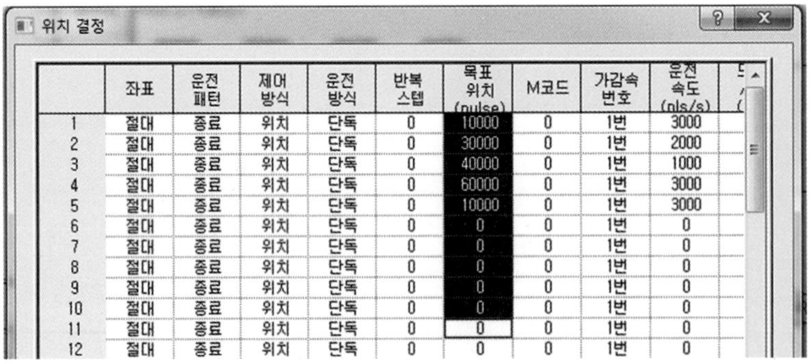

	좌표	운전 패턴	제어 방식	운전 방식	반복 스텝	목표 위치 (pulse)	M코드	가감속 번호	운전 속도 (pls/s)
1	절대	종료	위치	단독	0	10000	0	1번	3000
2	절대	종료	위치	단독	0	30000	0	1번	2000
3	절대	종료	위치	단독	0	40000	0	1번	1000
4	절대	종료	위치	단독	0	60000	0	1번	3000
5	절대	종료	위치	단독	0	10000	0	1번	3000
6	절대	종료	위치	단독	0	0	0	1번	0
7	절대	종료	위치	단독	0	0	0	1번	0
8	절대	종료	위치	단독	0	0	0	1번	0
9	절대	종료	위치	단독	0	0	0	1번	0
10	절대	종료	위치	단독	0	0	0	1번	0
11	절대	종료	위치	단독	0	0	0	1번	0
12	절대	종료	위치	단독	0	0	0	1번	0

[그림 8-47] **위치 데이터의 목표위치를 PLC 프로그램으로 변경**

동작조건

① PLC의 전원이 ON되면, 스텝번호에는 1이 표시되고 목표위치에는 0이 표시된다.

② 스텝증가 버튼을 누를 때마다 스텝번호는 1만큼 증가하고, 10보다 크면 다시 1이 된다.

③ 위치 증가/감소 버튼을 누르면 목표위치의 값이 1000 단위로 증가 또는 감소한다. 설정 가능 범위는 0 ~ 20,000이다. [표 8-44]처럼 목표위치를 설정한다.

④ 설정버튼을 누르면 해당 스텝번호에 해당되는 K메모리 영역에 목표위치 설정값이 등록된다.

⑤ 스텝번호 1 ~ 10까지의 목표위치 설정값을 K메모리 영역에 등록 완료하면, 쓰기 버튼을 눌러서 플래시 메모리에 등록한다.

[그림 8-48] 플래시 메모리에 기록하기 위한 조작패널

[표 8-43] PLC 입출력 할당

입력번호	넘버링	기능	출력번호	넘버링	기능
P00		스텝 증가			
P01		위치 증가			
P02		위치 감소			
P03		등록			
P04		쓰기(WRT)			

[표 8-44] 설정해야 할 위치 데이터의 스텝번호 목표위치

스텝 번호	목표위치 설정값	K메모리 번지	메모리 단위	스텝 번호	목표위치 설정값	K메모리 번지	메모리 단위
1	2,000	K530	더블워드	6	12,000	K580	더블워드
2	4,000	K540	더블워드	7	14,000	K590	더블워드
3	6,000	K550	더블워드	8	16,000	K600	더블워드
4	8,000	K560	더블워드	9	18,000	K610	더블워드
5	10,000	K570	더블워드	10	20,000	K620	더블워드

PLC 프로그램 작성

위치 데이터의 설정항목 중에 목표위치의 설정값을 변경하는 데 필요한 K메모리 번지를 [표 8-45]에 나타내었다.

[표 8-45] **스텝번호 1번의 K메모리 번지 할당 내역**

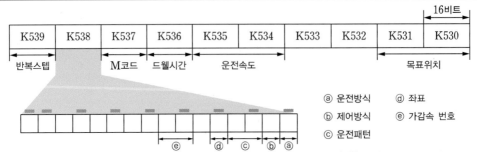

스텝 번호	항목	설정 범위	초깃값	전용 K메모리 번지		데이터 크기
				X축	Y축	
1	좌표	0 : 절대, 1 : 상대	절대	K5384	K8384	1비트
	운전패턴	0 : 종료, 1 : 계속, 2 : 연속	종료	K5382 ~ 3	K8382 ~ 3	2비트
	제어방식	0 : 위치, 1 : 속도	위치	K5381	K8381	1비트
	운전방식	0 : 단독, 1 : 반복	단독	K5380	K8380	1비트
	반복스텝	0 ~ 80	0	K539	K839	워드
	목표위치	±2,147,483,647	0	K530	K830	더블워드
	M코드	0 ~ 65,535	0	K537	K837	워드
	가감속 번호	0 : 1번, 1 : 2번, 2 : 3번, 3 : 4번	0	K5386 ~ 7	K8386 ~ 7	2비트
	운전속도	1 ~ 100,000pls/s	0	K534	K834	더블워드
	드웰시간	0 ~ 50,000ms	0	K536	K836	워드

[표 8-45]를 살펴보면, 스텝번호 1개에 워드 단위의 메모리 10개 번지가 할당된다. 따라서 스텝번호 1번의 목표위치 설정 K메모리 번지가 K530이기 때문에, 스텝번호 2번의 목표위치 설정 K메모리 번지는 K540이 된다. 따라서 스텝번호 1번에 해당되는 항목의 K메모리 번지를 알고 있어야 해당되는 스텝번호의 메모리 번지를 손쉽게 계산할 수 있다.

그리고 X축과 Y축과의 메모리 크기 차이는 300워드이다. 이는 PLC의 모델이 저가형이든 고급형이든 구분 없이 스텝번호 1번에서 30번까지는 공통으로 되어 있기 때문이다. 제품 사용의 일관성을 부여하기 위해 X축에 300개의 워드번지를 할당한 후에 Y번지에 대한 워드번지를 할당했기 때문에 그러한 메모리 차이가 발생하고 있다. 스텝번호 31번의 K메모리 할당 번지는 K2340번지부터 시작되고, 나머지 기능은 스텝번호 1번과 동일하다.

[그림 8-49]는 K메모리 영역을 모니터링한 내용이다. [그림 8-47]에서 XG5000으로 설정한 위치결정 데이터의 설정값이 K메모리 영역에 그대로 복사되어 있음을 확인할 수 있다.

	0	1	2	3	4	5	6	7	8	9
K0530	10000	0	0	0	3000	0	100	0	0	0
K0540	30000	0	0	0	2000	0	100	0	0	0
K0550	40000	0	0	0	1000	0	100	0	0	0
K0560	60000	0	0	0	3000	0	100	0	0	0
K0570	10000	0	0	0	3000	0	100	0	0	0
K0580	0	0	0	0	0	0	0	0	0	0
K0590	0	0	0	0	0	0	0	0	0	0
K0600	0	0	0	0	0	0	0	0	0	0
K0610	0	0	0	0	0	0	0	0	0	0
K0620	0	0	0	0	0	0	0	0	0	0
K0630	0	0	0	0	0	0	0	0	0	0

[그림 8-49] **프로그램 실행 전 모니터링을 통해 확인한 K메모리의 목표위치**

[그림 8-50]의 PLC 프로그램을 작성하여 스텝번호 1 ~ 10번까지의 목표위치 설정값을 변경한 후에 K메모리 설정 내용을 모니터링해보자.

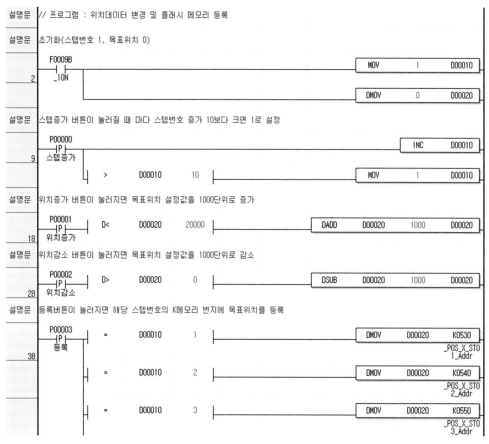

(계속)

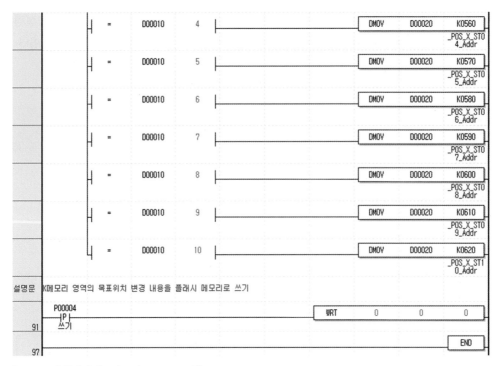

[그림 8-50] 플래시 메모리 쓰기 PLC 프로그램

[그림 8-51]은 스텝번호 1 ~ 10번까지 목표위치를 변경한 후에 모니터링한 결과이다. 스텝번호 1 ~ 10번까지의 목표위치가 변경되었음을 확인할 수 있다. 이 상태에서 PLC의 전원 ON→OFF, 리셋, 모드 변경이 일어나면, 플래시 메모리의 등록된 내용으로 K메모리 내용이 변경되기 때문에 힘들게 설정한 목표위치의 설정값이 지워져 버린다. 따라서 보관해야 할 설정값이면 플래시 메모리로 등록해야 한다.

[그림 8-50]의 쓰기 버튼(P04)을 누르면, K메모리의 내용이 내장된 플래시 메모리에 등록된다. 플래시 메모리에 등록된 내용은 사용자가 일부러 삭제하기 전까지 영구적으로 저장된다.

	0	1	2	3	4	5	6	7	8	9
K0530	2000	0	0	0	3000	0	100	0	0	0
K0540	4000	0	0	0	2000	0	100	0	0	0
K0550	6000	0	0	0	1000	0	100	0	0	0
K0560	8000	0	0	0	3000	0	100	0	0	0
K0570	10000	0	0	0	3000	0	100	0	0	0
K0580	12000	0	0	0	0	0	0	0	0	0
K0590	14000	0	0	0	0	0	0	0	0	0
K0600	16000	0	0	0	0	0	0	0	0	0
K0610	18000	0	0	0	0	0	0	0	0	0
K0620	20000	0	0	0	0	0	0	0	0	0
K0630	0	0	0	0	0	0	0	0	0	0

[그림 8-51] 목표위치 설정값 변경 후의 K메모리 모니터링 결과

[그림 8-52]는 WRT 명령을 실행한 후에 XG5000에서 PLC의 파라미터를 다시 읽어온 내용이다. K메모리 영역에 설정한 목표위치 설정내용이 플래시 메모리에도 등록되어 있음을 확인할 수 있다.

	좌표	운전 패턴	제어 방식	운전 방식	반복 스텝	목표 위치 (pulse)	M코드	가감속 번호	운전 속도 (pls/s)	
1	절대	종료	위치	단독	0	2000	0	1번	3000	
2	절대	종료	위치	단독	0	4000	0	1번	2000	
3	절대	종료	위치	단독	0	6000	0	1번	1000	
4	절대	종료	위치	단독	0	8000	0	1번	3000	
5	절대	종료	위치	단독	0	10000	0	1번	3000	
6	절대	종료	위치	단독	0	12000	0	1번	0	
7	절대	종료	위치	단독	0	14000	0	1번	0	
8	절대	종료	위치	단독	0	16000	0	1번	0	
9	절대	종료	위치	단독	0	18000	0	1번	0	
10	절대	종료	위치	단독	0	20000	0	1번	0	
11	절대	종료	위치	단독	0	0	0	1번	0	

[그림 8-52] **목표위치 설정값 변경 후의 플래시 메모리 모니터링 결과**

전기기능장 실기 대비

지금까지 학습한 내용만 잘 숙지해도 현장에서 필요로 하는 디지털 입출력 시퀀스 제어 PLC 프로그램을 작성하는 데 큰 어려움이 없을 것이다. 그러나 PLC 프로그램은 앞에서 학습한 공압실린더 제어와 같은 시퀀스 제어 방식에만 적용되는 것은 아니다. 실제 산업현장에서는 PLC 입력신호에 따라 동작하는 출력 상태를 시간 순서대로 나타낸 타임차트를 보면서 프로그램을 작성할 일이 자주 발생한다. 특히 전기기능장 실기에서는 PLC의 동작 상태를 타임차트로 제시하는 경우가 많다. 따라서 주어진 타임차트를 해석하고, 이를 PLC 프로그램으로 구현할 수 있어야 한다. 타임차트를 어떻게 해석하는지, 또 해석에 따른 동작 내용을 PLC 프로그램으로 어떻게 작성하는지를 살펴보자.

타임차트 해석 및 PLC 프로그램 구현

❶ PLC는 입력신호에 반응해서 출력을 제어한다.

PLC 프로그램은 입력신호를 처리해서 출력을 제어하기 때문에, 입력이 존재하지 않으면 출력도 존재하지 않는다. 즉 출력을 제어하기 위해서는 그 출력이 어떤 입력에 의해 동작하는지를 잘 파악해야 한다. PLC의 입력에는 외부입력과 내부입력이 있다. PLC의 외부입력은 입력 모듈에 연결된 스위치와 센서에 의해 ON/OFF가 제어되는 전기신호를 의미하고, 내부입력은 PLC 내부의 특수 기능을 가진 비트 릴레이(특수 기능 플래그)를 의미한다.

❷ 입력신호는 4종류로 구분한다.

PLC의 입력신호는 a접점과 b접점, 그리고 상승펄스 신호와 하강펄스 신호의 4가지로 구분되어 사용된다. 특히 타임차트를 이용해 입력신호에 대한 출력을 제어하기 위해서는 입력신호를 정확하게 구분해서 사용할 수 있어야 한다.

❸ 타임차트의 동작도 결국 시퀀스 제어이다.

타임차트의 동작을 PLC 프로그램으로 구현하는 방법도 앞에서 학습한 시퀀스 제어 방식과 일부 겹친다. 시퀀스 제어 동작은 자기유지회로, 타이머, 카운터의 조합에 의한 프로그램을 의미한다.

[그림 A-1]과 같은 타임차트가 주어졌을 때, 주어진 동작을 만족하는 PLC 프로그램을 작성해보자.

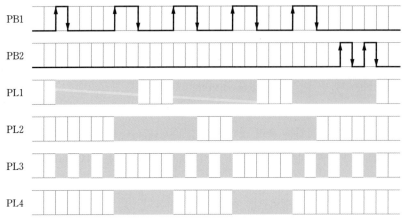

[그림 A-1] 동작 타임차트

[표 A-1] PLC 입출력 할당

입력번호	넘버링	기능	출력번호	넘버링	기능
P00	PB1	PB1 버튼	P20	PL1	파이롯트 램프1
P01	PB2	PB2 버튼	P21	PL2	파이롯트 램프2
			P22	PL3	파이롯트 램프3
			P23	PL4	파이롯트 램프4

PLC 프로그램 작성

앞에서 PLC의 출력은 입력신호에 의해 결정되며, 입력신호는 4가지로 구분해서 사용한다고 설명했다. [그림 A-1]에 주어진 타임차트에서 출력을 제어하기 위해 사용된 입력은 PB1과 PB2이기 때문에, 출력은 이 두 입력버튼의 동작에 의해 제어되는 것이다. 이처럼 각 출력이 어떤 신호에 의해 ON/OFF되는지를 정확하게 파악하는 것이 PLC 프로그램 작성의 첫 걸음이라 할 수 있다.

❶ 출력 PL1은 언제 ON/OFF되는가?

[그림 A-2]는 PL1 램프 출력의 ON/OFF 동작을 분석한 내용이다. PL1은 PB1과 PB2 입력에 의해 제어되고, 상승펄스 신호와 하강펄스 신호를 구분해서 사용하고 있다.

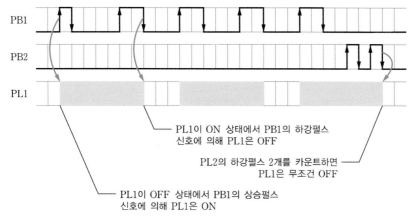

PL1이 ON 상태에서 PB1의 하강펄스
신호에 의해 PL1은 OFF

PL2의 하강펄스 2개를 카운트하면
PL1은 무조건 OFF

PL1이 OFF 상태에서 PB1의 상승펄스
신호에 의해 PL1은 ON

[그림 A-2] **타임차트의 분석**

[그림 A-3]은 [그림 A-2]의 타임차트의 동작을 구현한 PLC 프로그램이다. 타임차트를
이용해서 출력을 제어할 때에는 셋/리셋 출력을 이용하는 것이 편리하다. 한편 하강펄스
신호를 계수하기 위해 카운터를 사용하는데, 이 카운터는 자체 출력을 이용해서 카운터
자신을 리셋하기 때문에, 반드시 카운터의 리셋이 카운터의 입력동작 앞에 위치해야 함
을 기억하기 바란다.

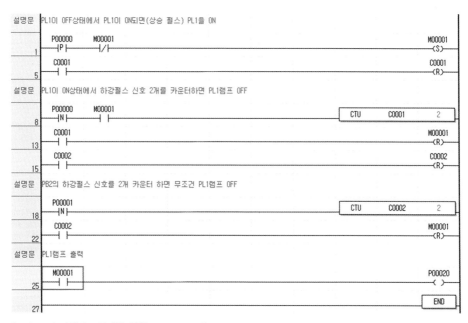

[그림 A-3] **타임차트 동작을 위한 PLC 프로그램**

❷ 출력 PL2는 언제 ON/OFF되는가?

[그림 A-4]는 PL2 램프 출력의 ON/OFF 동작을 분석한 내용이다. PL2는 PB1의 상승

펄스 2개를 카운트해서 ON하며, ON 상태에서 PB1의 하강펄스 2개를 카운트한 후 OFF한다. 한편 카운터에서 PB2의 하강펄스 신호 2개를 카운트하면 PL2 램프는 소등되고, PB1의 상승/하강 펄스를 카운트하는 카운터는 다음 동작을 위해 리셋되어야 한다.

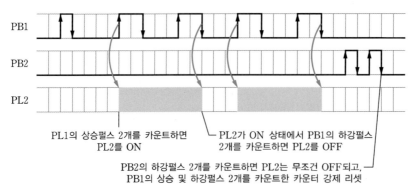

[그림 A-4] **타임차트 분석**

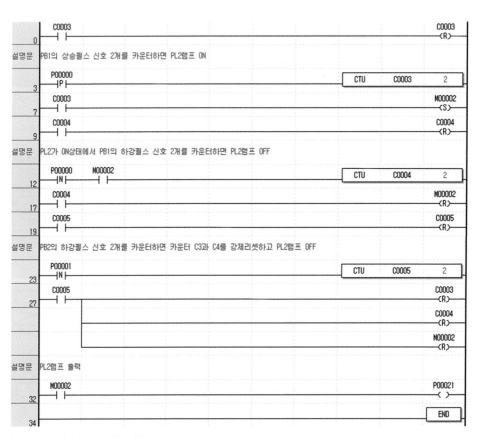

[그림 A-5] **타임차트 동작을 위한 PLC 프로그램**

❸ 출력 PL3은 언제 ON/OFF되는가?

[그림 A-6]은 PL3 램프 출력의 ON/OFF 동작을 분석한 내용이다. PL3 램프는 PB1을 누를 때마다 점멸동작의 ON/OFF를 반전한다.

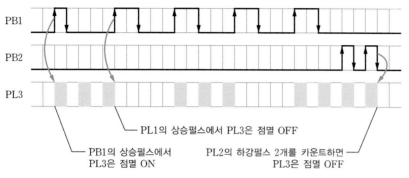

PL1의 상승펄스에서 PL3은 점멸 OFF

PB1의 상승펄스에서
PL3은 점멸 ON

PL2의 하강펄스 2개를 카운트하면
PL3은 점멸 OFF

[그림 A-6] **타임차트 분석**

[그림 A-7]은 [그림 A-6]의 동작을 구현한 PLC 프로그램이다. 첫 번째 라인의 프로그램에서 PB1 버튼의 상승펄스 신호에서 FF 명령어를 사용하면 M3의 ON/OFF 상태가 반전된다. 여섯 번째 라인의 프로그램에서는 2개의 타이머를 이용하여 플리커 타이머를 구성하고, 플리커 타이머의 동작신호로 M3을 이용하고 있다. M3이 ON이면 M4는 0.5초 간격으로 점멸동작을 유지하고, M3이 OFF이면 점멸동작을 정지한다. 그리고 PB2 버튼의 하강펄스 신호 2개를 카운트하면 카운터 출력 C6을 이용하여 M3을 강제 리셋한다.

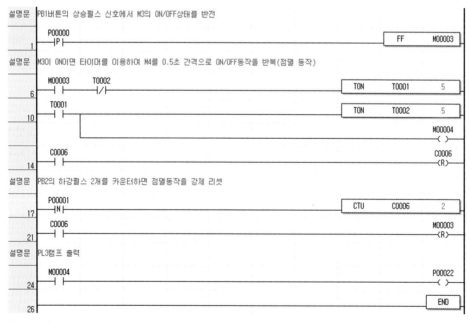

[그림 A-7] **타임차트 동작을 위한 PLC 프로그램**

❹ 출력 PL4는 언제 ON/OFF되는가?

[그림 A-8]은 PL4 램프 출력의 ON/OFF 동작을 분석한 내용이다. PL4 램프는 PB1의 상승펄스 신호 2개를 카운트하면 ON하고, ON 상태에서 PB1을 누르면 OFF하는 동작 특성을 가진다. 그리고 PB2의 하강펄스 신호 2개를 카운트하면, PL4 램프는 당시 점등 상태에 관계없이 무조건 OFF되어야 한다.

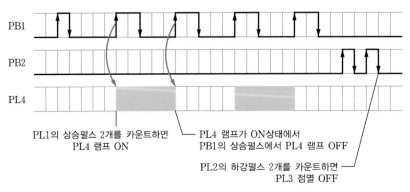

[그림 A-8] **타임차트 분석**

[그림 A-8]의 PLC 프로그램을 두 가지 형태로 작성해보겠다. 하나는 주어진 동작조건을 만족하는 PLC 프로그램, 다른 하나는 동작하지 않는 PLC 프로그램이다. 주어진 두 종류의 프로그램을 분석해서 어떤 차이점이 있는지 확인해보기 바란다.

계속 강조했듯이, PLC 프로그램을 잘 작성하기 위해서는 PLC 프로그램 실행 방식에 맞추어서 작성해야 한다. 프로그램의 스캔 처리 방식을 이해하지 못하고 본인 방식대로 프로그램을 작성하면, PLC 프로그램이 작동하지 않을 수도 있다.

• 동작하지 않는 PLC 프로그램

[그림 A-9]는 동작하지 않는 PLC 프로그램을 나타낸 것이다. 어떤 곳에 문제가 있어서 동작하지 않을까? PLC 프로그램은 위에서 아래로 순차적으로 프로그램을 실행하는 스캔 처리 방식을 사용하여 프로그램을 실행한다. [그림 A-9]에서는 동일 스캔 시간에 M5의 셋과 리셋이 함께 동작하기 때문에, M5가 ON이 되지 못하고 항상 OFF 상태를 유지하게 되는 것이다.

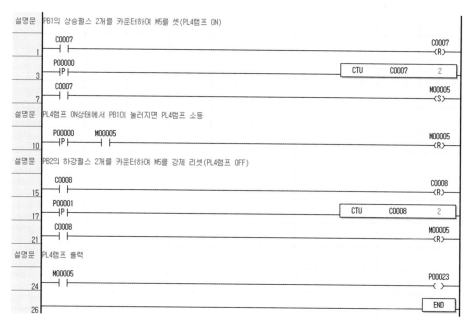

설명문 PB1의 상승펄스 2개를 카운터하여 M5를 셋(PL4램프 ON)

      C0007   C0007
1   ─┤ ├─   ─(R)─

      P00000   ┌─────────────────────┐
3   ─┤P├─   │ CTU   C0007   2 │
                                                                └─────────────────────┘

      C0007   M00005
7   ─┤ ├─   ─(S)─

설명문 PL4램프 ON상태에서 PB1이 눌러지면 PL4램프 소등

      P00000   M00005   M00005
10   ─┤P├──────┤ ├─   ─(R)─

설명문 PB2의 하강펄스 2개를 카운터하여 M5를 강제 리셋(PL4램프 OFF)

      C0008   C0008
15   ─┤ ├─   ─(R)─

      P00001   ┌─────────────────────┐
17   ─┤P├─   │ CTU   C0008   2 │
                                                                └─────────────────────┘

      C0008   M00005
21   ─┤ ├─   ─(R)─

설명문 PL4램프 출력

      M00005   P00023
24   ─┤ ├─   ─( )─

26   ┌─────┐
                                                                       │ END │
                                                                       └─────┘

[그림 A-9] 타임차트 분석에 의한 PLC 프로그램

자세히 살펴보면, 프로그램 라인 3번에 의해 PB1이 두 번 눌러졌을 때 카운터 C7의 출력에 의해 M5가 ON되지만, 프로그램 라인 10번에서 카운터에 적용된 2번째의 PB1의 상승펄스 신호가 아직도 유효하기 때문에 ON 상태의 M5는 다시 리셋된다. 따라서 이런 방식으로 프로그램을 작성하게 되면 M5는 ON되지 않는 문제점을 가지게 된다. [그림 A-9]의 PLC 프로그램의 문제는 스캔 동작에 의해 프로그램이 순차적으로 처리되기 때문에 발생하는 문제이기 때문에, 프로그램 라인 10번의 위치를 변경하면 문제를 해결할 수 있다.

• 동작하는 PLC 프로그램

[그림 A-10]은 [그림 A-9]의 문제점을 해결한 PLC 프로그램이다. 프로그램의 차이점은 [그림 A-9]에서 프로그램 라인 10번에 위치했던 내용이 [그림 A-10]에서는 1번 라인으로 옮겨간 것뿐이다. 그렇다면 위치 변경을 통해 어떤 과정을 통해 이 프로그램이 제대로 동작하게 되었는지를 살펴보자.

PB1이 두 번째 눌러지는 순간을 살펴보면, 프로그램 라인 1번에서는 현재 M5가 ON 상태가 아니기 때문에 M5의 리셋 명령이 처리되지 않는다. 프로그램 라인 8번에서 카운터가 2가 되기 때문에 프로그램 라인 12번에서 M5는 ON된다. 다음 스캔 시간에는 PB1의 상승펄스 신호가 OFF된 상태이기 때문에 M5는 ON 상태를 유지하게 되는 것이다.

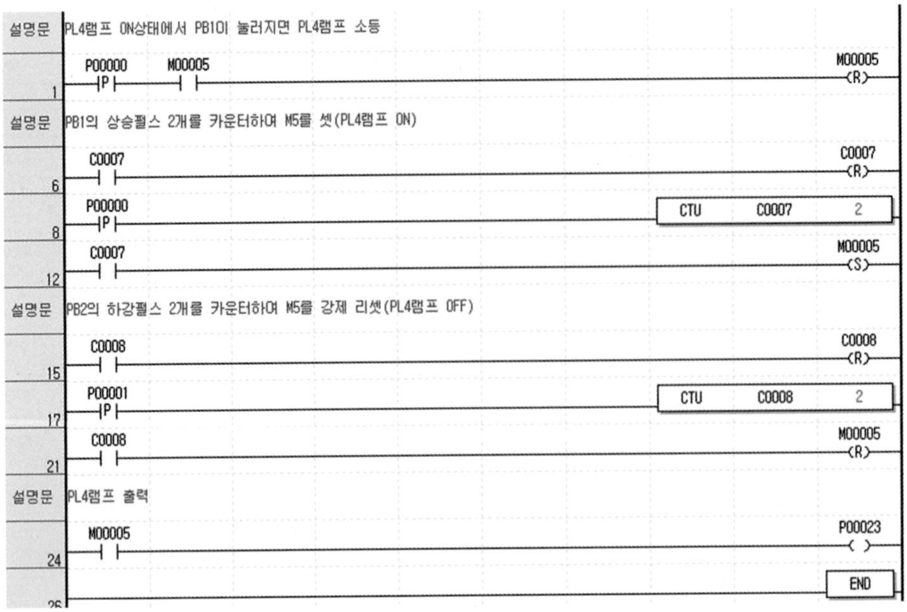

설명문 PL4램프 ON상태에서 PB1이 눌러지면 PL4램프 소등

```
      P00000    M00005                                        M00005
1    ──┤P├──────┤ ├─────────────────────────────────────────<R>
```

설명문 PB1의 상승펄스 2개를 카운터하여 M5를 셋(PL4램프 ON)

```
      C0007                                                   C0007
6    ──┤ ├──────────────────────────────────────────────────<R>

      P00000                                    ┌─────┬───────┬─────┐
8    ──┤P├───────────────────────────────────── │ CTU │ C0007 │  2  │
                                                 └─────┴───────┴─────┘
      C0007                                                   M00005
12   ──┤ ├──────────────────────────────────────────────────<S>
```

설명문 PB2의 하강펄스 2개를 카운터하여 M5를 강제 리셋(PL4램프 OFF)

```
      C0008                                                   C0008
15   ──┤ ├──────────────────────────────────────────────────<R>

      P00001                                    ┌─────┬───────┬─────┐
17   ──┤P├───────────────────────────────────── │ CTU │ C0008 │  2  │
                                                 └─────┴───────┴─────┘
      C0008                                                   M00005
21   ──┤ ├──────────────────────────────────────────────────<R>
```

설명문 PL4램프 출력

```
      M00005                                                  P00023
24   ──┤ ├──────────────────────────────────────────────────< >

                                                           ┌──────┐
                                                           │ END  │
                                                           └──────┘
```

[그림 A-10] 타임차트 분석에 의한 PLC 프로그램

지금까지 타임차트를 이용한 PLC 프로그램 작성방법에 대해 살펴보았다. PLC의 출력은 입력에 의해 ON/OFF 제어됨을 기억하기 바란다.

[실습과제 A-1]에서 배운 내용을 이용해, [그림 A-11]의 타임차트의 동작을 만족하는 PLC 프로그램을 작성해보자.

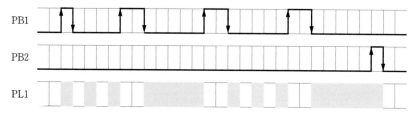

[그림 A-11] 동작 타임차트

[표 A-2] PLC 입출력 할당

입력번호	넘버링	기능	출력번호	넘버링	기능
P00	PB1	PB1 버튼	P20	PL1	파이롯트 램프1
P01	PB2	PB2 버튼			

PLC 프로그램 작성

[그림 A-11]의 타임차트 동작을 분석해보자. [그림 A-11]을 살펴보면, PL1의 동작과 PB1의 동작조건에서 규칙성을 찾기가 어렵다. PB1의 첫 번째 상승펄스 신호에 의해 PL1 램프가 점멸동작을 시작하고 두 번째 상승펄스 신호에 의해 점멸동작을 정지하는데, 그 다음의 PL1 램프의 점멸동작은 PB1의 세 번째 하강펄스 신호에 의해 동작하도록 되어 있기 때문이다. 이처럼 동작에 규칙성이 없는 경우에 가장 손쉽게 PLC 프로그램을 작성하는 방법은 PB1의 상승펄스와 하강펄스를 각각 카운트하여 해당 순번에 맞는 동작을 하도록 하는 것이다. [표 A-3]에 각각의 카운트 값에 따른 PL1의 동작 상태를 나타내었다.

[표 A-3] 동작순서

상승펄스 순서	동작 내용	하강펄스 순서	동작 내용
1	PL1 점멸동작 시작	1	해당사항 없음
2	PL1 점멸동작 정지	2	PL1 점등동작 시작
3	PL1 점등동작 정지	3	PL1 점멸동작 시작
4	PL1 점멸동작 정지	4	PL1 점등동작 시작

| 0 | C0001 ├─┤├── C0001 ─(R)─ |

설명문 PB1의 상승펄스 신호 카운터

| 3 | PB1 ├─┤P├─────────────────────────────────── CTU C0001 4 |

| 7 | C0002 ├─┤├── C0002 ─(R)─ |

설명문 PB1의 하강펄스 신호 카운터

| 10 | PB1 ├─┤N├─────────────────────────────────── CTU C0002 4 |

설명문 PB1의 상승펄스 신호 갯수에 따른 각각의 펄스 출력신호 발생

| 15 | ├─┤ = C0001 1 ├───────────────────── M00001 ─(P)─ |

| 19 | ├─┤ = C0001 2 ├───────────────────── M00002 ─(P)─ |

| 23 | ├─┤ = C0001 3 ├───────────────────── M00003 ─(P)─ |

| 27 | ├─┤ = C0001 4 ├───────────────────── M00004 ─(P)─ |

설명문 PB2의 하강펄스 신호 갯수에 따른 각각의 펄스 출력신호 발생

| 32 | ├─┤ = C0002 2 ├───────────────────── M00005 ─(P)─ |

| 36 | ├─┤ = C0002 3 ├───────────────────── M00006 ─(P)─ |

| 40 | ├─┤ = C0002 4 ├───────────────────── M00007 ─(P)─ |

설명문 PL1램프 점멸 ON조건

| 45 | M00001 ├─┤├─┬───────────────────────────────── M00010 ─(S)─ |
| | M00006 ├─┤├─┘ |

설명문 PL1램프 점멸 OFF조건

| 49 | M00002 ├─┤├─┬───────────────────────────────── M00010 ─(R)─ |
| | M00004 ├─┤├─┘ |

설명문 PL1램프 점등 ON조건

| 53 | M00005 ├─┤├─┬───────────────────────────────── M00011 ─(S)─ |
| | M00007 ├─┤├─┘ |

설명문 PL1램프 점등 OFF조건

| 57 | M00003 ├─┤├─┬───────────────────────────────── M00011 ─(R)─ |
| | M00001 ├─┤├─┘ |

설명문 PB2버튼의 하강펄스 신호에 의해 PL1램프 소등 및 모든 동작조건 리셋

61	PB2 ├─┤N├─┬──────────────────────────────── M00010 ─(R)─
	├──────────────────────────────── M00011 ─(R)─
	├──────────────────────────────── C0001 ─(R)─
	└──────────────────────────────── C0002 ─(R)─

(계속)

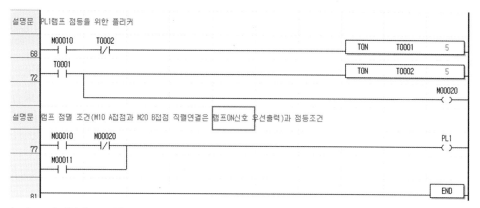

[그림 A-12] **타임차트 동작을 위한 PLC 프로그램**

[그림 A-12]의 프로그램을 살펴보면, 앞에서 말했듯이 카운터 C1과 C2를 사용해 상승펄스와 하강펄스를 카운트해서, 비교연산을 통해 해당 펄스신호 개수에 따라 출력을 펄스 출력(M1 ~ M7)으로 처리하고 있음을 확인할 수 있다. 비교연산은 해당 조건이 만족되는 동안 출력이 계속 ON 상태를 유지하므로, 일반 출력을 사용하게 되면 서로의 간섭 때문에 문제가 발생할 수 있다.

실제로 M1 ~ M7을 일반 출력으로 사용하게 되면 간섭의 문제가 발생한다. [그림 A-12]의 프로그램에서 M1 ~ M7의 출력접점을 일반접점으로 변경해서 실행해보면서 어떤 문제가 발생하는지 살펴보기 바란다.

앞에서 언급한 것처럼 출력에서의 간섭 문제가 발생하는 경우에는 비교연산의 출력신호를 펄스 출력신호로 변경함으로써 간섭 문제를 해결할 수 있다. 그렇다고 모든 신호 간섭 문제에 이 해결법이 적용되는 것은 아니다. 결국 프로그램을 작성하는 사람이 PLC 프로그램의 스캔 처리 구조를 잘 파악해서 신호 간섭이 발생하지 않도록 하는 것이 가장 중요하다고 할 수 있다.

타임차트를 이용한 PLC 프로그램의 또 다른 작성법을 살펴보자. [그림 A-13]의 타임차트
는 [실습과제 A-2]에서의 [그림 A-11]의 타임차트와 유사한 동작을 보인다. 앞에서 학습
한 내용을 바탕으로 주어진 타임차트의 동작을 만족하는 PLC 프로그램을 작성해보자.

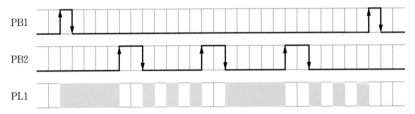

[그림 A-13] 동작 타임차트

[표 A-4] PLC 입출력 할당

입력번호	넘버링	기능	출력번호	넘버링	기능
P00	PB1	PB1 버튼	P20	PL1	파이롯트 램프1
P01	PB2	PB2 버튼			

PLC 프로그램 작성

[실습과제 A-2]에서 카운터를 이용해 타임차트의 동작조건을 만족하는 [그림 A-12]와 같
은 PLC 프로그램을 작성한 것처럼, 이번에도 PB1과 PB2의 상승/하강 펄스 신호를 카운트
하여 PL1 램프의 점등 조건을 제어하는 PLC 프로그램을 작성해보자.

[표 A-5]와 [표 A-6]은 PB1과 PB2의 상승 및 하강펄스 신호의 개수에 따른 PL1 램프의
동작 상태를 나타낸 것이다. PB1의 경우에 하강펄스 신호는 아무런 작용을 하지 않기 때문
에 카운트할 필요가 없다. 그러나 PB1의 상승펄스 신호 2개가 카운트되면 모든 동작을 리
셋한다. PB2의 경우에는 상승/하강 펄스 신호의 개수에 따라 각각의 동작이 다르기 때문에
상승/하강 펄스 신호를 각각 카운트해야 한다. 이처럼 타임차트의 내용을 분석할 때, 해당
입력에 따른 출력의 상태를 도표로 정리하면 좀 더 쉽게 동작 상태를 파악할 수 있다.

[표 A-5] PB1 버튼의 상승 및 하강펄스 동작 순서

상승펄스 순서	동작 내용	하강펄스 순서	동작 내용
1	PL1 점등동작 시작	1	해당사항 없음
2	모든 동작 리셋	2	해당사항 없음

[표 A-6] PB2 버튼의 상승 및 하강펄스 동작 순서

상승펄스 순서	동작 내용	하강펄스 순서	동작 내용
1	PL1 점등동작 정지	1	PL1 점멸동작 시작
2	PL1 점멸동작 정지	2	PL1 점등동작 시작
3	PL1 점등동작 정지	3	PL1 점멸동작 시작

```
         C0001                                                          C0001
   0     ─┤├─                                                           ─(R)─

설명문   PB1의 상승펄스 신호 카운터

         P00000                                              ┌─────────────────────┐
   3     ─┤P├─                                               │ CTU    C0001      2 │
                                                             └─────────────────────┘
         ┌─┐                                                            M00001
   7     ─┤ │  =    C0001        1  ├────────────────────────          ─(P)─
         └─┘
         ┌─┐                                                            M00002
   11    ─┤ │  =    C0001        2  ├────────────────────────          ─(P)─
         └─┘
         C0002                                                          C0002
   15    ─┤├─                                                           ─(R)─

설명문   PB2의 상승펄스 신호 카운터

         P00001                                              ┌─────────────────────┐
   18    ─┤P├─                                               │ CTU    C0002      3 │
                                                             └─────────────────────┘
         ┌─┐                                                            M00003
   22    ─┤ │  =    C0002        1  ├────────────────────────          ─(P)─
         └─┘
         ┌─┐                                                            M00004
   26    ─┤ │  =    C0002        2  ├────────────────────────          ─(P)─
         └─┘
         ┌─┐                                                            M00005
   30    ─┤ │  =    C0002        3  ├────────────────────────          ─(P)─
         └─┘

설명문   PB2의 하강펄스 신호 카운터

         P00001                                              ┌─────────────────────┐
   35    ─┤N├─                                               │ CTU    C0003      3 │
                                                             └─────────────────────┘
         ┌─┐                                                            M00006
   39    ─┤ │  =    C0003        1  ├────────────────────────          ─(P)─
         └─┘
         ┌─┐                                                            M00007
   43    ─┤ │  =    C0003        2  ├────────────────────────          ─(P)─
         └─┘
         ┌─┐                                                            M00008
   47    ─┤ │  =    C0003        3  ├────────────────────────          ─(P)─
         └─┘

설명문   PL1램프 점등 ON

         M00001                                                         M00010
   52    ─┤├─┬─                                                         ─(S)─
         M00007 │
         ─┤├─┘

설명문   PL1램프 점등 OFF

         M00003                                                         M00010
   56    ─┤├─┬─                                                         ─(R)─
         M00005 │
         ─┤├─┘

설명문   PL1램프 점멸동작 ON

         M00006                                                         M00011
   60    ─┤├─┬─                                                         ─(S)─
         M00008 │
         ─┤├─┘

설명문   PL2램프 점멸동작 OFF

         M00004                                                         M00011
   64    ─┤├─                                                           ─(R)─
```

(계속)

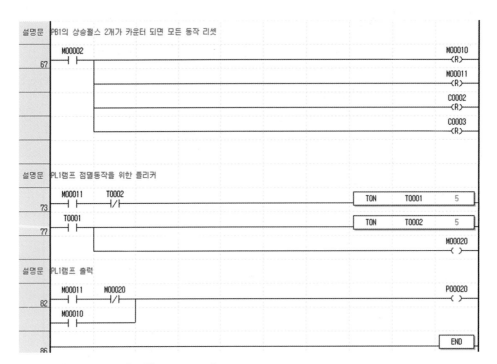

[그림 A-14] **타임차트 동작을 위한 PLC 프로그램**

[그림 A-15]는 전동기의 정역제어를 위한 시퀀스 제어회로를 나타낸 것이다. 푸시버튼을 이용한 수동모드와, PLC를 이용한 자동모드를 병행해서 사용할 수 있도록 시퀀스 제어회로가 구성되어 있다.

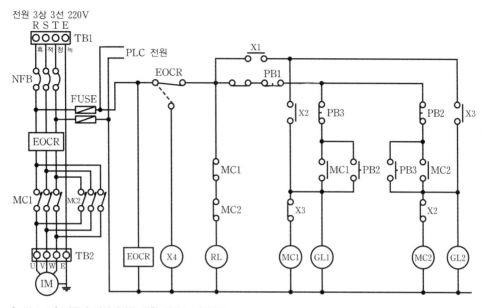

[그림 A-15] 전동기 정역제어를 위한 시퀀스 제어회로

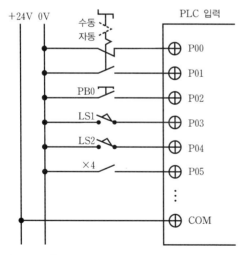
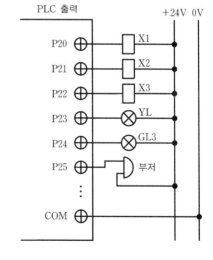

[그림 A-16] PLC 결선도

시퀀스 제어회로의 동작조건

[그림 A-15]에 주어진 시퀀스 제어회로는 두 가지 동작 상태를 가진다. 하나는 수동모드이고, 다른 하나는 PLC로 동작하는 자동모드이다. PLC 입력에 연결된 2단 셀렉터 스위치에 의해 모드가 선택된다.

❶ 수동모드(PLC 입력 P00이 ON 상태)
- 시퀀스 제어회로에 처음 전원이 인가된 상태에서 EOCR이 정상 상태일 때, MC1, MC2는 OFF 상태, RL 램프는 점등된 상태이다.
- PB2 버튼을 누르면, MC1만 ON되어 모터는 정회전하고, GL1 램프는 점등되고, RL 램프는 소등된다.
- PB3 버튼을 누르면, MC2만 ON되어 모터는 역회전하고, GL2 램프는 점등되고, RL 램프는 소등된다.
- PB1 버튼을 누르면, 동작하고 있는 MC1 또는 MC2가 OFF되고, 점등 중인 GL1 또는 GL2 램프는 소등된다.

❷ 자동모드(PLC 입력 P01이 ON 상태)
자동모드에서의 동작 타임차트를 [그림 A-17]에 나타내었다. 주어진 타임차트를 만족하는 PLC 프로그램을 작성해보자.

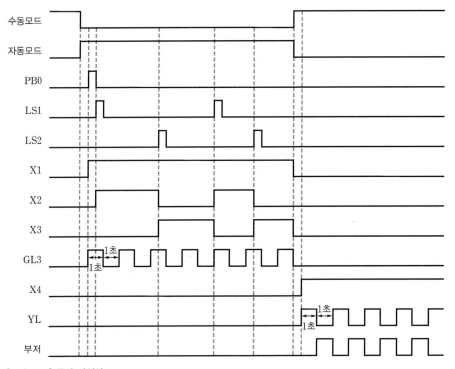

[그림 A-17] 동작 타임차트

입력번호	넘버링	기능		출력번호	넘버링	기능
P00	수동	2단 셀렉터	수동모드	P20	X1	릴레이 출력(자동모드)
P01	자동		자동모드	P21	X2	릴레이 출력(MC1 ON)
P02	PB0	시작버튼		P22	X3	릴레이 출력(MC2 ON)
P03	LS1	MC1 동작 입력		P23	YL	EOCR 동작 중(경고등)
P04	LS2	MC2 동작 입력		P24	GL3	자동모드 동작 중
P05	X4	EOCR 동작(과전류)		P25	부저	EOCR 동작 중(경고알람)

PLC 프로그램 작성

자동모드가 선택되면 [그림 A-17]에 주어진 타임차트에 의해 동작하게 된다. 따라서 주어진 타임차트를 분석해서 PLC 프로그램을 작성해야 한다. 앞에서도 언급했지만 PLC의 출력은 입력신호에 의해 동작한다. 따라서 PLC 출력 각각에 대해 어떤 입력 신호가 영향을 미치는지를 확인하면 된다. 이제 타임차트를 분석해보자.

❶ 과부하 동작 입력 X4에 의한 출력 YL 램프와 부저의 동작조건

[그림 A-15]의 시퀀스 제어회로에서, 모터에서 소비되는 전류를 체크하는 EOCR이 과전류를 체크하면 릴레이 X4가 동작한다. PLC 입력 P05에 연결된 EOCR 동작 X4 입력은 수동 및 자동모드에 관계없이 모터에 과전류가 흘러서 EOCR이 동작을 하면, YL 램프와 부저를 사용하여 알람 신호를 발생하게 된다.

❷ 입력 PB0에 의한 출력 X1과 GL3의 동작조건

자동모드에서 PB0를 누르면, 출력 X1이 ON되고 GL3 램프는 1초 간격으로 점멸동작을 유지한다. 자동모드가 해제되면, X1과 GL3 출력이 OFF된다.

❸ 입력 LS1과 LS2에 의한 출력 X2와 X3의 동작조건

입력 LS1과 LS2에 의해 출력 X2와 X3의 ON/OFF 동작을 제어한다. LS1이 ON되면 X2는 ON, X3는 OFF된다. LS2가 ON되면 X2는 OFF, X3는 ON된다.

[그림 A-17]의 타임차트를 분석한 결과를 활용해 작성한 PLC 프로그램을 나타내었다. 프로그램은 과부하 동작, 자동모드에서 PB0 버튼을 눌렀을 때의 출력 처리 부분, 자동모드 동작 중에 LS1과 LS2에 의한 출력 X2와 X3의 동작 부분으로 구성되어 있음을 확인할 수 있다.

EOCR이 과전류에 의해 동작하면 YL램프와 부저의 동작을 위한 플리커 타이머 동작

```
       P00005      T0002                                          TON    T0001    10
   1   ─┤ ├──────┤/├──────────────────────────────────────────
       X4_IN
       T0001                                                      TON    T0002    10
   5   ─┤ ├──────┬──────────────────────────────────────────
                 │                                                        M00001
                 └────────────────────────────────────────────────────────( )
```

설명문 자동모드에서 PB0버튼이 눌러지면 자동모드 시작을 위해 X1(P20)릴레이를 ON

```
       P00000      P00001      P00002                                    M00002
  10   ─┤/├───────┤ ├────────┤P├────────────────────────────────────────(S)
       수동모드     자동모드      PB0
```

설명문 자동모드가 해제될 때 X1(P20)릴레이를 OFF 및 X2(MC1)와 X3(MC2)출력 강제 OFF

```
       P00001                                                            M00002
  16   ─┤N├──────┬──────────────────────────────────────────────────────(R)
       자동모드    │
                  │                                                      M00004
                  ├──────────────────────────────────────────────────────(R)
                  │
                  │                                                      M00005
                  └──────────────────────────────────────────────────────(R)
```

설명문 자동모드가 선택되면 GL3램프 1초 간격으로 점멸 동작을 위한 플리커 타이머 동작

```
       M00002      T0004                                          TON    T0003    10
  22   ─┤ ├──────┤/├──────────────────────────────────────────
       T0003                                                      TON    T0004    10
  26   ─┤ ├──────┬──────────────────────────────────────────
                 │                                                        M00003
                 └────────────────────────────────────────────────────────( )
```

설명문 자동모드에서 LS1이 눌러지면 X2(MC1)는 ON, X3(MC2)는 OFF

```
       M00002      P00003                                                M00004
  31   ─┤ ├────────┤P├──────┬──────────────────────────────────────────(S)
                    LS1      │
                             │                                          M00005
                             └──────────────────────────────────────────(R)
```

설명문 자동모드에서 LS2가 눌러지면 X2(MC1)는 OFF, X3(MC2)는 ON

```
       M00002      P00004                                                M00004
  37   ─┤ ├────────┤P├──────┬──────────────────────────────────────────(R)
                    LS2      │
                             │                                          M00005
                             └──────────────────────────────────────────(S)
```

설명문 출력

```
       P00005      M00001                                                P00023
  43   ─┤ ├───────┤/├──────────────────────────────────────────────────( )
       X4_IN                                                             YL
       M00001                                                            P00025
  46   ─┤ ├──────────────────────────────────────────────────────────────( )
                                                                          부저
       M00002      M00003                                                P00024
  48   ─┤ ├───────┤/├──────────────────────────────────────────────────( )
                                                                          GL3
       M00002                                                            P00020
  51   ─┤ ├──────────────────────────────────────────────────────────────( )
                                                                          X1_OUT
       M00004                                                            P00021
  53   ─┤ ├──────────────────────────────────────────────────────────────( )
                                                                          X2_OUT
       M00005                                                            P00022
  55   ─┤ ├──────────────────────────────────────────────────────────────( )
                                                                          X3_OUT
                                                                         END
  57
```

[그림 A-18] **전동기 정역제어 PLC 프로그램**

찾아보기